식용작물(학)

기출문제집

식용작물(학)
기출문제집

초판 인쇄 2025년 01월 08일
초판 발행 2025년 01월 10일

편 저 자 | 공무원연구소
발 행 처 | 소정미디어㈜
등록번호 | 제313-2004-000114호
주 소 | 경기도 고양시 일산서구 덕산로 88-45(가좌동)
대표전화 | 031-922-8965
팩 스 | 031-922-8966

Preface

모든 시험에 앞서 가장 중요한 것은 출제되었던 문제를 풀어봄으로써 그 시험의 유형 및 출제경향, 난이도 등을 파악하는 데에 있다. 즉, 최소시간 내 최대의 학습효과를 거두기 위해서는 기출문제의 분석이 무엇보다도 중요하다는 것이다.

식용작물(학) 기출문제집은 그동안 시행된 국가직, 지방직, 서울시 기출문제를 시행처와 시행연도별로 깔끔하게 정리하여 담고 문제마다 상세한 해설과 함께 관련 이론을 수록하여 다시 한번 점검의 시간을 가질 수 있도록 하였다.

수험생은 본서를 통해 변화하는 출제경향을 파악하고 학습의 방향을 잡아 단기간에 최대의 학습효과를 거둘 수 있을 것이다.

1%의 행운을 잡기 위한 99%의 노력! 본서가 수험생 여러분의 행운이 되어 합격을 향한 노력에 힘을 보탤 수 있기를 바란다.

Structure

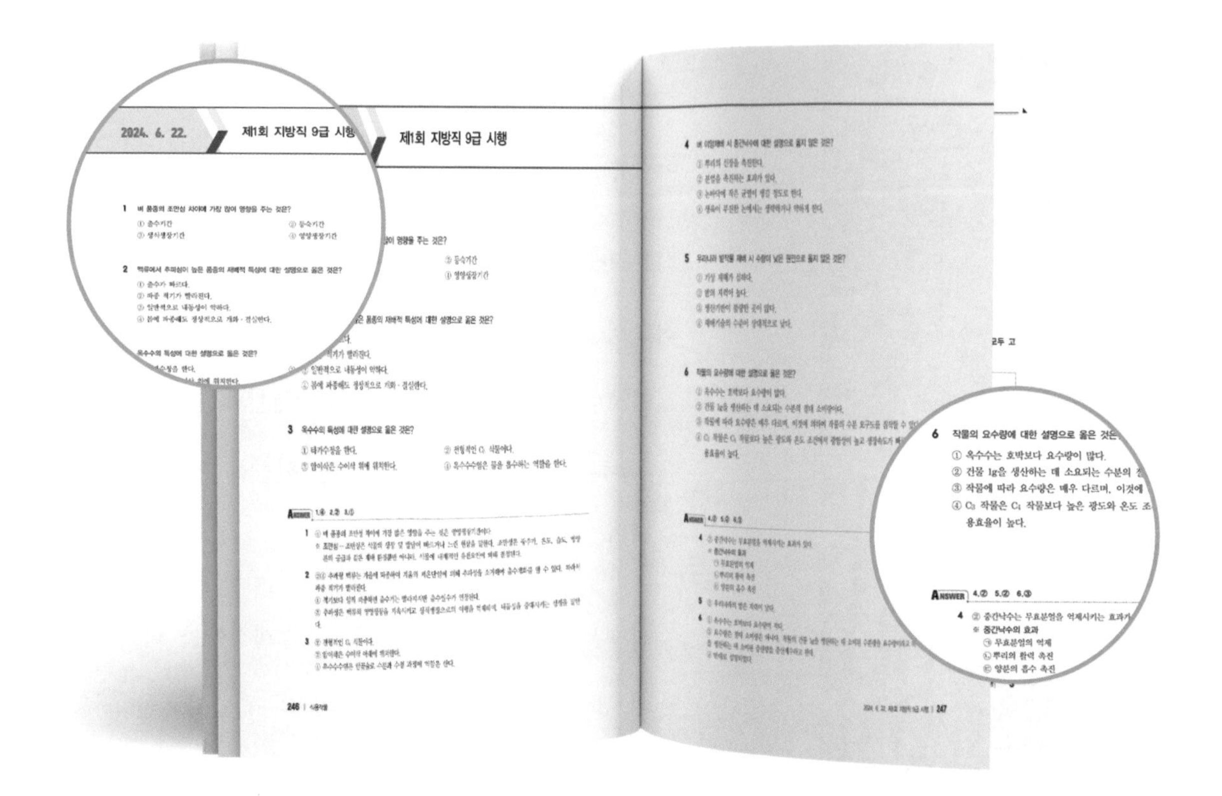

최신 기출문제분석

2024년 최신 기출문제를 비롯한 최다 기출문제를 수록하여 모든 시험에서 가장 중요한 기출 동향을 파악하고, 학습한 이론을 정리할 수 있습니다. 기출문제들을 반복하여 풀어봄으로써 이전 학습에서 확실하게 깨닫지 못했던 세세한 부분까지 철저하게 파악, 대비하여 실전대비 최종 마무리를 완성하고, 스스로의 학습상태를 점검할 수 있습니다.

상세한 해설

상세한 해설을 통해 한 문제 한 문제에 대한 학습을 가능하도록 하였습니다. 정답을 맞힌 문제라도 꼼꼼한 해설을 통해 다시 한 번 내용을 확인할 수 있습니다. 틀린 문제를 체크하여 내가 취약한 부분을 파악할 수 있습니다.

식용작물(학)

식용작물(학)

2013. 7. 27. 국가직 9급 시행
2013. 8. 24. 제1회 지방직 9급 시행
2014. 4. 19. 국가직 9급 시행
2014. 6. 28. 서울특별시 9급 시행
2015. 4. 18. 국가직 9급 시행
2015. 6. 13. 서울특별시 9급 시행
2016. 4. 9. 국가직 9급 시행
2016. 6. 18. 제1회 지방직 9급 시행
2017. 4. 8. 국가직 9급 시행
2017. 6. 17. 제1회 지방직 9급 시행
2017. 6. 24. 제2회 서울특별시 9급 시행
2018. 4. 7. 국가직 9급 시행
2018. 5. 19. 제1회 지방직 9급 시행
2018. 6. 23. 제2회 서울특별시 9급 시행
2019. 4. 6. 국가직 9급 시행
2019. 6. 15. 제1회 지방직 9급 시행
2019. 6. 15. 제2회 서울특별시 9급 시행
2019. 8. 17. 국가직 7급 시행
2020. 6. 13. 제1회 지방직 9급 시행
2020. 7. 11. 국가직 9급 시행
2020. 9. 26. 국가직 7급 시행
2021. 4. 17. 국가직 9급 시행
2021. 6. 5. 제1회 지방직 9급 시행
2021. 9. 11. 제2차 국가직 7급 시행
2022. 4. 2. 국가직 9급 시행
2022. 6. 18. 제1회 지방직 9급 시행
2022. 10. 15. 제2차 국가직 7급 시행
2023. 4. 8. 국가직 9급 시행
2023. 6. 10. 제1회 지방직 9급 시행
2023. 9. 23. 제2차 국가직 7급 시행
2024. 3. 23. 국가직 9급 시행
2024. 6. 22. 제1회 지방직 9급 시행

2013. 7. 27. 국가직 9급 시행

1 씨감자에 대한 설명으로 옳은 것은?

① 씨감자는 바이러스병이 없고, 저장이 잘 되어 세력이 좋고 싱싱해야 한다.
② 감자를 자를 때에는 눈을 고르게 가지도록 잘라야 하며, 일반적으로 머리 반대쪽에 눈이 많다.
③ 씨감자는 한쪽 당 무게가 30~40g 정도가 되도록 2~4쪽으로 잘라서 사용한다.
④ 씨감자를 절단할 때에는 소독한 기구를 사용한다.

2 벼 식물의 단위면적당 물질생산에 대한 설명으로 옳지 않은 것은?

① 물질생산을 위한 광합성 적온은 20~33℃ 범위이다.
② 벼 식물 개체군의 최적엽면적지수가 작을수록 광합성량이 많다.
③ 직립초형은 수광태세를 좋게 하여 광합성량이 증가한다.
④ 재배 가능한 온도범위에서 기온이 높을수록 호흡량이 증가한다.

3 고구마 덩이뿌리의 발달 및 비대를 촉진하는 무기성분은?

① 질소　　② 인산
③ 칼리　　④ 칼슘

ANSWER 1.② 2.② 3.③

1 씨감자의 양은 10a당 150~200kg이 적당하다. 30~40g을 기준으로 60~80g인 것은 2조각으로, 더 큰 것은 3~4조각으로 자른다. 씨감자를 베노밀 수화제 등의 살균제로 소독처리하면 병 발생을 억제할 수 있다.
② 감자의 눈은 감자가 식물체에 연결되어 있던 부분의 반대편에 많이 분포한다.

2 잎몸의 경사각도가 벼의 수광태세를 좌우한다. 경사각도가 작은 직립 품종일수록 광에너지의 이용효율이 좋고 다수성 품종과 일치한다.
② 최적엽면적지수는 일사량이 많을수록 커진다.

3 고구마 덩이뿌리의 비대를 촉진하는 데는 칼리 비료의 효과가 크고, 질소의 과다는 불리하다.

4 쌀의 밥맛을 좋게 하는 재배 및 수확 후 관리 방법으로 옳지 않은 것은?

① 벼의 등숙률과 천립중을 높이기 위하여 질소 알거름을 충분히 시용한다.
② 알맞은 온도에서 등숙이 되도록 재배시기를 조절한다.
③ 일반적인 수확 적기인 출수 후 40~50일에 수확을 한다.
④ 도정 과정에서 불완전미를 잘 제거하여 완전미율을 높인다.

5 수수의 재배적 특성에 대한 설명이다. 옳지 않은 것만을 모두 고른 것은?

㉠ 천근성이며 요수량이 크다. ㉡ 알칼리성 토양에 대한 적응성이 강하다. ㉢ 고온과 건조한 환경에 잘 견딘다. ㉣ 옥수수보다 저온에 대한 적응성이 높다.

① ㉠㉡ ② ㉠㉣
③ ㉡㉢ ④ ㉢㉣

ANSWER 4.① 5.②

4 ① 알거름은 출수 후 생존엽의 질소 농도를 높이고, 광합성을 왕성하게 하여 씨알을 충실하게 하는 비료로 약간의 질소를 시비한다. 알거름은 쌀알의 단백질 함량을 높여 식미를 떨어뜨리므로, 고품질 쌀 생산이 목표라면 생략하는 것이 좋다.

5 수수는 내건성이 강한 작물이다. 심근성이고 요수량이 적다. 줄기와 잎의 표피에 각질이 잘 발달해 있고 피납이 많아서 수분증산이 적다. 기동세포가 발달하여 가뭄 때 엽신이 말리며 수분증산을 억제한다. 기온이 높고 일조량이 많은 기후가 적당하다.
※ 생육최적온도는 수수가 38℃, 옥수수가 25~30℃로서, 옥수수가 수수보다 저온에 대한 적응성이 높다.

6 작물에 필요한 필수 원소의 역할에 대한 설명으로 옳지 않은 것은?

① 칼슘 결핍 시 잎의 끝이나 둘레가 황화하고 아래잎이 떨어지며 결실이 잘 이루어지지 않는다.
② 질소가 부족하면 오래된 잎의 가장자리부터 시작하여 잎의 가운데 부분까지 황백화 현상이 발생한다.
③ 마그네슘 결핍 시 엽맥 사이에 황백화 현상이 일어나고 줄기나 뿌리의 생장점의 발육이 나빠진다.
④ 황이 부족하면 엽록소의 형성이 억제되고, 콩과 작물의 경우 뿌리혹 박테리아의 질소 고정 능력이 낮아진다.

7 여교배육종에 대한 설명으로 옳지 않은 것은?

① 더 많은 수의 F_1을 취급하면 연관지체를 극복할 가능성이 커진다.
② 목표형질 이외의 형질 개량에도 유리하다.
③ 우수한 유전자를 점진적으로 한 품종에 집적할 수 있는 방법이다.
④ 세포질 웅성불임 계통을 육성할 때 여교배로 불임세포질을 도입할 수 있다.

ANSWER 6.① 7.②

6 필수 원소의 기능과 결핍증상

㉠ 칼슘 : 근단발육과 식물체 분열조직의 생장에 중요한 역할을 한다. 토양유기물의 분해를 촉진하고 토양산성을 중화한다. 결핍되면 줄기나 뿌리의 생장점이 붉은 색으로 변하며 고사한다.
㉡ 질소 : 세포질의 원형질을 구성하고 있는 단백질의 주성분이다. 질소는 엽록소의 주성분이며, 잎의 동화능력을 높인다. 과잉될 때는 도복의 위험이 생기며, 각종 병충해가 발생한다. 또한 줄기와 잎이 너무 무성하여 벼알의 등숙이 나빠지고 청치가 많아진다. 결핍증상으로는 잎의 황백화 현상이 발생한다.
㉢ 마그네슘 : 엽록소의 구성성분이다. 결핍되면 잎의 황화현상이 나타나고, 규산의 흡수와 단백질 합성이 나빠져 깨씨무늬병과 도열병에 약해진다.

7 여교배육종은 우량품종에 한두 가지 결점이 있을 때 이를 보완하는 데 효과적인 육종방법이다. 여교배(backcross)는 양친 A와 B를 교배한 F_1을 양친 중 한쪽과 다시 교배하는 방법이다. 여교배를 여러 번 할 때 처음 한 번만 사용하는 교배친을 1회친이라 하고, 반복해서 사용하는 교배친을 반복친이라고 한다. 실용적이 아닌 품종의 단순유전을 하는 유용형질을 실용품종에 옮겨 넣을 것을 목적으로, 비실용품종을 1회친으로 하고 실용품종을 반복친으로 하여 연속적으로 또는 순환적으로 교배 선발하여 비교적 작은 집단의 크기로 짧은 세대 동안에 새 품종으로 고정해가는 육종법이다.

8 최근 식량작물에 함유된 건강 기능성 물질에 대한 소비자의 관심이 매우 높아지고 있다. 검정콩의 주요 기능성 물질에 해당하는 것만을 모두 고른 것은?

> ㉠ isoflavone
> ㉡ glucosinolate
> ㉢ anthocyanin
> ㉣ tocotrienol
> ㉤ saponin
> ㉥ DHA(docosahexaenoic acid)

① ㉠㉡㉢ ② ㉡㉣㉤
③ ㉣㉤㉥ ④ ㉠㉢㉤

9 두류에 대한 설명으로 옳지 않은 것은?

① 팥을 연작하면 콩의 경우처럼 토양 내에 선충이 증가하며 병도 많아진다.
② 팥은 콩보다 더 고온다습한 기후에 잘 적응하는 반면에 상대적으로 저온에 약하다.
③ 콩은 팥보다 줄기가 연약하여 비옥한 토양에서는 쓰러지기 쉬우므로 늦게 심거나 넓게 심는 것이 좋다.
④ 콩은 떡잎과 배축 부분이 지상부에 있는 에피길(epigeal)이고, 팥은 떡잎과 배축 부분이 지하부에 있는 하이포길(hypogeal)이다.

ANSWER 8.④ 9.③

8 ㉠ 이소플라본(isoflavone) : 대두에 많이 들어 있는 콩단백질의 하나이다. 우울증 · 골다공증, 얼굴이 붉어지는 증세 등 여성호르몬 부족으로 나타나는 갱년기 증세를 완화시켜 준다. 월경증후군, 심장병, 고혈압, 동맥경화증 등의 예방뿐만 아니라 암을 예방하는 효과도 있다.
㉢ 안토시아닌(anthocyanin) : 꽃이나 과실 등에 포함되어 있는 안토시아니딘의 색소배당체로, 항산화 효과(노화방지 효과), 시력개선 효과, 혈관질환 예방과 개선 효과를 보인다.
㉤ 사포닌(saponin) : 식물의 뿌리 · 줄기 · 잎 · 껍질 · 씨 등에 있는데, 강심제나 이뇨제로서 강한 작용이 있어 옛날부터 한방약으로 사용되어 왔다. 세포에 대해서는 표면 활성제로서 작용하여, 세포막의 구조를 파괴하거나 물질의 투과성을 높이기도 한다.

9 팥은 콩보다 따뜻하고 습한 기후를 좋아하고 서리나 냉해의 해를 입기 쉽다. 발아할 때 녹두나 콩과 달리 자엽(떡잎)이 지상으로 출현하지 않는다.
③ 팥은 줄기가 콩과 비슷하나 다소 길고 가늘며 취약하고, 콩에 비해 도복에 약한 편이다.

10 밀의 품질특성 중 입질과 분질의 특성에 대한 설명으로 옳지 않은 것은?

① 입질은 밀 배유부의 물리적 구조를 말하며, 초자질, 중간질, 분상질 등으로 구분한다.
② 초자질립은 밀 단면의 70% 미만이 초자질부로 되어 있다.
③ 분질은 경질, 반경질, 중간질, 연질 등으로 구분한다.
④ 반경질분은 결정입자 및 단백질과 부질의 함량이 경질분보다 다소 적다.

11 벼와 잡초인 피를 구분하는 일반적인 지표로 사용되는 기관은?

① 잎혀
② 잎집
③ 잎몸
④ 줄기

12 발아율 검사를 위해 200개의 콩을 25℃ 항온기에 두고 매일 발아한 종자 수를 관찰하여, 아래 표와 같은 결과를 얻었다. 발아율은?

일수	3	4	5	6	7	8	9
발아한 종자 수	8	32	60	50	18	12	–

① 80%
② 85%
③ 90%
④ 95%

ANSWER 10.② 11.① 12.③

10 경질분은 밀가루를 손으로 비빌 때의 느낌이 거칠거칠하다. 부질과 단백질의 함량이 높고 신전성이 장시간에 걸쳐 있어서 빵(마카로니)을 제조할 때 잘 부풀어서 알맞다. 이에 비해 연질분은 밀가루를 손으로 비빌 때의 느낌이 매끄럽다. 부질과 단백질의 함량이 낮고 신전성이 단시간에 그친다. 가락국수, 비스킷, 카스테라, 튀김에 사용한다.

② 초자질밀은 밀 단면의 70% 이상이 초자질부이고, 분상질밀은 30%가, 중간질밀은 30~70%가 초자질부로 되어 있다.

11 피는 벼과에 속하는 1년생 초본식물이며, 잎혀가 없다. 성질이 강건하여 저온은 물론 생육 초기를 제외하고는 한발에도 강하며 과습(過濕)에도 지장이 없다. 표고 1,500m까지 재배가 가능하다. 피는 단백질 · 지방질 · 비타민 B_1 등이 많이 함유되어 영양가는 쌀이나 보리에 떨어지지 않지만 맛은 못하다. 장기간 저장해도 맛이 변하지 않고, 비타민 B_1의 함량에 변화가 없는 장점이 있다.

12 발아율은 파종 종자 수에 대한 발아 종자수의 비율(%)이다(발아율 = 발아한 종자 수 ÷ 총종자수 × 100).

13 식물의 뿌리와 종자의 세포신장과 분열 및 개화를 촉진시키는 호르몬은?

① 에틸렌　　② 앱시스산
③ 지베렐린　　④ 옥신

14 재배환경의 수질오염에 대한 설명으로 옳은 것은?

① 부유물질이 논에 유입되어 침전되면 어린 식물은 생리적인 피해를 받고, 토양은 표면이 확장되어 투수성이 좋아진다.
② 화학적 산소요구량은 수중의 오탁 유기물을 무기성 산화물과 가스체로 안정화하는 과정에 필요한 총 산소량을 ppm 단위로 표시한 것이다.
③ 산업단지 또는 도시 근교에 있는 논에 질소함량이 높은 폐수가 유입되면 벼에 과번무, 도복, 등숙불량, 병충해 등의 질소과잉장해가 나타난다.
④ 합성세제의 주성분인 ABS는 20ppm 이상의 농도에서 식물생리활성제로 작용하여 뿌리의 생육이 활발해진다.

ANSWER 13.③ 14.③

13 ① 에틸렌은 과실의 성숙을 촉진하는 작용이 있고, 성숙개시 직전에 다량으로 생성된다.
② 앱시스산(ABA)은 휴면 유기, 기공 개폐, 생장 억제, 노화 및 낙엽 촉진 등의 효과가 있다.
③ 지베렐린은 벼의 키다리병균에 의해 생산된 고등식물의 식물생장조절제이다. 신장촉진작용, 종자발아 촉진작용, 개화촉진작용, 착과의 증가작용, 열매의 생장촉진작용 등을 한다.
④ 옥신은 생장력이 강한 줄기와 뿌리 끝에서 생겨나는 호르몬으로 줄기의 신장에 관여한다. 길이 생장과 세포분열, 발근을 돕고 곁눈 생장을 막는다.

14 ① 부유물질이 논에 유입되어 침전되면 어린식물은 기계적인 피해를 받고, 토양은 표면이 차단되어 투수성이 나빠지며, 침적된 유기물의 분해로 생성된 유해물질로 인해 벼의 생육이 부진하고 쭉정이가 많아진다.
② 수중의 오탁 유기물을 무기성 산화물과 가스체로 안정화하는 과정에 필요한 총산소량을 ppm 단위로 표시한 것은 생물화학적 산소요구량(BOD)이다. 화학적 산소요구량(COD)은 오염된 물의 수질을 나타내는 지표로서, 유기물질이 들어 있는 물에 산화제를 투입하여 산화시키는 데 소비된 산소의 양을 ppm으로 나타낸 것이다. 일반적으로 공장폐수는 무기물을 함유하고 있어 BOD 측정이 불가능하므로 COD를 측정한다.
④ ABS(알킬벤젠 설폰산염)는 계면활성제의 일종으로 합성세제로 사용된다. 미생물에 분해되지 않아 정화하기 힘든 공해원이 되고 있다.

15 벼의 재배한계 고위도 지역에서 수량이 높은 품종을 우리나라에 가져와 재배할 경우 일어날 수 있는 현상은?

① 기본영양생장성과 감광성이 커서 우리나라에서 재배할 경우 생육기간이 길어지고 수량이 증대할 것이다.
② 기본영양생장성과 감온성이 커서 우리나라의 만생종과 비슷한 시기에 출수 개화되고 수량도 비슷할 것이다.
③ 감광성과 감온성이 커서 출수 개화가 우리나라에서는 빨라지고 수량이 저하할 것이다.
④ 기본영양생장성과 감광성이 작아서 우리나라에서는 생육기간이 짧아져 수량이 낮아질 것이다.

16 맥류의 포장에서 출수에 대한 설명으로 옳지 않은 것은?

① 추파성은 영양생장을 지속시키는 성질로서 추파성이 큰 품종은 포장에서 출수가 늦다.
② 추파형 호밀을 봄에 파종하여 유식물체 시기에 단일 처리를 하면 춘화가 되어 정상적으로 출수한다.
③ 맥류는 장일식물로서 추파성이 소거되기 이전에도 장일에 의하여 출수가 촉진된다.
④ 맥류의 추파성 소거에는 저온이 유효하지만 추파성이 소거된 이후에는 고온에 의하여 출수가 촉진된다.

ANSWER 15.④ 16.③

15 벼의 기상생태형의 종류

㉠ 기본영양생장형(Blt) : 기본영양생장성이 크고, 감광성과 감온성은 작은 품종으로 저위도 열대지방에서 주로 재배한다.
㉡ 감광형(bLt) : 감광성이 크고, 기본영양생장성과 감온성이 작은 품종으로 우리나라 평야지대 중위도에서 주로 만생종을 재배한다.
㉢ 감온형(blT) : 감온성이 크고, 기본영양생장성과 감광성이 작은 품종으로 우리나라 고위도 산간지에서 주로 조생종을 재배한다.
㉣ blt : 기본영양생장성, 감광성, 감온성 모두 작은 품종으로 극조생종을 재배한다.
※ 고랭지에서 조기육묘시 저온발아성이 강한 것이 유리하다. 조생종은 재배기간이 짧아 고위도지대에서 재배하기에 알맞다.

16 추파성은 영양생장을 과도하게 계속하려는 성질이다. 가을에 씨를 뿌려야만 어린 식물이 겨울을 나는 동안 낮은 온도를 거치게 되어 추파성이 없어지고 제대로 출수, 성숙하게 된다. 추파성이 없어지면 장일식물로서 고온장일조건에 이삭패기(출수)가 촉진되며, 저온단일조건에서는 늦어진다.

17 잡곡의 화기구조에 대한 설명으로 옳지 않은 것은?

① 조의 작은 이삭에는 한 쌍의 받침껍질에 싸여 있는 2개의 꽃이 있는데, 상위의 꽃은 종자가 달리는 임실화이고 하위의 꽃은 퇴화하여 종자가 달리지 않는다.
② 수수의 작은 이삭에는 유병소수와 무병소수가 쌍을 지어 붙어 있으며, 유병소수에는 종자가 달리고, 무병소수에는 종자가 달리지 않는다.
③ 메밀의 꽃은 동일 품종이라도 장주화와 단주화가 반반씩 생기는 이형예 현상을 보인다.
④ 옥수수는 줄기 끝에 수이삭이 달리고 중간 마디에는 암이삭이 달리는 자웅동주식물이다.

18 영양번식과 유사하게 하나의 개체로부터 유전적으로 동일한 개체군을 만드는 생식방법은?

① 아포믹시스(apomixis)
② 배우체형 자가불화합성(gametophytic self-incompatibility)
③ 포자체형 자가불화합성(sporophytic self-incompatibility)
④ 세포질적 웅성불임성(cytoplasmic male sterility)

ANSWER 17.② 18.①

17 ② 수수는 이삭가지에 자루가 있는 작은 이삭과 자루가 없는 작은 이삭이 쌍으로 달려 있다. 자루가 없는 작은 이삭에만 여무는 꽃이 있어 종실이 달린다.
㉠ 메밀은 암술대가 수술보다 긴 장주화, 암술대가 수술보다 짧은 단주화가 반반씩 생기는 이형예 현상을 보인다.
㉡ 옥수수는 수이삭의 개화가 암이삭의 개화보다 4~5일 앞서는 웅성선숙이다. 옥수수의 수이삭(이삭)에는 10~20개의 1차 지경이 발생하고 다시 2차 지경이 발생하여 각 마디에 웅성소수가 착생하는데 그 중 하나는 유병소수이고 다른 하나는 무병소수이다.

18 ① 아포믹시스는 수정과정을 거치지 않고 배(胚)가 만들어져 종자를 형성하기 때문에 무수정종자 형성이라고도 한다.
② 배우체형 자가불화합성은 어떤 유전자를 가지는 접합체에 그와 같은 유전자를 가지고 배우자가 접합하는 경우 서로 이반되어 수정되지 않는 것을 말한다.
③ 포자체형 자가불화합성은 화분의 화합성에 관여하는 성질이 화분을 생성하는 포자체의 s유전자형에 의해 영향을 받아 주두상에서 화분의 발아가 저해되는 것을 말한다.
④ 세포질적 웅성불임성은 세포질성 인자에 기인하는 화분의 발육이 불완전한 것으로서 이 인자는 모친쪽에서 전해오며, 화분복구 유전자가 존재하지 않은 데에만 작용한다.

19 벼 뿌리가 산소가 부족한 물 속에서도 생장할 수 있는 이유로 옳지 않은 것은?

① 벼 뿌리는 피층 내에 파생통기조직이 발달하여 벼 잎의 기공으로부터 뿌리까지 산소를 전달할 수 있다.
② 벼 뿌리의 선단부에서 산소를 방출하여 토양을 산화적으로 교정해서 뿌리가 환원토양 속으로 신장할 수 있다.
③ 뿌리 표면에 산화철의 피막을 만들어 통기불량으로 생긴 유해 가스로부터 뿌리를 보호할 수 있다.
④ 잎이 물에 잠긴 현저한 산소 부족상태에서도 벼 뿌리는 무기호흡을 하여 동일한 기질로 더 많은 에너지를 얻는다.

20 벼의 장해형 냉해로 발생하는 전형적인 피해는?

① 영화의 분화 감소
② 이삭수의 감소
③ 불임립의 증가
④ 발육 정지립의 증가

ANSWER 19.④ 20.③

19 작물체가 완전히 물속에 잠기면 산소가 부족하여 무기호흡을 하게 되는데 무기호흡에서는 유기호흡보다 동일한 에너지를 얻는 데 많은 호흡기질이 소모되므로, 무기호흡이 오래 계속되면 당분, 전분, 단백질 등의 호흡기질이 소진되어 마침내 기아상태에 이르러 작물이 죽게 된다.

20 벼의 장해형 냉해는 생식생장기의 일조부족이나 저온으로 생식세포의 감수분열과 유수의 형성이 저해되는 현상을 말한다. 생식기관이 형성되지 못하거나 수정, 수분 등에 장해를 일으켜 불임현상을 나타낸다.
※ 발육 정지립은 낙수(논물떼기)를 지나치게 빨리 하는 경우에 증가할 수 있다.

2013. 8. 24. 제1회 지방직 9급 시행

1 잡초성 벼(앵미)의 일반적 특성으로 옳지 않은 것은?

① 준야생벼라고 말할 수 있다.
② 일반적으로 종피색은 자색이다.
③ 일반적으로 저온출아성이 좋다.
④ 일반적으로 탈립이 잘 되지 않는다.

2 연작을 하면 나타나는 기지현상의 원인에 대한 설명으로 옳지 않은 것은?

① 연작을 하면 토양 중의 특정 미생물이 번성하고, 그중 병원균이 병해를 유발하기 때문에 기지의 원인이 된다.
② 연작을 하면 토양선충이 감소하여 작물에 직접적인 피해를 끼치지 않으나, 2차적인 병원균의 침입이 많아져 병해를 유발함으로써 기지의 원인이 된다.
③ 작물의 유체 또는 생체에서 나오는 물질이 동일종이나 유연종의 작물 생육에 피해를 주는 일이 있는데, 연작을 하면 이 유독물질이 축적되어 기지현상을 일으킨다.
④ 연작을 하면 비료 성분의 일방적 수탈이 이루어지기 쉬워 기지의 원인이 된다.

ANSWER 1.④ 2.②

1 앵미는 가늘고 길며 적색이나 갈색을 띤다. 종자번식에서 주로 타식성이고 탈립이 잘 된다. 저온에 강하고 휴면성이 높다. 담수재배보다 건답재배 시 크게 증가한다.

2 기지현상(그루타기)은 이어짓기(연작)하는 경우 현저한 생육장해가 나타나는 현상이다. 원인으로는 토양전염병의 해, 토양선충 번성, 유독물질의 축적, 염류의 집적, 토양비료분의 소모, 토양의 물리적 성질 악화, 잡초의 번성 등을 들 수 있다. 2~3년을 주기로 해마다 작물을 바꾸어 재배하면 기지현상을 막을 수 있고, 지력이 증진된다.
② 연작을 하면 토양선충이 번성한다.

3 콩은 착화수는 많지만 정상적으로 결실 · 성숙하는 것은 매우 적다. 콩의 결협률 증대 방안으로 옳지 않은 것은?

① 이심 · 적심 재배를 실시한다.
② 개화기에 요소를 엽면살포한다.
③ 배토를 한다.
④ 질소질 비료를 다량 시용한다.

4 맥주보리의 품질 조건에 대한 설명으로 옳지 않은 것은?

① 발아가 빠르고 균일해야 한다.
② 아밀라아제(amylase)의 작용력이 강해야 한다.
③ 단백질 함량은 20% 이상인 것이 알맞다.
④ 지방 함량은 약 1.5~3.0%인 것이 알맞으며, 그 이상이면 맥주의 품질이 저하된다.

5 벼의 냉해에 대한 거름주기(시비) 대책으로 옳지 않은 것은?

① 규산질 및 유기질 비료를 주어 벼를 튼튼하게 한다.
② 저온으로 냉해가 염려될 때는 질소 시용량을 늘린다.
③ 산간고랭지에서는 인 · 칼리를 20~30% 더 시용한다.
④ 장해형 냉해가 우려되면 이삭거름을 주지 말고, 지연형 냉해가 예상되면 알거름을 생략한다.

ANSWER 3.④ 4.③ 5.②

3 콩의 결협률은 20~45%에 불과하고, 대립종보다 소립종이 높다. 결협률을 높이려면 충분한 토양 수분을 유지하고, 질소질 비료를 적당히 시용해서 과도한 영양생장을 억제한다.

4 맥주보리는 종자가 고르고 굵으며 껍질이 얇은 것이 좋다. 녹말 함량이 많고, 단백질은 8 ~ 12%, 지방은 1.5~3.0%로 함량이 적다.
③ 단백질 함량은 8~12%가 알맞다.

5 ② 냉해에는 질소질 비료를 적게 주거나 삼가고, 인산질 비료를 다량 시용한다.
※ 냉해의 종류
㉠ 지연형 냉해 : 영양생장기의 저온으로 생육이 불량해지고 출수가 지연된다.
㉡ 장해형 냉해 : 생식생장기(수잉기)의 저온으로 불임립이 형성된다.
㉢ 병해형 냉해 : 저온에 의해 냉도열병이 유발된다.

6 벼에 발생하는 해충 중 우리나라에서 월동하지 않고 중국 등에서 비래하는 해충은?

① 혹명나방, 벼멸구
② 이화명나방, 벼물바구미
③ 벼잎벌레, 먹노린재
④ 벼줄기굴파리, 벼잎선충

7 맥류의 출수와 관련이 있는 성질에 대한 설명으로 옳지 않은 것은?

① 추파성은 맥류의 생식성장을 빠르게 진행시킴으로써 내동성을 증가시킨다.
② 완전히 춘화된 식물은 고온, 장일에 의해 출수가 빨라진다.
③ 추파성이 완전히 소거된 다음, 고온에 의해 출수가 촉진되는 성질을 감온성이라고 한다.
④ 출수를 가장 빠르게 하는 환경을 부여했을 때, 이삭이 분화될 때까지 분화되는 주간의 엽수를 최소엽수라고 한다.

8 현미, 콩, 팥, 옥수수(팝콘용), 메밀에 공통적으로 적용되는 농산물 표준규격 항목이 아닌 것은? (단, 국내에서 생산하여 유통되는 경우에 적용하며, 가공용 또는 수출용에는 적용하지 않는다.)

① 이종곡립
② 수분
③ 정립
④ 이물

ANSWER 6.① 7.① 8.③

6 벼의 비래해충으로는 혹명나방, 벼멸구, 멸강나방, 흰등멸구 등이 있다.

7 ① 추파성은 맥류의 영양생장을 지속시키고 생식생장을 억제하려는 성질이다.

※ 추파성
㉠ 추파성은 맥류가 일정 기간 저온에 처해야 정상적으로 출수하는 성질을 말한다.
㉡ 추파성이 높을수록 출수가 늦은 경향이 나타난다.
㉢ 추파성이 없어지면 장일식물로서 고온·장일 조건에서 이삭패기가 촉진되며, 저온·단일 조건에서는 늦어진다.
㉣ 춘화처리를 하면 봄에 파종할 수 있는데, 가을에 파종하는 것보다 수확량이 적다.

8 농산물 표준규격제란 농산물을 전국적으로 통일된 기준, 즉 표준출하규격에 맞도록 품질, 크기, 쓰임새에 따라 등급을 매겨 분류하고 규격 포장재에 담아 출하함으로써 내용물과 표지사항이 일치되도록 하는 제도로서, 농산물의 원활한 거래와 유통 효율의 증대를 위한 것이다.

③ 메밀 표준규격에는 '정립' 항목이 없다.

9 벼에서 규소의 분포와 역할에 대한 설명으로 옳지 않은 것만을 모두 고르면?

> ㉠ 규소는 잎새와 줄기 및 왕겨의 표피조직에 많다.
> ㉡ 규소/질소의 비가 낮을수록 건전한 생육을 한다.
> ㉢ 규소는 벼 잎을 곧추서게 만들어 수광태세를 좋게 한다.
> ㉣ 규소는 잎에서 표피세포의 큐티쿨라층 바깥에 침적하여 세포 밖에 단단한 셀룰로오즈층을 형성한다.
> ㉤ 벼 잎에 침적한 규소는 병·해충에 대한 저항성을 높인다.
> ㉥ 벼 잎에 침적한 규소는 표피의 증산을 줄여 수분 스트레스가 일어나는 것을 방지한다.

① ㉠㉢
② ㉠㉤
③ ㉡㉣
④ ㉢㉥

10 쌀의 품위와 관련된 설명으로 옳지 않은 것은?

① 완전미(head rice)란 도정된 백미를 그물눈 1.7mm의 체로 쳐서 체 위에 남은 쌀 중 100g을 채취하여 그중 피해립, 착색립, 이종곡립, 사미 및 심·복백립 등 불완전립을 제외하고 모양이 완전한 쌀과, 깨어진 쌀 중에서는 길이가 완전한 낟알 평균길이의 3/4 이상인 쌀을 말한다.
② 도감률은 도정된 백미량이 현미량의 몇 %에 해당하는가를 말한다.
③ 제현율이란 벼의 껍질을 벗기고 이를 1.6mm 줄체로 칠 때 체를 통과하지 않는 현미의 비율을 말한다.
④ 현백률은 현미 1kg을 실험실용 정미기로 도정하여 생산된 백미를 1.4mm 체로 쳐서 얻어진 체 위의 백미를 사용한 현미량에 대한 백분율로 표시한다.

ANSWER 9.③ 10.②

9 벼는 작물 중에서 규소를 가장 많이 흡수한다. 규소가 결핍되면 식물체가 연약해져 도복 피해가 커지고, 잎이 연약해지고 늘어져 수광태세가 나빠진다. 결국 깨씨무늬병, 도열병 등 같은 병해에 걸리기 쉽다.
※ 식물체의 규산/질소율이 클수록, 즉 질소질 비료의 시용량이 적을수록 벼는 건전한 생육을 하게 된다. 또한 칼륨/규산 비율이 클수록 벼는 건실하다.

10 제현율은 벼에서 현미가 나오는 비율이고, 현백률(정백률)은 현미에서 백미가 나오는 비율이다.
② 도정된 백미량이 현미량의 몇 %에 해당하는가를 말하는 것은 현백률이다.

11 벼에 대한 설명으로 옳지 않은 것은?

① 벼는 식물학적으로 종자식물문 > 피자식물아문 > 단자엽식물강 > 영화목 > 화본과 > 벼아과 > 벼속으로 분류된다.

② 벼의 염색체수는 2n=24로 n=12의 2배체 식물이고, 게놈은 AA로 약 1만여 개의 염기로 구성되어 있다.

③ 야생벼는 재배벼에 비해 일반적으로 타식 비율이 높고 탈립성이 강하며, 휴면성이 높고 내비성이 강하다.

④ 벼의 수량구성요소는 단위면적당 이삭수, 1수영화수, 등숙비율, 1립중으로 구성되어 있다.

12 (a)～(c)에 대한 설명으로 옳은 것만을 〈보기〉에서 모두 고르면?

> 식물 생육에 필수적으로 필요한 원소를 필수원소라 하며, 이는 다량원소와 미량원소로 구분된다. 필수원소의 종류로는 (a) 탄소, 산소, 수소 (b) 질소, 칼륨, 인, 칼슘, 마그네슘, 황 (c) 철, 구리, 아연, 붕소, 망간, 몰리브덴, 염소, 니켈이 있다.

〈보기〉

㉠ (a)는 대부분의 식물체에서 필수원소의 90% 이상을 차지한다.
㉡ (b)는 미량원소에 해당한다.
㉢ (c)는 대부분 대기로부터 얻는다.
㉣ (b)에는 비료의 3요소에 해당하는 필수원소가 모두 포함되어 있다.

① ㉠㉡ ② ㉠㉣
③ ㉡㉣ ④ ㉢㉣

ANSWER 11.③ 12.②

11 ③ 야생벼는 재배벼에 비해 내비성이 약하다.

12 ㉡ [×] 질소, 칼륨, 인, 칼슘, 마그네슘, 황은 다량원소에 해당한다.
㉢ [×] 필수원소 중 탄소, 산소 및 수소는 공기와 물로부터 얻어지고, 나머지 원소는 토양으로부터 무기염의 형태로 흡수된다.
㉣ [○] 비료의 3요소는 질소, 인, 칼륨이다.

13 일반적으로 전분작물로 취급되는 것끼리 묶인 것은?

① 옥수수, 감자
② 콩, 밀
③ 땅콩, 옥수수
④ 완두, 땅콩

14 다음 표는 아시아 재배벼 생태종의 특징을 비교한 것이다. ㉠~㉢에 알맞은 생태종은 무엇인가?

생태종	키	낟알 모양	내냉성	밥의 조직감
㉠	작다.	둥글고 짧다.	강하다.	끈기 있음
㉡	크다.	가늘고 길다.	약하다.	퍼석퍼석함
㉢	크다.	어느 정도 둥글고 길다.	중간 내지 강하다.	중간

	㉠	㉡	㉢
①	온대자포니카	인디카	열대자포니카
②	온대자포니카	열대자포니카	인디카
③	인디카	온대자포니카	열대자포니카
④	열대자포니카	인디카	온대자포니카

ANSWER 13.① 14.①

13 옥수수, 감자의 주성분은 당질이고, 밀은 당질 71.1%, 단백질 12.2%, 지질 1.8%를 함유하고 있다. 완두는 당질과 단백질이 풍부하며, 어린 꼬투리에는 단백질과 비타민 A, B, C가 풍부하다. 콩은 두류 중에서 단백질 함량이 가장 많고(40%), 지질 함량(18%)은 땅콩 다음이다. 땅콩은 지방 45~50%, 단백질 20~30%로 두류 중에서 지질 함량이 가장 많다.

14 벼 품종의 특성

㉠ 자포니카형(일본형, 단립종) : 쌀알 모양이 둥글고 짧으며, 키가 작고 분얼이 많다, 밥의 끈기가 강하다. 저온발아성이 인디카형보다 강하다. 내냉성은 강하고 내한성(가뭄견딜성)은 약하다. 열대자포니카형은 온대자포니카형에 비해 밥의 끈기가 적고, 내냉성도 적다.

㉡ 인디카형(인도형, 장립종) : 쌀알 모양이 길쭉하며, 키가 크고, 밥의 끈기가 약하다. 저온발아성이 약하고, 내한성(가뭄견딜성)이 강하다.

㉢ 자바니카형(자바형, 중립종) : 쌀알이 대립종이며, 키가 크고 밥의 끈기가 강하다.

15 옥수수 수이삭과 암이삭에 대한 설명으로 옳지 않은 것은?

① 암이삭은 줄기의 꼭대기에, 수이삭은 줄기의 마디 부분에 달린다.
② 흔히 수염이라고 부르는 부분은 암이삭 중 암술머리 및 암술대에 해당한다.
③ 암이삭과 수이삭은 개화시기가 다른 경우가 많은데 일반적으로 수이삭이 먼저 핀다.
④ 보통 1개의 옥수수 줄기에 1~3개의 암이삭이 달리나 품종과 재배 환경에 따라서 여러 개가 달리기도 한다.

16 메밀의 개화 및 수정에 대한 설명으로 옳지 않은 것은?

① 메밀에는 암술대와 수술의 길이가 다른 이형예현상(heterostylism)이 나타난다.
② 메밀의 수정은 주로 암술대와 수술의 길이가 비슷한 자웅예동장화(homostyled flower) 간에 이루어진다.
③ 메밀은 일반적으로 곤충에 의해 수분이 일어나는 타화수정을 한다.
④ 메밀은 일반적으로 한 포기에서 위로 올라가며 개화한다.

ANSWER 15.① 16.②

15 대체로 수이삭의 개화가 암이삭의 개화보다 4~5일 앞서는 웅성선숙을 보인다.
① 옥수수의 수이삭은 줄기 끝에, 암이삭은 줄기의 중간마디에 달리는 자웅동주이다.

16 메밀의 개화와 수정
㉠ 메밀은 장주화와 단주화가 반반씩 생기는 이형예현상을 보인다. 장주화는 암술대가 수술보다 긴 것, 단주화는 암술대가 수술보다 짧은 것을 말한다.
㉡ 원줄기의 4번째 마디에서 꽃망울이 달리기 시작한다. 꽃은 줄기 밑부분에서 피어 올라가며, 20~30일 동안 핀다.
㉢ 메밀은 곤충에 의한 타가수정을 한다. 단주화들 사이나 장주화들 사이에서는 수정이 잘 이루어지지 않고(부적법수분, 동형화), 단주화와 장주화 사이에서 수정이 잘 이루어지는 적법수분(이형화)을 한다.
㉣ 암술대와 수술 길이가 비슷한 자웅예동장화 수정은 드물게 일어난다.

17 콩 재배방법에서 북주기와 순지르기에 대한 설명으로 옳지 않은 것은?

① 북주기의 횟수에 따라 수량이 약간 증가하는 효과가 있으나 늦어도 꽃피기 10일 전까지는 마쳐야 한다.

② 북주기를 하면 물빠짐과 토양 속의 공기 순환이 좋아지고 도복을 줄일 수 있다.

③ 순지르기를 하면 곁가지가 다시 나거나 왕성하게 자라며, 쓰러짐을 어느 정도 줄일 수 있어 수량을 높일 수 있다.

④ 생육량이 적거나 늦게 심었을 경우 순지르기를 하면 수량이 증대된다.

18 씨감자 생산에 대한 설명으로 옳지 않은 것은?

① 고랭지는 평난지보다 병리적으로나 생리적으로 퇴화가 억제되기 때문에 채종지로 유리하다.

② 대부분의 감자 바이러스병은 종자전염을 하지 않으므로 진정 종자를 이용하면 바이러스 이병률이 낮아진다.

③ 평난지에서 재배할 경우 춘작채종을 하면 수확기가 빨라 진딧물에 의한 바이러스병 전염과 둘레썩음병의 만연이 억제되므로 씨감자의 생산방식으로 장려되고 있다.

④ 소립 씨감자는 진딧물 발생성기에 지상부를 절단해도 생산할 수 있고, 또 수확기를 빠르게 해도 생산할 수 있으므로 바이러스병의 이병률을 낮게 할 수 있다.

ANSWER 17.④ 18.③

17 지력이 좋은 곳에 밀식하거나 일찍 파종하면 콩이 웃자라 쓰러지기 쉬우므로 순지르기를 하여 생장을 억제한다. 제5엽에서 제7엽 사이에 하는 것이 효과적이다. 생육이 왕성할 때, 다비밀식하여 도장 경향이 있을 때 순지르기의 효과가 높다.

④ 파종이 늦어지거나 생육이 불량할 때, 생육기간이 짧을 때는 순지르기의 효과를 기대할 수 없다.

18 씨감자는 고랭지뿐만 아니라 바람이 심하여 진딧물의 발생이 적은 섬 지방, 바닷가에서 생산되거나 온도가 낮은 가을재배에서 생산된 것이 좋다.

③ 평난지에서 춘작채종을 하면 바이러스병과 둘레썩음병에 걸리지 않도록 해야 한다.

19 고구마의 괴근 형성과 비대에 대한 설명으로 옳지 않은 것은?

① 질소비료의 과용은 괴근의 형성과 비대에 불리하다.
② 괴근 비대는 토양온도 20~30℃ 범위에서 항온보다 변온이 좋다.
③ 토양수분은 최대용수량의 70~75%가 알맞다.
④ 일장이 길고 일조가 풍부해야 괴근 비대가 잘된다.

20 벼의 특성에 대한 설명으로 옳지 않은 것은?

① 우리나라에서 재배되는 조생종은 일반적으로 감광성보다는 감온성이, 만생종은 감온성보다는 감광성이 상대적으로 더 크다.
② 수중형(穗重型) 품종은 수수형(穗數型) 품종에 비해 키가 크고 이삭이 크며, 도복에 강한 편으로 비옥한 토양에 적합하다.
③ 초장은 영양생장기에 지면으로부터 최상위엽 끝까지의 길이를 말하고, 간장은 성숙기에 지면으로부터 이삭목마디까지의 길이를 말한다.
④ 못자리일수가 길어진 모를 이앙하면 활착한 후 분얼이 몇 개 되지 않은 상태에서 주간만 출수하는 현상을 불시출수라 하는데, 조생종을 늦게 이앙할 때 발생하기 쉽다.

ANSWER 19.④ 20.②

19 고구마 덩이뿌리(괴근)의 비대를 촉진하기 위해서는 단일 조건이 좋으며 일조가 많아야 한다. 비료는 칼리의 효과가 크고 질소의 과다는 불리하다.
④ 단일 조건에서 괴근 비대가 잘 된다.

20 ② 수중형 품종은 척박지, 만식, 소비재배 등과 같은 이삭 수 확보가 어려운 곳에 적합하다. 수수형 품종은 기름진 땅에 성기게 심는 것이 좋고, 다비재배하여 이삭 수를 증가시킨다.

2014. 4. 19. 국가직 9급 시행

1 작물군락의 수광태세에 대한 설명으로 옳은 것은?

① 콩은 키가 작고 가지가 많으면 수광태세가 좋아진다.
② 옥수수는 하위엽이 직립하고 상위엽이 수평인 것이 수광태세가 좋다.
③ 벼는 잎이 가급적 얇고, 약간 넓으며, 하위엽이 직립한 것이 수광태세가 좋다.
④ 맥류는 광파재배보다 드릴파재배를 하는 것이 수광상태가 좋다.

2 자가수정을 원칙으로 하는 작물만을 모두 고르면?

㉠ 기장	㉡ 동부
㉢ 메밀	㉣ 완두
㉤ 율무	㉥ 조

① ㉠, ㉢　　② ㉡, ㉣, ㉤
③ ㉠, ㉡, ㉣, ㉥　　④ ㉡, ㉢, ㉣, ㉤, ㉥

ANSWER 1.④ 2.③

1 ① 벼와 콩의 밀식에는 줄 사이를 넓히고 포기 사이를 좁히는 것이 수광과 통풍에 좋다.
② 옥수수는 수이삭이 작고 잎혀가 없는 것이 좋다. 또한 암이삭이 1개인 것보다 2개인 것이 밀식에 좋다.
③ 벼는 키가 너무 크거나 작지 않고 상위엽이 직립한 것이 좋다. 또한 분얼이 조금 개산형인 것이 좋다.
④ 맥류는 드릴파재배를 하면 수광태세가 좋아지고 지면증발량도 적어진다.

2
- 자가수정작물은 자가꽃가루를 받아 수정하는 작물이다. 화기구조상 다른 꽃가루의 침입이 힘들게 되어 있거나 색이나 향기가 없어 벌, 나비를 유인하지 못하는 등 자가수정에 알맞게 진화되어 온 작물이지만 타가교잡도 가능하다. 자연상태에서 자연교잡율이 4% 이하인 작물을 말한다.
- 타가수정작물은 남의 꽃가루를 받아 수정하는 작물이다. 암수 꽃의 개화기 차이, 화기의 구조, 유전적으로 자가꽃가루받이를 하면 수정이 안 되는 작물은 타가수정을 하게 된다. 타가수정하는 작물로는 옥수수, 오이, 시금치 등이 있다.

3 토양의 수분상태 중 pF값이 가장 큰 것은?

① 포장용수량 ② 최소용수량
③ 수분당량 ④ 흡습계수

4 논에서 발생하는 다년생 광엽잡초만을 고르면?

㉠ 가래	㉡ 메꽃
㉢ 물달개비	㉣ 벗풀
㉤ 올미	㉥ 나도겨풀

① ㉠, ㉢, ㉣ ② ㉠, ㉣, ㉤
③ ㉡, ㉢, ㉤ ④ ㉡, ㉣, ㉥

ANSWER 3.④ 4.②

3 토양수분의 함량을 표시할 때 토양수분장력을 그 척도로 사용하는데, pF는 토양수분장력을 나타내는 단위로 쓰이기도 한다. 토양수분이 감소할수록 수분장력은 커진다. 토양수분함유량과 토양수분장력은 함수관계에 있다. 수분이 많으면 수분장력은 작아지고 수분이 적으면 수분장력은 커지는 관계를 보인다. 최대용수량은 토양의 모든 공극이 물로 포화된 상태로서, pF는 0(0.01기압)이다.

①② 포장용수량은 수분으로 포화된 토양에서 증발을 방지하면서 중력수를 완전히 배제하고 남은 수분상태를 말한다. pF는 2.5~2.7(1/3~1.2기압)이다. 최소용수량이라고도 한다.

③ 수분당량은 물로 포화시킨 토양에 중력의 1,000배에 상당하는 원심력을 30분간 작용시킬 때 토양에 보유되는 수분 함량을 말한다.

④ 흡습계수는 상대습도 98%(25℃)의 공기 중에서 건조토양이 흡수하는 수분상태이며, 흡습수만 남은 수분상태로 작물에 이용될 수 없는 수분상태이다.

4 논에서 발생하는 다년생 광엽잡초는 등애풀, 봄개구리밥, 수염가래꽃, 네가래, 가래, 벗풀, 올미, 개구리밥 등이 있다. 물달개비는 일년생 광엽잡초이고 나도겨풀은 다년생 화본과 잡초이다.

5 우리나라 중산간지나 동북부해안지대의 벼 재배에 적합한 기상생태형으로 가장 적절한 것은?

① Blt, bLt
② Blt, blT
③ blt, blT
④ blt, bLt

6 벼의 분얼에 영향을 미치는 환경조건에 대한 설명으로 옳지 않은 것은?

① 일반적으로 분얼은 적온 내에서 주 · 야간의 온도 차이가 클수록 증가한다.
② 광도가 높으면 분얼이 증가하는데, 특히 분얼 초기와 중기에 영향이 크다.
③ 재식밀도가 높을수록 개체당 분얼수는 감소한다.
④ 토양수분이 부족하면 분얼이 억제되고, 심수관개(深水灌漑)를 하면 분얼이 촉진된다.

ANSWER 5.③ 6.④

5 벼의 기상생태형

㉠ 기본영양생장형(Blt) : 기본영양생장성이 크고, 감광성과 감온성은 작은 품종으로 저위도 열대지방에서 주로 재배한다.
㉡ 감광형(bLt) : 감광성이 크고, 기본영양생장성과 감온성이 작은 품종으로 우리나라 평야지대 중위도에서 주로 만생종을 재배한다.
㉢ 감온형(blT) : 감온성이 크고, 기본영양생장성과 감광성이 작은 품종으로 우리나라 고위도 산간지에서 주로 조생종을 재배한다.
㉣ blt : 기본영양생장성, 감광성, 감온성 모두 작은 품종으로 극조생종을 재배한다.
※ 고랭지에서 조기육묘시 저온발아성이 강한 것이 유리하다. 조생종은 재배기간이 짧아 고위도지대에서 재배하기에 알맞다.

6 분얼(分蘖)은 화본과식물 줄기의 밑동에 있는 마디에서 곁눈(액아)이 발육하여 줄기와 잎을 형성하는 것 또는 그 경엽부를 말한다. 즉, 주간(모간)의 액아가 신장하여 새 줄기가 형성되고, 곁가지에서 다시 곁가지가 나오는 현상이다. 한 개체의 분얼 수는 빛 · 온도 · 양분 · 수분 · 재식밀도에 따라 정해진다. 벼쭉정이를 내는 분얼을 무효분얼이라 하고, 결실의 분얼을 유효분얼이라 하며, 유효분얼은 총분얼 수의 70% 전후이다.

④ 심수관개를 하면 온도가 낮아지고 주야간 온도격차가 적어져 분얼이 억제된다. 분얼의 출현에는 기온의 영향보다 수온의 영향이 크다.

7 옥수수의 단교잡종이 복교잡종과 비교하여 장점인 것만을 고르면?

㉠ 잡종의 채종량이 많다.	㉡ 재배 시 생산력이 높다.
㉢ 품질의 균일성이 높다.	㉣ 잡종강세가 크다.
㉤ 종자가격이 저렴하다.	

① ㉠, ㉡, ㉢　　② ㉠, ㉣, ㉤
③ ㉡, ㉢, ㉣　　④ ㉡, ㉢, ㉤

8 콩의 일장 적응성에 대한 설명으로 옳지 않은 것은?

① 화아분화 · 발달 · 개화 및 결협과 종실비대는 단일조건에서 촉진된다.
② 하대두형은 추대두형보다 일장에 둔감하고 생육기간이 짧아 저위도보다 고위도 지역에 적합하다.
③ 자연포장에서 화성 및 개화가 유도 · 촉진되는 한계일장이 긴 품종일수록 개화가 늦어진다.
④ 일장감응의 최저조도는 조생종이 만생종보다 높으며, 감응도는 정상복엽>초생엽 >자엽 순으로 높다.

9 무한신육형 콩과 비교한 유한신육형 콩의 특성으로 옳지 않은 것은?

① 영양생장기간과 생식생장기간의 중복이 짧다.
② 꽃이 핀 후에는 줄기의 신장과 잎의 전개가 거의 중지된다.
③ 개화기간이 짧고 개화가 고르다.
④ 가지가 길고 꼬투리가 드문드문 달린다.

ANSWER 7.③ 8.③ 9.④

7 • 단교잡은 두 개의 근친교배계통 간의 잡종을 만드는 방법이다. 종자의 균일성은 우수하나 종자생산량이 적은 결점이 있다. 옥수수, 배추 등에 쓰인다.
• 복교잡은 헤테로시스(heterosis) 육종에 이용되는 일종의 교잡형식이다. 4종의 품종 또는 계통으로, (A×B)×(C×D)와 같이 교잡한다. 종자의 생산량이 많고 잡종강세의 발현도도 높지만 균일성이 다소 낮다.

8 일정한 일장이나 위도에 대한 식물의 적응성을 일장적응이라고 한다. 하대두형(여름콩)은 봄에 일찍 파종하여 늦여름이나 초가을에 수확하는데, 대체로 알이 크고 유색인 것이 많다. 여름콩은 일장(감광형)보다는 온도(감온형)에 민감하게 반응하는 감온성 품종이다. 추대두형은 중남부 평야지에서 맥후작으로 여름에 파종하여 늦가을에 수확하는데, 개화기 및 성숙기가 여름콩에 비해 늦다. 온도(감온형)보다는 일장(감광형)에 민감하게 반응한다.
③ 한계일장은 식물의 출수 또는 개화를 촉진하거나 늦추게 하는 고비가 되는 낮시간의 길이를 말한다.

9 무한신육형 콩은 영양생장 기간과 생식생장 기간의 중복기간이 상대적으로 길다. 개화가 되어도 줄기의 신장과 잎의 전개가 계속되고 키도 크며 개화 기간이 길고 꼬투리도 드문드문 달린다.
④ 꼬투리가 촘촘하게 달린다.

10 벼의 등숙에 대한 설명으로 옳지 않은 것은?

① 열대지방은 온대지방에 비하여 등숙기의 온도가 지나치게 높고 일교차가 작아 벼 수량이 낮다.
② 등숙 초기에는 일조량이 많은 것이 좋으며, 온도는 30℃보다 15~20℃를 유지하는 것이 등숙 촉진효과가 크다.
③ 등숙기간은 일평균 적산온도와 관계가 있으며, 비교적 고온에서 등숙하는 조생종이 만생종보다 짧다.
④ 등숙기에 야간온도가 높으면 이삭에 축적되는 탄수화물의 양이 감소되어 등숙비율이 낮아진다.

11 감자의 괴경형성 및 비대에 대한 설명으로 옳지 않은 것은?

① 고온 · 장일 조건에서는 GA 함량이 증대되어 괴경형성이 억제된다.
② 괴경이 비대하기 시작할 때는 환원당이 비환원당보다 많고 휴면 중에는 비환원당이 많아진다.
③ 괴경의 형성에는 저온과 단일조건이 좋으나 괴경의 비대에는 장일조건과 야간의 고온이 좋다.
④ 괴경의 이차생장은 생육 중의 고온, 장일, 건조, 통기불량 등으로 인해 발생하며, 괴경의 전분은 일부 당화되어 발아하기 쉽게 되어 있어야 한다.

ANSWER 10.② 11.③

10 등숙(登熟)은 개화 후 종자의 배젖 또는 떡잎에 녹말 등이 축적되는 현상, 또는 그 과정을 말하며, 임실(稔實)이라고도 한다. 벼 · 보리 등의 화본과식물이나 콩과작물 등은 등숙의 정도가 생산량에 현저한 영향을 끼친다.
㉠ 온도 : 결실기의 고온은 성숙기간을 단축시키고, 주야간의 큰 온도교차는 등숙에 유리하다. 벼의 결실에 알맞은 온도는 출수 후 10일 간은 주간 29℃, 야간 19℃, 그 이후에는 주간 25℃, 야간 15℃이다.
㉡ 일사량 : 일사량 부족은 벼의 결실을 나쁘게 하며 이삭에 축적되는 탄수화물의 70~80%는 출수 후 동화작용에 의해 생성된다.
㉢ 영양 : 적정량의 실비는 잎의 엽록소 함량을 높여 광합성 능력을 증대하고 뿌리의 생리적 활력을 높이고 오래 유지하게 하여 등숙률을 증대시켜 준다.

11 ③ 괴경의 형성과 비대 모두 단일 · 야간저온이 알맞고, 인산 · 칼륨 · 질소가 넉넉해야 잘 된다.
① 괴경(덩이줄기)이 형성될 때는 지베렐린(GA) 함량이 저하되는데 단일조건에서도 지베렐린을 처리하면 괴경이 형성되지 않고 복지가 왕성하게 신장한다.
② 감자의 당분은 환원당과 비환원당이 있는데 괴경이 비대하기 시작할 때는 거의 환원당만 있다.

12 현미의 저장물질 축적에 대한 설명으로 옳지 않은 것은?

① 현미로 이전하는 저장물질은 소지경의 유관속을 통해 자방의 등 쪽 자방벽 내 통도조직으로 들어온다.
② 배유로 이전된 저장물질은 유관속을 통하여 각 세포로 이동되며 먼저 분열된 세포로 우선 보내진다.
③ 전분립의 축적은 수정 후 배유의 가장 안쪽 세포에서 시작되어 점차 바깥쪽으로 옮겨 간다.
④ 배유조직으로 들어온 저장물질은 대부분 수용성 탄수화물이며, 이 탄수화물은 전분으로 합성되어 축적된다.

13 맥류의 화서(花序)가 나머지 세 작물과 가장 다른 것은?

① 보리 ② 밀
③ 호밀 ④ 귀리

14 벼 재배에서 시비에 대한 설명으로 옳은 것은?

① 보통답에서 밑거름의 전층시비는 표층시비보다 질소비료의 이용률을 높여준다.
② 늦게 이앙한 논일수록 새끼칠거름의 시비량을 늘린다.
③ 일조시간이 적은 논이나 도복발생이 잦은 논에서는 질소질과 인산질의 시비량을 줄인다.
④ 이삭거름은 종실의 입중을 증가시키기 위해 시비하며, 질소성분이 쌀알의 단백질 함량을 높인다.

ANSWER 12.② 13.④ 14.①

12 배유에 축적된 전분은 볍씨가 발아를 할 때부터 어린모가 세 잎이 나올 때까지 양분을 공급해 주는 원료가 된다.

13 화서(花序)는 가지의 꽃자루에 꽃이 배열하는 상태를 말한다. 보리 · 밀 · 호밀은 수상화서로 꽃이 피고, 귀리는 원추화서로 꽃이 달린다.

14 전층시비는 논 갈기 전에 암모니아태질소를 논 전면에 뿌린 다음 갈고 썰어서 작토의 전층에 섞이도록 하는 시비법이다. 이때 대부분의 비료는 환원층에 섞인다.

15 다음에서 설명하는 벼의 병은 무엇인가?

> 주로 7월 상순~8월 중순에 세균에 의해 발생하는 병으로 잎의 가장자리에 황색의 줄무늬가 생긴다. 급성으로 진전되면 황백색 및 백색의 수침상 병반을 나타내다가 잎 전체가 말리면서 오그라들어 고사한다. 특히 다비재배시와 침관수 피해지 등에서 많이 발병한다.

① 흰잎마름병
② 잎집무늬마름병
③ 도열병
④ 깨씨무늬병

16 호밀의 임성에 대한 설명으로 옳은 것은?

① 자가수분 시키면 화분이 암술머리에서 발아는 하지만 화분관이 난세포에 도달하지 못한다.
② 자가불임성의 유전은 열성이며, 개체간 유전적 변이는 없다.
③ 품종의 자가임성 정도는 재배종보다 야생종이 높다.
④ 결곡성(缺穀性)이 나타나는 원인은 미수분(未受粉)이며 이는 유전되지 않는다.

ANSWER 15.① 16.①

15 ② 잎집무늬마름병은 곰팡이의 한 종류인 벼잎집얼룩병균에 의해 초여름부터 나타나기 시작해 덥고 습기가 많은 8월 하순부터 9월 상순에 가장 많이 나타난다. 잎집에 구름무늬 모양의 반점으로 증상이 나타나는데, 점차 잎 위쪽으로 퍼져 잎이 말라죽는다. 질소질 비료의 사용을 줄이고, 바람이 잘 통하게 적당한 간격으로 심고 잡초를 제거하면 발생을 줄일 수 있다.
③ 도열병은 곰팡이의 일종인 벼도열병균에 의해 나타나는데 한국에서만도 25종류가 밝혀져 있다. 갈색 반점이 생겨 점점 커지는 증상을 보이는데, 벼의 전 생육기간에 걸쳐서 식물체 모든 부위에 발생하여 피해가 가장 크다. 도열병은 흐리고 비가 오며 서늘한 날이 계속되면 잘 나타나는데 특히 기온이 18℃ 이하로 떨어질 때 많이 발병하는 것을 냉도열병이라고 한다. 도열병에 내성이 강한 품종인 통일벼를 품종개량하여 병해를 막을 수도 있다.
④ 깨씨무늬병은 불완전균류에 의해 벼잎에 갈색의 작은 둥근무늬 병반이 생기는 병으로, 사질토나 유기물이 부족한 논에 많이 발생한다. 주로 잎에 발생하고 이삭목이나 마디에 발생하면 감염된 부위가 갈변하며, 병든 벼알에는 갈색 반점이 생긴다. 추락현상이 심한 논에서 많이 발생한다.

16 임성은 식물이 유성생식으로 씨앗을 만드는 능력이 있는 것을 말한다.
② 호밀의 자가불임성은 우성인 경향을 보이며, 개체 간 유전적 변이가 인정된다.
④ 호밀에서 나타나는 불임현상을 결곡성이라고 한다. 결곡성은 유전되는데 염색체 이상에 의한 것이다.

17 벼의 저장 및 가공에 대한 설명으로 옳지 않은 것은?

① 벼를 저장할 때에는 수분함량 15% 정도, 저장온도 15℃ 이하, 상대습도 70% 정도를 유지하는 것이 좋다.
② 벼 저장 중에 발생하는 대표적인 해충에는 화랑곡나방, 보리나방 등이 있다.
③ 벼[正租]에서 과피를 제거하면 현미가 되고, 현미에서 종피 및 호분층을 제거하면 백미가 된다.
④ 제현율은 '$\frac{\text{도정률} \times \text{정백률}}{100}$'로 계산하며, 정백미로 가공하는 경우 74% 전후가 된다.

18 수수와 조의 공통점이 아닌 것은?

① Setaria속(屬)에 속한다.
② 자가수정을 원칙으로 한다.
③ 관근과 부정근이 발생한다.
④ 내건성이 강하다.

19 생육에 필요한 적산온도가 가장 낮은 작물은?

① Setaria italica
② Fagopyrum esculentum
③ Solanum tuberosum
④ Pisum sativum

20 고구마의 육묘에 대한 설명으로 옳은 것은?

① 묘상은 바람이 잘 통하고 차광이 잘 되며 침수의 우려가 없는 곳에 설치하는 것이 좋다.
② 양열온상육묘법에서 발열지속재료로는 낙엽, 발열주재료로는 볏짚, 건초 등이 쓰인다.
③ 싹이 트는 데 적합한 온도는 23~25℃이지만 싹이 자라는 데에는 30~33℃가 적합하다.
④ 묘상은 동서방향으로 길게 만들어야 일사를 고르게 받을 수 있다.

ANSWER 17.④ 18.① 19.② 20.②

17 ④ 정조를 현미기를 이용하여 현미와 왕겨로 분리하게 되는데 이를 제현이라 하며, 정조에서 현미가 나오는 중량비를 제현율 또는 현미율이라 한다. 이는 품종과 작황에 따라 다르나 대체로 80% 내외이다.

18 학명은 수수가 Sorghum bicolor이고, 조는 Setaria italica이다.

19 Setaria italica는 조, Fagopyrum esculentum는 메밀, Solanum tuberosum는 감자, Pisum sativum는 완두의 학명이다. 적산온도는 작물의 생육에 필요한 열량을 나타내기 위한 것으로서, 생육일수의 일평균기온을 적산한 것이다. 여름작물 중에서 생육기간이 긴 벼는 3,500~4,500℃이고 담배는 3,200~3,600℃이며, 생육기간이 짧은 메밀은 1,000~1,200℃이고 조는 1,800~3,000℃이다. 겨울작물인 추파맥류는 1,700~2,300℃이다.

20 고구마의 묘상 관리에서는 온도가 중요하다. 온도가 자동조절되는 전열온상, 비닐하우스 등은 관리에 어려움이 없으나, 냉상과 양열온상은 온도 관리에 신경써야 한다. 양열온상의 발열주재료는 볏짚 · 새두엄 · 건초 등이고, 발열촉진재료는 겨 · 닭똥 · 말똥 · 목화씨 · 인분뇨 · 황산암모늄 · 요소 · 석회 등이고, 발열지속재료로는 낙엽 등이 있다.

2014. 6. 28. 서울특별시 9급 시행

1 벼의 수분과 수정에 관한 설명으로 옳지 않은 것을 고르시오.

① 중복수정으로 배와 배유를 만든다.
② 화분의 발아와 더불어 화분관 세포가 화분관을 형성한다.
③ 암술머리에는 많은 가지세포가 있어 화분세포를 잘 수용한다.
④ 자연상태에서 타가수분 비율은 1% 내외이다.
⑤ 하루 종일 비가 오는 날은 타가수분 비율이 높다.

2 바이러스에 의한 벼의 병해는?

① 도열병 ② 깨씨무늬병
③ 오갈병 ④ 흰잎마름병
⑤ 키다리병

3 고구마의 본저장 조건으로 가장 알맞은 저장온도 및 상대습도로 짝지은 것은?

① 저장온도 30-35℃와 상대습도 90-95%
② 저장온도 30-35℃와 상대습도 50-63%
③ 저장온도 13-16℃와 상대습도 50-60%
④ 저장온도 12-15℃와 상대습도 85-90%
⑤ 저장온도 4-9℃와 상대습도 90-95%

ANSWER 1.⑤ 2.③ 3.④

1 벼의 수분은 개화와 동시에 이루어지며 1개 영화의 개화시간이 1~2.5시간이기 때문에 실질적으로 자가수분을 하게 된다. 비가 많이 오는 경우는 벼의 개화에 불리한 조건이 된다.

2 오갈병은 잎 전체가 짙은 녹색으로 변하고 잎 위에 흰색 반점들이 생기며 식물체가 크게 위축되며, 끝동매미충과 번개매미충이 매개하는 바이러스 병이다. 논의 잡초를 제거하고 질소질 비료를 과용하지 않으며 저항성 벼를 재배하여 방제한다.

3 고구마의 저장 방식으로는 예비저장, 큐어링, 본저장이 있다. 예비저장은 10~15일 간 바람이 잘 통하는 창고 등의 그늘에 넓게 펴서 열을 발산시키는 것이다. 큐어링은 수확 후 1주일 안에 온도 30~35℃, 상대습도 90~95%가 되는 공간에 4일 정도 두어 상처를 아물게 하고 단맛이 높아지게 하는 방법이다. 본저장은 저장온도 4~9℃, 상대습도 85~90%이다.

4 감자와 고구마의 식용부위로 이용되는 영양기관이 옳게 연결된 것은?

① 감자 – 덩이줄기 / 고구마 – 덩이뿌리
② 감자 – 덩이뿌리 / 고구마 – 덩이뿌리
③ 감자 – 덩이줄기 / 고구마 – 덩이줄기
④ 감자 – 덩이뿌리 / 고구마 – 덩이줄기
⑤ 감자 – 덩이뿌리 / 고구마 – 일반뿌리

5 맥류의 수발아에 대한 설명으로 옳지 않은 것을 고르시오.

① 수발아성은 품종에 따라 차이가 있다.
② 조숙성 품종 재배 시 줄일 수 있다.
③ 수발아가 발생하면 수량과 품질이 급격히 떨어진다.
④ 수확을 천천히 하여 후숙시킴으로써 발생을 억제할 수 있다.
⑤ 발아억제제를 살포하여 억제할 수 있다.

6 일장효과에 대한 설명 중 옳은 것은?

① 일장에 대한 감응부위는 생장점이다.
② 일장효과는 온도와는 무관하다.
③ 장일식물은 화아분화기에 연속암기가 있어야만 장일효과가 잘 나타난다.
④ 장일식물은 질소가 많은 것이 장일효과가 잘 나타난다.
⑤ 유엽이나 노엽보다 성엽이 더 잘 감응한다.

ANSWER 4.① 5.④ 6.⑤

4 덩이줄기는 식물의 땅 속에 있는 줄기 끝이 양분을 저장하여 크고 뚱뚱해진 땅속줄기를 말한다. 괴경이라고도 하며 감자, 돼지감자, 토란 등이 이에 속한다. 덩이뿌리는 고구마 등과 같이 저장기관으로 살찐 뿌리이며 영양분을 저장하고 덩어리 모양을 하고 있다. 다알리아, 고구마가 이에 속한다.

5 수발아는 성숙기에 가까운 화곡류의 이삭이 도복이나 강우로 젖은 상태가 오래 지속되면 이삭에서 싹이 트는 것을 말한다. 수발아한 씨알은 종자용이나 식용으로 쓸 수 없다. 맥류에서 특히 문제가 되고 있다.
④ 수발아를 방지하려면 휴면성이 큰 품종이나 조생종을 재배하고, 수확을 되도록 빨리 한다.

6 일조시간의 장단이 식물의 개화·화아분화 및 발육에 영향을 미치는 현상을 일장효과 또는 광주기효과라고 한다.
①⑤ 일장 처리에 감응하는 부위는 잎이다. 어린 잎은 일장에 감응하지 않으며 노엽이 되면 감응이 둔해진다.
② 일장효과의 발현에는 어느 정도 한계의 온도가 필요하다.
③ 장일식물은 명기의 길이가 암기보다 길면 개화가 촉진된다. 그러나 단일식물에서는 개화유도에 일정한 시간 이상의 연속암기가 필요하다.
④ 장일식물은 질소 부족일 때 장일효과가 더 잘 나타나고, 단일식물은 질소가 풍부할 때 단일효과가 잘 나타난다.

7 최적일장을 가장 잘 설명한 것은?

① 식물의 화성을 유도할 수 있는 일장
② 화성유도의 한계가 되는 일장
③ 화성을 가장 일찍 유도하는 일장
④ 발아에 필요한 일장
⑤ 유도일장과 비유도일장의 경계가 되는 일장

8 현미에 포함되는 것으로만 옳게 묶은 것은?

① 외영, 내영
② 배, 호분층
③ 과피, 까락
④ 내영, 배유
⑤ 호영, 호분층

9 밀의 품질과 관련된 설명 중 올바르지 않은 것을 고르시오.

① 고온건조한 지역에서는 저단백질의 밀이 생산된다.
② 등숙기에 서늘하면 저단백질의 밀이 생산된다.
③ 강우가 잦을수록 밀알의 외관이 나쁘다.
④ 강우가 잦을수록 단백질 함량이 증가한다.
⑤ 질소 시비량이 많을수록 단백질 함량이 증가한다.

ANSWER 7.③ 8.② 9.①

7 '최적일장'은 화성(花性)을 가장 빨리 유도하는 일장을 말한다. 1일 24시간 중 명기의 길이를 '일장(day-length)'이라고 하며, 일장이 12~14시간 이상(보통 14시간 이상)인 것을 '장일(long-day)'이라 하고, 12~14시간 이하(보통 12시간)인 것을 '단일(short-day)'이라고 한다. 작물의 화성을 유도할 수 있는 일장을 '유도일장'이라 하고, 화성을 유도할 수 없는 일장을 '비유도일장'이라고 한다. 그리고 유도일장과 비유도일장의 경계가 되는 일장, 즉 화성 유도의 한계가 되는 일장을 '한계일장(임계일장)'이라고 한다.

8 ① 외영은 벼와 같은 화본과 식물 꽃의 맨 밑을 받치고 있는 한 쌍의 작은 조각이다. 내영은 벼꽃의 화기인 수술, 암술과 인피를 보호하는 작은 껍질을 말하며, 벼의 수정이 끝나면 피었던 작은 껍질은 큰 껍질과 함께 다시 닫히면서 비대해 가는 현미를 보호하는 구실을 한다.
② 호분층은 볏과, 대나무과 종피의 안쪽에서 볼 수 있는 호분립(糊粉粒)을 다량으로 포함한 세포층으로, 배유(배젖) 주변부의 세포에서 분화된다. 벼에서는 2~3개 세포층으로 되어 있다. 양분 저장 외에 아밀라아제 등의 효소를 분비하여 배유 내의 저장물질을 가용성 성분으로 변화시켜 배에 공급한다.
③ 과피는 과실의 종자를 제외한 나머지 전부를 말한다. 자방벽(子房壁)이 성숙한 것으로 외과피 · 중과피 · 내과피로 나누어진다. 까락은 벼나 보리에서 싸개껍질이나 받침껍질의 끝부분이 자라서 털 모양이 된 것이다.

9 밀의 단백질은 고온건조하고 초자율이 높으며, 경질일수록, 한랭지에서 재배할수록, 질소비료를 적기 적량으로 사용할수록 많아진다.
※ 초자율 … 밀의 배유에서 세포가 치밀하고 광선이 잘 투입되며 단백질 함량이 높은 부분이 있는데 이를 초자질부라 하며 그 성분을 총칭하여 초자질이라 한다. 밀알 단면의 70% 이상이 초자질부로 되어 있는 것을 초자질립이라 하며 전체 밀알에 대한 초자질립의 비율을 초자율이라 한다.

10 이론적으로 단위면적당 시비량 계산식은?

① 시비량 $= \frac{\text{천연공급량} - \text{비료요소흡수량}}{\text{비료요소흡수율}}$

② 시비량 $= \frac{\text{비료요소흡수율} - \text{천연공급량}}{\text{비료요소흡수율}}$

③ 시비량 $= \frac{\text{비료요소흡수량} - \text{천연공급량}}{\text{비료요소흡수율}}$

④ 시비량 $= \frac{\text{천연공급량} - \text{비료요소흡수량}}{\text{비료요소흡수율}}$

⑤ 시비량 $= \frac{\text{비료요소흡수량} - \text{비료흡수율}}{\text{천연공급량}}$

11 추파성인 밀과 춘파성인 밀 품종 간 인공교배를 위한 개화기조절을 위하여 추파성 밀에 이용되는 방법은?

① 춘화처리
② 웅성불임
③ 단일처리
④ 밀식재배
⑤ 질소시비

ANSWER 10.③ 11.①

10 작물이 흡수하는 비료의 흡수량에서 천연공급량을 뺀 것이 비료 공급량이 되고, 이 공급량 중 흡수되는 비율을 흡수율이라고 한다.

11 추파성

㉠ 추파성은 맥류가 일정 기간 저온에 처해야 정상적으로 출수하는 성질을 말한다.
㉡ 추파성이 높을수록 출수가 늦은 경향이 나타난다.
㉢ 추파성이 없어지면 장일식물로서 고온 · 장일 조건에서 이삭패기가 촉진되며, 저온 · 단일 조건에서는 늦어진다.
㉣ 춘화처리를 하면 봄에 파종할 수 있는데, 가을에 파종하는 것보다 수확량이 적다.

12 다음 설명하는 미량원소는 무엇인가?

> • 질산환원 효소의 구성성분이다.
> • 질소대사에 필요하다.
> • 콩과작물 뿌리혹박테리아의 질소고정에도 필요하다.

① 철
② 염소
③ 붕소
④ 망간
⑤ 몰리브덴

13 질소 9.2kg을 10a에 시비하려 할 때 필요한 요소(질소함량 46%)의 양은?

① 18kg
② 20kg
③ 22kg
④ 24kg
⑤ 26kg

14 다음 중 자연교잡률이 가장 높은 작물은?

① 밀
② 호밀
③ 콩
④ 귀리
⑤ 조

ANSWER 12.⑤ 13.② 14.②

12 ① 철(Fe) : 엽록체 안의 단백질과 결합하고 엽록소 형성에 관여하며 호흡효소의 구성성분이 된다. 부족할 땐 어린 잎부터 황백화하여 엽맥 사이가 퇴색한다. 과다한 Ni, Cu, Co, Cr, Zn, Mo, Ca 등은 철의 흡수 및 이동을 저해한다.
② 염소(Cl) : 광합성작용과 물의 광분해에서 촉매 역할을 한다. 식물체에서 세포의 삼투압을 높이고, 식물조직 수화작용의 증진, 아밀로오스의 활성을 높이는 일, 세포즙액의 pH 조절 기능을 한다. 섬유작물에는 염소 시용이 유효하고, 전분작물과 담배 등에서는 불리하다.
③ 붕소(B) : 붕소는 촉매 또는 반응조절물질로 작용하며, 석회결핍의 영향을 줄여준다. 생장점 부근에 함유량이 많아 결핍증세는 생장점이나 저장기관에 나타나기 쉽다. 붕소가 결핍되면 분열조직의 괴사, 채종재배의 수정·결실 취약, 콩과작물의 근류 형성과 질소고정의 저하 등이 일어난다.
④ 망간(Mn) : 여러 가지 효소를 활성화해주며, 광합성 물질의 합성과 분해, 호흡작용 등에 관여한다.

13 계산식은 '질소량 × 100 ÷ 요소 내 질소성분 함량 비율'이 되어, '9.2kg×100÷46 = 20kg'의 결과를 얻을 수 있다.

14 종자 생성을 위한 수정작용은 벼·보리·밀·콩·팥·땅콩·아마·토마토 등과 같이 자가수정을 하는 것과, 옥수수·호밀·무·배추 등의 타가수정을 원칙으로 하는 것이 있다. 옥수수·호밀은 바람을 매개로, 메밀·무·배추 등은 곤충을 매개로 하여 수정된다. 호밀은 타가수정 작물로서 자가불임성이 매우 높고 자연교잡률이 높다. 호밀의 자가불임성은 우성이며, 자연교잡을 피하기 위해 격리재배를 한다.

15 맥류의 내동성(耐凍性)을 증대시키는 체내의 생리적 요인이 아닌 것은?

① 체내의 수분 함량이 적다.
② 체내의 단백질 함량이 적다.
③ 체내의 당분 함량이 많다.
④ 세포액의 pH 값이 크다.
⑤ 발아 종자의 아밀라아제(amylase)의 활력이 크다.

16 벼의 수광능률을 높이는 데 가장 필요한 영양분은 어느 것인가?

① 규산 ② 질소
③ 칼륨 ④ 인산
⑤ 석회

17 벼의 재배에 있어서 물의 이용에 대한 설명으로 올바른 것을 고르시오.

① 요수량은 생육기간 중 전체 소비된 수분량이다.
② 벼의 요수량은 콩보다 많다.
③ 관개수량은 용수량에서 유효강우량을 빼준 것이다.
④ 유효강우량은 일반적으로 강우량의 30% 정도이다.
⑤ 수잉기에는 물이 가장 적게 요구된다.

ANSWER 15.② 16.① 17.③

15 내동성(耐凍性)은 추위를 잘 견디는 식물의 성질을 말하며 내한성(耐寒性)이라고도 한다. 수목의 영양상태와 밀접한 관계가 있으며 질소과다는 내동성을 약화시킨다. 발육상태에도 관계하며, 휴면중에는 내동성이 크다.
② 체내의 단백질 또는 지유의 함량이 많아야 내동성이 커진다.

16 벼는 작물 중에서 규소를 가장 많이 흡수한다. 규소가 결핍되면 식물체가 연약해져 도복 피해가 커지고, 잎이 연약해지고 늘어져 수광태세가 나빠진다. 결국 깨씨무늬병, 도열병 등 같은 병해에 걸리기 쉽다. 식물체의 규산/질소율이 클수록, 즉 질소질 비료의 시용량이 적을수록 벼는 건전한 생육을 하게 된다. 또한 칼륨/규산 비율이 클수록 벼는 건실하다.

17 ① 요수량은 작물의 건물(乾物) 1g을 생산하는 데 소비된 수분량이다. 요수량이 작은 작물이 건조한 토양과 한발에 대한 저항성이 강하다.
② 콩은 요수량이 비교적 큰 작물이므로 토양수분이 충분해야 생육이 좋다.
④ 강우량 중 일부는 흙의 표면을 통하여 침투하고, 그 초과분은 흙의 표면으로 흘러 유출되는데, 이와 같이 강우량으로부터 침투에 의한 손실을 뺀 값을 유효강우량이라 한다.
⑤ 곡식이 여물기 위해 알이 배는 시기인 수잉기에는 물이 부족하지 않도록 주의해야 한다.

18 잡초방제에서 작물의 경합력을 높이는 한편, 잡초의 생육에 불리한 조건이 되도록 하여 잡초의 경합력을 약화시키는 방법은?

① 기계적 잡초방제
② 생물적 잡초방제
③ 화학적 잡초방제
④ 생태적 잡초방제
⑤ 종합적 잡초방제

19 조에 대한 설명 중 틀린 것을 고르시오.

① 조의 야생종 식물은 강아지풀이다.
② 조는 자가불화합성이 있는 타가수정 식물이다.
③ 조의 꽃은 임실화와 불임화로 구성되어 있다.
④ 땅 표면 가까운 마디에서 부정근이 발생한다.
⑤ 중국이 원산지로 추정되며 오랜 재배 역사를 가지고 있다.

20 전작물의 분류에서 맥류에 속하는 식물이 아닌 것을 고르시오.

① 메밀
② 귀리
③ 보리
④ 밀
⑤ 호밀

ANSWER 18.④ 19.② 20.①

18 ① 기계적 잡초방제는 김매기, 중경, 태우기, 담수 등 기계적인 힘을 가하여 논의 잡초를 없애는 방법을 말한다.
② 생물적 잡초방제는 곤충이나 미생물, 병균 등의 천적을 이용하여 잡초의 세력을 줄이는 방제법이다.
③ 화학적 잡초방제는 농약인 제초제를 살포하여 잡초를 방제하는, 최근 가장 널리 보급되고 있는 방제법이다.
④ 생태적 잡초방제는 잡초 발생 생태에 대응해서 재배방법을 활용한 잡초방제법, 파종기 변경, 윤작, 환경개선, 토양관리 등을 이용한 방제법이다.

19 조는 자가수정을 원칙으로 하지만 자연교잡률이 0.59% 정도이다. 혼파할 경우 자연교잡률이 2.26%이다.

20 맥류는 보리 종류를 통틀어 이르는 말로서, 쌀보리 · 겉보리 · 밀 · 호밀 · 귀리 등이 있다. 메밀은 조 · 피 · 기장 · 수수 · 옥수수와 같은 잡곡으로 분류된다.

2015. 4. 18. 국가직 9급 시행

1 벼 냉해의 방지 및 피해경감에 대한 설명으로 옳지 않은 것은?

① 유기질 및 규산질비료를 시비하여 작물체를 튼튼하게 한다.
② 장해형 냉해가 우려되면 이삭거름을 주지 않도록 한다.
③ 이삭이 밸 때 저온인 경우에는 논에 물을 대어주는 것이 좋다.
④ 냉해가 상습적으로 발생하는 지역은 안전한 만생종을 재배한다.

2 벼 생육장해 중 한해(旱害)의 피해가 가장 심한 시기는?

① 감수분열기 ② 유수형성기
③ 유효분얼기 ④ 출수개화기

3 작부체계에 대한 설명으로 옳지 않은 것은?

① 윤작을 하면 지력이 증강되고 기지가 회피되며 잡초가 경감된다.
② 옥수수 등 화본과 작물은 토양의 입단형성을 조장하여 구조를 좋게 한다.
③ 중부지방에서 답리작 녹비작물로 호밀과 헤어리베치의 재배가 가능하다.
④ 답전윤환의 밭기간은 논기간에 비해 토양의 입단화와 건토효과가 크다.

ANSWER 1.④ 2.① 3.②

1 ④ 만생종은 냉해에 약하다.

2 ① 한해의 피해는 감수분열기에 가장 심하고, 그 다음이 출수개화기, 유수형성기, 분얼기의 순이며, 무효분얼기에 그 피해가 가장 적다.

3 ② 옥수수 같은 작물은 토양의 입단을 파괴한다.

4 교잡종(F_1) 옥수수에 대한 설명으로 옳지 않은 것은?

① 복교잡종자가 단교잡종자에 비하여 균일도가 우수하고 수량성이 높다.
② 1대 잡종종자는 잡종강세 효과가 크게 나타나 자식계통보다 수량성이 높다.
③ 1회 교배당 결실종자수가 많고 단위면적당 파종에 필요한 종자수가 적어야 좋다.
④ 옥수수는 타식성작물이므로 자가(自家)채종을 통해 종자생산을 하면 수량이 감소한다.

5 맥주보리의 품질조건에 대한 설명으로 옳지 않은 것은?

① 발아가 빠르고 균일하여야 맥주의 품질이 좋아진다.
② 종실이 굵어야 전분함량이 많아 맥주수율이 높아진다.
③ 곡피가 두꺼워서 주름이 적으면 맥주량이 많아진다.
④ 지방함량이 3% 이상이면 맥주의 품질이 저하된다.

6 벼의 생육상이 영양생장에서 생식생장으로 전환하는 시기에 나타나는 특징이 아닌 것은?

① 주간의 출엽속도가 지연된다.
② 줄기의 상위 4~5절간이 신장하여 키가 커진다.
③ 유수의 분화가 이루어지기 시작한다.
④ 유효분얼이 최대로 증가하는 시기이다.

ANSWER 4.① 5.③ 6.④

4

	단교잡종	복교잡종
장점	• 재배 시 생산력이 높다. • 품질의 균일성이 높다. • 잡종강세가 크다.	잡종의 채종량이 많다.
단점	• 잡종의 채종량이 적다. • 종자가격이 비싸다.	잡종강세가 발현도는 다소 높지만 품질의 균일성이 다소 낮아지고, 4개의 어버이 계통을 유지해야 하는 불편이 있다.

5 ③ 곡피는 얇게 주름져 있어야 하는데, 이는 보리의 껍질이 얇음을 의미한다. 가늘고 조밀한 주름은 우량하고 추출률이 높은 보리임을 의미한다. 비성숙된 보리는 곡피의 두께가 두껍거나 주름이 굵고 거칠다.

6 ④ 벼가 생식생장으로 전환하는 데에는 일장의 길이와 온도가 관계한다. 온도에 감응하여 생식생장으로 전환하는 품종은 최고분얼기를 지나면 곧 생식생장기로 전환된다.

7 맥류의 춘화처리에 대한 설명으로 옳은 것은?

① 가을보리를 저온처리할 경우에는 암조건이 필요하다.
② 춘파형 품종을 봄에 파종하였을 경우에 춘화가 이루어지지 않아 좌지현상이 발생한다.
③ 추파맥류는 최아종자 때와 녹체기 때 모두 춘화처리 효과가 있다.
④ 춘화처리가 된 맥류는 파성과 관계없이 저온과 단일조건에서 출수가 빨라진다.

8 옥수수의 종류에 대한 설명으로 옳지 않은 것은?

① 마치종 옥수수는 껍질이 두껍고 주로 사료용으로 이용된다.
② 찰옥수수의 전분은 대부분 아밀로오스로 구성되어 있다.
③ 경립종 옥수수는 종자가 단단하고 매끄러우며 윤기가 난다.
④ 단옥수수는 섬유질이 적고 껍질이 얇아 식용으로 적당하다.

9 단옥수수를 이랑사이 40 cm, 포기사이 25 cm로 1개체씩 심고자 할 때, 10 a당 개체 수는?

① 5,000 ② 10,000
③ 12,000 ④ 15,000

ANSWER 7.③ 8.② 9.②

7 ① 춘화처리 방법은 인위적으로 종자를 싹을 틔워 0 ~ 3℃의 저온에서 품종별 추파성 정도에 따라서 일정기간(10 ~ 60일) 처리하면 된다. 저온처리기간에는 종자가 마르지 않도록 수분을 충분히 공급해야 하며, 가능하면 8 ~ 10시간의 일장(햇빛)조건을 주면 더 좋다.
② 춘파형은 봄에 파종하면 정상적으로 생장하고 출수하여 수확이 가능하지만, 가을에 파종하면 겨울을 나지 못하고 동사한다. 반면에 추파형은 가을에 파종하면 월동하여 정상적으로 생육하고 출수하여 수확이 가능하지만, 봄에 파종하면 벌마늘 발생하는 것처럼 영양생장만 계속하고 출수를 하지 못하는 좌지현상이 일어난다.
④ 춘화처리가 된 맥류는 파성과 관계없이 고온과 장일조건에서 출수가 빨라진다.

8 ② 찰옥수수의 전분은 대부분 아밀로펙틴으로 구성되어 있다.

9 ② $25 \times 40 \times 10 = 10,000$

10 맥류에 대한 설명으로 옳지 않은 것은?

① 동해를 방지하려면 휴립구파를 하고 습해를 방지하려면 휴립휴파를 하는 것이 유리하다.
② 맥주보리의 검사항목에는 수분함량, 정립률, 피해립의 비율, 발아세와 색택 등이 있다.
③ 작물체 내에 수분함량과 단백질 함량이 감소하면 내동성은 증가한다.
④ 늦게 파종하거나 지력이 낮은 경우에는 파종량을 증가시킨다.

11 콩의 근류균에 대한 설명으로 옳지 않은 것은?

① 근류균은 호기성 세균으로 지표면 가까이에 많이 분포한다.
② 근류균의 최적활성은 20~25°C의 온도와 pH 5~6 범위이다.
③ 질소비료를 많이 시비하면 근류균의 활성이 떨어진다.
④ 근류균은 공중질소를 암모니아태 질소로 고정한다.

ANSWER 10.③ 11.②

10 ③ 작물체 내에 수분함량이 적고, 단백질 함량이 많아야 내동성이 증가한다.
※ 내동성 증대 요인
㉠ 생리적 요인
- 체내의 수분함량이 적다.
- 체내의 당분함량이 많다.
- 체내의 단백질함량이 많다.
- 원형질 단백질에 -SH기가 많다.
- 세포액의 pH값이 크다.
- 세포액의 친수교질이 많고 점성이 높다.
- 원형질의 수분투과성이 크다.
- 저온처리를 할 때 원형질복귀시간이 짧다.
- 세포액의 삼투압이 높다.
- 조직즙의 광굴절율이 크다.
- 식물체의 건물중이 크다.
- 발아종자의 아밀라제의 활력이 크다.

㉡ 형태적 요인
- 초기생육이 포복형이다.
- 관부가 깊어서 초기 생장점이 흙속에 깊이 박혀 있다.
- 엽색이 진하다.

11 ② 근류균의 최적활성은 25~30℃의 온도와 pH6.5~7 범위이다.

12 고구마의 큐어링에 대한 설명으로 옳은 것을 모두 고른 것은?

> ㉠ 큐어링은 수확 후 1주일 이후에 실시한다.
> ㉡ 큐어링이 끝난 고구마는 13℃의 저온상태에서 열을 발산시킨다.
> ㉢ 큐어링을 하면 고구마의 수분증발량이 적어지고 단맛이 증가한다.
> ㉣ 온도 20~25℃, 상대습도 70% 내외에서 4일 정도가 적합하다.

① ㉠, ㉢
② ㉠, ㉣
③ ㉡, ㉢
④ ㉡, ㉣

13 메밀의 생리생태적 특성에 대한 설명으로 옳지 않은 것은?

① 수정은 이형화보다는 동형화에서 잘된다.
② 생육온도는 20~25℃, 재배기간은 60~80일 정도이다.
③ 고온다습한 환경에서는 착립과 종실발육이 불량해진다.
④ 낮과 밤의 일교차가 클 때 수정과 결실이 좋아진다.

14 감자의 휴면에 대한 설명으로 옳지 않은 것은?

① 2기작으로 가을재배를 할 경우 휴면기간이 긴 종서가 재배적으로 유리하다.
② 수확 전에 MH, NAA, 2, 4-D 등의 약제를 처리하면 휴면기간이 연장된다.
③ 종서를 지베렐린 2 ppm 용액에 30~60분간 침지하면 휴면이 타파된다.
④ 수확 후에 2~4℃의 저온에 저장하면 이듬해 봄까지 거의 싹이 트지 않는다.

ANSWER 12.③ 13.① 14.①

12 ㉠ 큐어링 과정은 고구마를 수확하고 1주일 이내 하는 처리 과정이다.
㉣ 온도는 30~33℃, 습도는 90~95%가 알맞다. 처리기간은 33℃에서 4일간 실시한다.

13 ① 메밀은 이형화, 즉 장주화와 단주화 사이의 수분에서는 수정이 잘되어 적법수분이라 한다.

14 ① 가을감자 재배에 알맞은 품종은 반드시 휴면기간이 짧은 2기작 품종이어야 한다.

15 옥수수의 작물학적 특성에 대한 설명으로 옳지 않은 것은?

① 식용 단옥수수는 수확적기가 지나면 당분함량이 떨어진다.
② 전형적인 C_4식물로 유관속초세포(維管束鞘細胞)가 발달하였다.
③ 수이삭이 암이삭보다 빨리 성숙하는 경우가 많아 타식이 용이하다.
④ 옥수수는 콩보다 광포화점과 이산화탄소보상점이 높다.

16 밀의 단백질에 대한 설명으로 옳지 않은 것은?

① 단백질 함량이 높은 강력분은 글루텐 함량도 높다.
② 토양수분이 낮아지면 단백질 함량은 증가된다.
③ 결정입자가 없는 연질밀은 경질밀보다 단백질 함량이 높다.
④ 밀 종실의 단백질 중에서 글루텐이 80%를 차지하고 있다.

17 콩의 생리생태에 대한 설명으로 옳지 않은 것은?

① 종자의 발육과정에서 배유부분이 퇴화되고 배가 대부분을 차지하기 때문에 무배유종자라고 한다.
② 품종에 따라 꼬투리당 평균종자수의 차이가 나는 것은 수정된 배주의 수가 다르기 때문이다.
③ 성숙기에 고온에 처할 경우 종자의 지방함량은 감소하나 단백질 함량은 증가한다.
④ 종자크기가 최대에 도달한 시기를 생리적 성숙기라고 하는데 이 시기를 R_6로 표기한다.

ANSWER 15.④ 16.③ 17.③

15 ④ 옥수수는 콩보다 광포화점은 높지만, 이산화탄소보상점은 낮다.

16 ③ 연질밀은 경질밀보다 단백질 함량은 낮으며, 지방 함량은 높다.

17 ③ 성숙기에 고온 조건이면 지방 함량이 증가하나 단백질 함량이 저하되어 종자가 충실하게 비대해지지 않을 수 있다.

18 쌀의 이용과 가공특성에 대한 설명으로 옳지 않은 것은?

① 현미를 백미로 도정하면 비타민 > 단백질 > 탄수화물 순으로 감소율이 크다.
② 쌀의 호화는 β전분이 α전분의 형태로 변화되는 것을 말한다.
③ 쌀겨에는 감마오리자놀, 토코페롤, 피틴산, C3G색소 등의 생리활성물질이 포함되어 있다.
④ 쌀의 휘발성 성분은 대부분 배에 존재하므로 도정률이 높아지면 밥의 향이 약해진다.

19 벼에서 발생하는 병의 특징으로 옳은 것은?

① 잎도열병은 출수할 때부터 10일 동안 가장 많이 발생한다.
② 흰빛잎마름병은 저습지대의 침수나 관수피해를 받았던 논에서 주로 발생한다.
③ 줄무늬잎마름병은 세균에 의한 병이고 끝동매미충이 매개한다.
④ 키다리병의 병원균은 토양전염성으로 저온조건에서 주로 발생한다.

20 벼의 형태와 생장에 대한 설명으로 옳지 않은 것은?

① 종자근은 발아 후부터 양분과 수분을 흡수하는 역할을 하며 관근이 발생한 후에도 7엽기까지 기능을 유지한다.
② 밭못자리나 건답직파에서 종자를 너무 깊이 파종하면 중배축근이 발생한다.
③ 엽신의 기공밀도는 상위엽일수록 많고, 한 잎에서는 선단으로 갈수록 많다.
④ 주간의 제7엽이 나올 때, 주간 제5절에서 분얼이 동시에 나온다.

ANSWER 18.④ 19.② 20.④

18 ④ 쌀의 휘발성 성분은 호분층에 들어 있어, 도정률이 높을수록 휘발성 성분이 감소하고 밥 향의 강도도 약해진다.

19 ① 도열병은 벼의 어린모부터 수확기까지 전 생육기를 걸쳐 발생한다.
③ 벼줄무늬잎마름병은 벼에 생기는 바이러스성 병해의 일종이다. 애멸구가 병원균을 옮겨 생기며 벼 이삭이 아예 나오지 않거나 잎이 말라 죽는 병으로 심하면 한 해 농사를 망칠 수도 있다.
④ 키다리병은 고온성 병으로 30℃ 이상의 고온에서 병질 발현이 잘된다.

20 ④ 7엽의 추출기에는 4절에서 분얼과 관근이 동시에 나온다.

2015. 6. 13. 서울특별시 9급 시행

1 벼 잎의 형태와 기능에 대한 설명으로 옳지 않은 것은?

① 성숙한 벼의 잎은 잎집과 잎몸으로 구성되어 있다.
② 제1본엽은 잎몸이 짧고 갸름한 스푼 모양이다.
③ 기공의 수는 차광처리에 의하여 감소된다.
④ 기동세포는 증산에 의한 수분손실을 줄이는 작용을 한다.

2 벼 분얼에 영향을 미치는 환경조건에 대한 설명 중 옳은 것은?

① 적온에서 주 · 야간의 온도교차가 작을수록 분얼이 증가한다.
② 질소 함유율이 2.5% 이하일 때 분얼의 발생이 왕성하다.
③ 이앙재배 시 못자리에서 밀파상태로 생육하므로 하위절의 분얼눈은 휴면한다.
④ 모를 깊이 심을수록 유효경수가 많아진다.

3 벼 이삭의 발육과정과 진단에 대한 설명으로 옳지 않은 것은?

① 유수가 분화되는 시기는 출수 전 약 30일이다.
② 지엽 추출기에는 영화원기가 분화하여 화분모세포가 형성된다.
③ 엽령지수 97~98인 시기는 감수분열기이다.
④ 엽이간장의 길이가 −10cm 정도이면 감수분열 성기이다.

ANSWER 1.② 2.③ 3.④

1 ② 제1본엽은 원통형으로서 잎몸이 불완전한 침엽이며, 제2본엽은 잎몸이 갸름한 스푼 모양이고, 제3본엽 이후부터는 완전한 잎 모양을 이룬다.

2 ① 적온에서 주 · 야간 온도교차가 클수록 분얼이 증가한다.
② 분얼이 발생하고 생장하기 위해서는 질소 함유율이 3.5% 정도는 되어야 한다. 질소 함유율이 2.5% 이하이면 분얼의 발생이 정지된다.
④ 모는 얕게 심을수록 활착이 빠르고 아랫마디에서 분얼되며 유효분얼경수가 증가한다.

3 ④ 엽이간장이 −10cm일 때 감수분열이 시작되며, 0cm는 감수분열 한창 때이고, +10cm일 때 감수분열이 끝날 때이다.

4 벼의 호분층에 대한 설명으로 옳은 것은?

① 표피와 껍질세포 사이 조직으로 밑씨 껍질이 발달된 것이다.
② 배유의 가장 바깥부분으로 단백질과 지방이 가장 많은 부분이다.
③ 주로 전분이 축적되는 부분이다.
④ 백미에 가장 높은 비율로 함유되어 있다.

5 사일리지용 옥수수재배에 대한 설명으로 옳지 않은 것은?

① 생육기간은 다소 짧지만 양분흡수면에서는 종실용과 거의 같으므로 종실용에 준하거나 10~20% 증비(增肥)한다.
② 사일리지용 옥수수의 수확적기는 건물수량이나 가소화양분수량이 가장 높은 생리적 성숙단계인 호숙기(糊熟期)이다.
③ 호맥(胡麥)과 같은 겨울작물의 후작으로 심을 경우에는 토양수분이 허용되는 한 빨리 심는 것이 좋다.
④ 보통 종실용보다 20~30% 밀식하지만 과도한 밀식은 도복과 병해를 조장한다.

6 벼 재배과정 중 규소의 역할에 대한 설명으로 옳지 않은 것은?

① 엽록소를 구성하며 광합성에 직접 관여한다.
② 벼 잎을 곧추서게 하여 수광태세를 좋게 한다.
③ 잎 표피의 증산을 줄여 수분 스트레스를 방지한다.
④ 병해충에 대한 저항력을 증진시킨다.

ANSWER 4.② 5.② 6.①

4 ① 호분층은 배유주변부의 세포로부터 분화한다.
③ 호분층은 각종 세포 과립으로 채워져 있고, 특히 단백질과 과립인 아류론 과립과 지방구가 많이 들어 있다. 전분이 많은 것은 배유이다.
④ 현미에 가장 높은 비율로 함유되어 있다. 백미는 호분층 및 배아를 제거한 상태를 말한다.

5 ② 사일리지용 옥수수의 수확적기는 출사 후 35 ~ 42일째인 황숙기(종실 3/4 milk line시기)이다.

6 ① 규소는 세포벽의 규질화로 수광태세를 향상시켜 광합성을 촉진하고 병원미생물에 대한 기계적 저항과 생리적 저항을 높여 내병성을 증대 시킨다.

7 주요 잡곡의 재배에 대한 설명으로 옳지 않은 것은?

① 조는 흡비력(吸肥力)이 강해 척박지나 소비(少肥)재배에는 잘 적응하지만 다비(多肥)재배에 대한 적응성은 낮다.
② 율무는 과숙할 경우 탈립이 심하므로 종실이 흑갈색으로 변했을 때 바로 수확한다.
③ 메밀은 한랭지에서는 단작(單作)을 하지만 평야지에서는 여러 작물의 후작(後作)으로 재배한다.
④ 중남부지방에서 맥후작(麥後作) 콩밭에 수수를 혼작(混作)하는 경우에는 수수의 모를 키워서 이식한다.

8 벼 재배 과정에서 가장 많은 물이 필요한 시기로 물 부족에 특히 유의해야 하는 시기는?

① 활착기
② 분얼기
③ 수잉기
④ 출수기

9 콩과 작물에 대한 설명 중 옳은 것은?

① 팥은 종자의 수분흡수가 매우 빠르다.
② 녹두는 저온에서 발아가 우수하다.
③ 완두는 산성토양과 과습한 토양에 약하다.
④ 강낭콩은 다른 콩과 작물에 비해 생육기간이 길다.

ANSWER 7.① 8.③ 9.③

7 ① 조는 흡비력(吸肥力)이 강해 척박지나 소비(小肥)재배에 잘 적응하며, 다비(多肥)재배에 대한 적응성도 높다.

8 ③ 수잉기에는 벼의 생육량이 많고 엽면적도 가장 큰 시기로서 엽면증산량도 급격히 많아서 용수량비율이 가장 높으며, 수분부족, 저온 등 환경 조건에 가장 민감한 시기이므로 물이 부족하지 않도록 해야 한다.

9 ① 팥은 종피가 두꺼워 수분을 흡수하는 시간이 길다.
② 녹두의 발아온도는 최저 0~2℃, 최적 36~38℃, 최고 50~52℃로서 최저온도는 약간 낮고, 최저온도는 약간 높은 편으로서 발아가능 온도의 범위가 넓다.
④ 강낭콩은 생육기간이 조생종은 90일 내외이고, 만생종은 130일 정도로 다른 콩과 작물에 비해 짧다.

10 이앙재배와 직파재배를 비교 설명한 것으로 옳지 않은 것은?

① 직파재배는 이앙재배에 비하여 잡초방제가 어렵다.
② 직파재배는 이앙재배에 비하여 입모가 불량하고 균일하지 못하다.
③ 직파재배 벼는 뿌리가 토양표층에 많이 분포하고 줄기가 가늘어 쓰러지기 쉽다.
④ 직파재배 벼는 이앙재배 벼에 비하여 간장과 수장은 길며 이삭당 이삭꽃(영화) 수는 많은 편이다.

11 밀의 성분과 품질에 대한 설명으로 옳은 것은?

① 단백질 함량은 경질밀보다 연질밀이 많다.
② 분상질부는 세포가 치밀하여 반투명하게 보인다.
③ 글루테닌(glutenin)과 글리아딘(gliadin)은 추파밀보다 춘파밀에서 다소 높다.
④ 강력분은 비스킷, 가락국수 등의 제조에 알맞다.

12 맥류의 출수기와 관련이 있는 생리적 요인들에 대한 설명으로 옳지 않은 것은?

① 추파성(秋播性)은 맥류의 영양생장만을 지속시키고 생식생장으로의 이행을 억제하는 성질이 있다.
② 춘파성(春播性)을 추파성(秋播性)으로 전화(轉化)시키기 위하여 버널리제이션을 이용한다.
③ 추파성을 완전히 소거한 다음 고온에 의하여 출수가 촉진되는 성질을 감온성이라고 한다.
④ 협의의 조만성은 고온 · 장일(20~25℃ 24시간 일장) 하에서 검정한다.

ANSWER 10.④ 11.③ 12.②

10 ④ 벼 직파재배는 볍씨를 직접 논에 파종하기 때문에 기계이앙재배보다 약 25%의 생력효과가 있다. 그러나 직파재배는 입모가 불안정하고 잡초방제가 어려우며 벼가 쓰러지기 쉬워서 재배면적이 약 9만 ha에 불과하다. 직파재배는 이앙재배에 비해 간장이 길어지는 경향이 있으며, 수장은 차이가 없다. 직파재배 벼는 기계이앙재배 벼와 비교하여 참줄기(유효경)비율이 낮고 이삭당 이삭꽃(영화)수가 적지만, 단위면적당 이삭수가 많아 벼수량은 큰 차이가 없다. 벼 직파적응성 품종은 저온발아성과 초기신장성이 좋으며 뿌리가 깊게 뻗고 쓰러짐 견딜성이 강한 특성을 지녔다.

11 ① 단백질 함량은 경질밀이 연질밀보다 많다.
② 분상질부는 세포간극이 많아 공기가 많이 함유되어 있으므로 광선이 난반사되기 때문에 희게 보인다.
④ 강력분으로는 패스트리와 빵을 만들 수 있으며, 단백질이 11%나 들어 있어 밀가루 중에 가장 영양가가 높고 크림색을 띤다.

12 ② 추파성 화곡류에 춘파성을 부여하기 위해 버널리제이션을 사용한다. 작물체가 생육의 일정시기에 저온 상태를 거침으로써 화아의 분화, 발육의 유도, 촉진, 또는 생육의 일정시기에 일정기간 인위적인 저온을 주어서 화성을 유도, 촉진하는 것을 버널리제이션(vernalization, 춘화, 춘화처리)이라고 한다.

13 호밀의 결곡성에 대한 설명으로 옳지 않은 것은?

① 포장 주변의 개체나 바람받이에 있는 개체는 미수분되기 쉽다.
② 개화 전의 도복, 강우에 의해서 쉽게 일어난다.
③ 불가리아의 호밀은 염색체이상에 의해 유전된다.
④ 화분불임성과 웅성불임성, 파성 소거의 불완전성이 해당한다.

14 콩의 수량구성요소에 포함되지 않는 것은?

① $1m^2$ 당 개체수 ② 개체당 유효경수
③ 개체당 꼬투리수 ④ 100립중

15 벼 품종의 특성에 대한 설명으로 옳은 것은?

① 조만성의 차이는 주로 생식생장기간의 장단에 좌우된다.
② 수수형 품종은 수중형 품종에 비해 이삭이 크고 무겁다.
③ 전분의 유전은 찰성이 메성에 대하여 단순열성이다.
④ 인디카 품종이 온대자포니카 품종보다 저온발아성이 뛰어나다.

16 용도별 콩의 주요 품질특성을 설명한 것으로 옳지 않은 것은?

① 두부용 콩은 대립종으로 지방함량이 높은 것이 좋다.
② 콩나물용 콩은 소립종일수록 콩나물 수량이 많아 유리하다.
③ 기름용 콩은 지방함량이 높고 지방산 조성이 적합해야 좋다.
④ 밥밑콩은 물을 잘 흡수하여 무름성이 좋고 당함량이 높은 것이 좋다.

ANSWER 13.④ 14.② 15.③ 16.①

13 ④ 결곡성의 원인은 미수분이며, 결곡성은 유전된다. 화분불임성과 자성불임성 두 가지가 있다.

14 콩의 수량구성요소 … $1m^2$ 당 개체수, 개체당 꼬투리수, 꼬투리당 평균입수, 100립중

15 ① 조만성의 차이는 기본영양생장상과 감광상과 함께 감온상에 의해 좌우된다.
② 수수형 품종은 수중형 품종에 비해 이삭이 작고 가볍다.
④ 인디카 품종이 온대자포니카 품종보다 저온발아성이 약하다.

16 ① 두부용 콩은 대립종으로 단백질함량이 높으면 두부 수율이 높아지므로 고단백콩이 유리하다.

17 콩의 재배 생리에 대한 설명으로 옳지 않은 것은?

① 저온일 경우 폐화수정 현상이 일어난다.
② 개화기에 건조하면 화기탈락 현상이 심해진다.
③ 성숙기 고온조건은 종자의 지방 함량을 증가시킨다.
④ 토양산도는 산성토일수록 생육이 좋아져 수확량이 늘어난다.

18 고구마 괴근의 형성 및 비대에 관한 설명으로 옳지 않은 것은?

① 토양온도는 20~30℃가 가장 알맞으며 변온(變溫)은 괴근의 비대에 불리하다.
② 질소질비료의 과용은 지상부만 번무시키고 괴근의 형성 및 비대에는 불리하다.
③ 일장은 단일조건이 괴근의 비대에 유리하다.
④ 이식 직후 토양의 저온은 괴근의 형성을 유도한다.

19 감자 괴경의 휴면에 대한 설명으로 옳지 않은 것은?

① 수확 시기에 상처를 입으면 휴면기간이 길어진다.
② 자발휴면 후 불량한 환경조건에 놓이면 타발휴면이 나타난다.
③ 저장온도가 10~30℃ 사이에서는 온도가 높을수록 휴면타파가 빨라진다.
④ 아브시스산(ABA)이 증가하면 감자가 휴면상태에 접어든다.

20 고품질 쌀 재배기술에 대한 설명으로 옳지 않은 것은?

① 작기가 빠르면 고온등숙으로 아밀로오스 함량이 증가하여 미질이 저하되기 쉽다.
② 일반적으로 인과 마그네슘의 시비는 식미를 저하시킨다.
③ 질소시비가 증가되면 쌀알의 투명도가 낮아진다.
④ 칼리 시비량의 증가는 쌀의 식미를 저하시킨다.

ANSWER 17.④ 18.① 19.① 20.②

17 ④ 콩 재배에 적합한 토양은 사양토나 식양토로서 풍부하고 인산, 칼리 및 석화 성분이 충분한 것이 좋다. 토양의 산도는 중성이 가장 좋은데 산성토일수록 생육이 떨어지며, 뿌리혹박테리아의 활력도 떨어져 수량이 감소한다.

18 ① 토양온도는 20 ~ 30℃가 가장 알맞으며 변온은 괴근의 비대에 유리하다.

19 ① 수확 시기에 상처를 입으면 휴면기간이 타파된다.

20 ② 쌀의 식미는 현미의 표면의 바로 아래의 백미표층에 있다. 이 세포에 전분이 전달되는 시기를 노려 인산이나 마그네슘을 시비하면 좋은 식미를 만들 수 있다.

2016. 4. 9. 국가직 9급 시행

1 작물의 학명이 옳은 것은?

① 밀 : Triticum aestivum L.
② 옥수수 : Arachis mays L.
③ 강낭콩 : Vigna radiata L.
④ 땅콩 : Zea hypogea L.

2 우리나라 고품질 쌀의 이화학적 특성으로 옳지 않은 것은?

① 단백질 함량이 10% 이상이다.
② 알칼리붕괴도가 다소 높다.
③ Mg/K의 함량비가 높은 편이다.
④ 호화온도는 중간이거나 다소 낮다.

ANSWER 1.① 2.①

1 ② 옥수수 : Zea mays L.
③ 강낭콩 : Phaseolus vulgaris L.
④ 땅콩 : Arachis hypogaea L.

2 우리나라 고품질 쌀의 이화학적 특성
㉠ 단백질 함량은 7% 이하이다.
㉡ 아밀로스 함량은 20% 이하이다.
㉢ 수분함량 15.5~16.5% 범위이다.
㉣ 알칼리붕괴도가 다소 높다.
㉤ 호화온도는 중간이거나 다소 낮다.
㉥ 지방산가는 8~15 범위이다.
㉦ 무기질 중에서 Mg/K의 함량비가 높은 편이다.

3 보리에 대한 설명으로 옳지 않은 것은?

① 사료용, 주정용으로 활용할 수 있다.
② 내도복성 품종은 기계화재배에 용이하다.
③ 맥류 중 수확기가 가장 늦어서 논에서의 답리작에는 불리하다.
④ 일부 산간지대를 제외하면 거의 전국에서 재배가 가능하다.

4 볍씨를 산소가 부족한 심수조건에 파종했을 때 나타나는 현상은?

① 초엽이 길게 신장하고, 유근의 신장은 억제된다.
② 초엽의 신장은 억제되고, 유근의 신장은 촉진된다.
③ 초엽과 유근 모두 길게 신장한다.
④ 초엽과 유근 모두 신장이 억제된다.

5 약배양 육종법으로 육성된 품종은?

① 밀양 23호
② 화성벼
③ 통일벼
④ 남선 13호

6 씨감자 생산에 대한 설명으로 옳지 않은 것은?

① 씨감자의 생리적 퇴화는 수확한 후 저장하는 동안 호흡작용에 의하여 일어난다.
② 씨감자를 생산하는 지역은 병리적 퇴화를 일으키는 매개 진딧물 발생이 적은 고랭지가 적합하다.
③ 기본종은 건전한 감자의 식물체로부터 조직배양을 통해 생산한다.
④ 진정종자를 이용할 경우 바이러스 발병률이 높아서 씨감자를 이용한다.

ANSWER 3.③ 4.① 5.② 6.④

3 ③ 맥류 중에서 수확기가 가장 빨라 밭에서 두과 등과의 이모작, 논에서 답리작을 할 때 가장 유리하다.

4 ① 볍씨 종자가 발아할 때 산소가 부족하면 초엽이 길게 신장하고 유근의 신장은 억제되어 산소 흡수를 유도한다.

5 ② 약배양 육종법으로 육성된 품종은 화성벼, 화진벼, 화청벼, 화영벼, 화선찰벼, 화중벼, 화신벼, 화남벼, 화삼벼, 화명벼, 화동벼, 양조벼 등의 품종이 있다.

6 ④ 대부분의 감자 바이러스는 종자로는 전염되지 않으므로 진정종자를 이용할 경우 바이러스 발병률이 낮아지고, 씨감자 생산에 소요되는 비용이 절감되므로 씨감자 생산에 이용한다.

7 작물의 형질전환에 대한 설명으로 옳지 않은 것은?

① 형질전환 작물은 외래의 유전자를 목표 식물에 도입하여 발현시킨 작물이다.
② 도입 외래 유전자는 동물, 식물, 미생물로부터 분리하여 이용 가능하다.
③ 형질전환으로 도입된 유전자는 식물의 핵내에서 염색체 외부에 별도로 존재하면서 발현된다.
④ 형질전환 방법에는 아그로박테리움 방법, 입자총 방법 등이 있다.

8 벼의 직파재배와 이앙재배에 대한 설명으로 옳지 않은 것은?

① 파종이 동일할 때 직파재배는 이앙재배에 비해 출수기가 다소 빠르다.
② 직파재배는 이앙재배에 비해 잡초가 많이 발생한다.
③ 직파재배는 이앙재배에 비해 분얼이 다소 많고 유효분얼비가 높다.
④ 직파재배는 이앙재배에 비해 출아 및 입모가 불량하고 균일하지 못하다.

9 콩과 팥에 대한 설명으로 옳지 않은 것은?

① 콩과 팥의 꽃에는 암술은 1개, 수술은 10개가 있다.
② 팥은 콩보다 고온다습한 기후에 잘 적응하는 반면에 저온에 약하다.
③ 콩은 발아할 때 떡잎이 지상부로 올라오고, 팥은 떡잎이 땅속에 남아 있다.
④ 팥 종실 내의 성분은 콩에 비해 지방 함량이 높고 탄수화물 함량은 낮다.

ANSWER 7.③ 8.③ 9.④

7 ③ 형질전환으로 도입된 유전자는 식물의 핵 내에서 염색체 상에 고정되어 식물체의 모든 세포에 존재하며 식물의 필요에 따라 발현된다.

8 ③ 직파재배는 이앙재배에 비해 분얼이 다소 많지만, 무효분얼이 많고 유효경 비율이 낮다.

9 ④ 팥 종실 내의 성분은 콩에 비해 지방 함량이 낮고 탄수화물 함량은 높다.
※ 콩과 팥의 성분 함량(종실 100g 중 함량)

성분	콩	팥
열량	335	314
수분(%)	9	14
탄수화물(%)	25.1	59.1
지질(%)	17.6	0.7
단백질(%)	41.3	21

10 벼 재배시 물관리에 대한 설명으로 옳지 않은 것은?

① 물을 가장 많이 필요로 하는 시기는 수잉기이다.
② 무효분얼기에 중간낙수를 하는데 염해답과 직파재배를 한 논에서는 보다 강하게 실시한다.
③ 분얼기에는 분얼수 증가를 위해 물을 얕게 대는 것이 좋다.
④ 등숙기에는 양분의 전류·축적을 위해 물을 얕게 대거나 걸러대기를 한다.

11 트리티케일(triticale)에 대한 설명으로 옳은 것은?

① 밀과 호밀을 인공교배하여 육성한 동질배수체이다.
② 밀과 호밀을 인공교배하여 육성한 이질배수체이다.
③ 밀과 보리를 인공교배하여 육성한 동질배수체이다.
④ 밀과 보리를 인공교배하여 육성한 이질배수체이다.

12 콩의 용도별 품종적 특성에 대한 설명으로 옳지 않은 것은?

① 장콩(두부콩)은 보통 황색 껍질을 가진 것으로 무름성이 좋고 단백질 함량이 높은 것이 좋다.
② 나물콩은 빛이 없는 조건에서 싹을 키워 콩나물로 이용하기 때문에 대립종을 주로 쓴다.
③ 기름콩은 지방함량이 높으면서 지방산 조성이 영양학적으로도 유리한 것이 좋다.
④ 밥밑콩은 껍질이 얇고 물을 잘 흡수하며 당 함량이 높은 것이 좋다.

ANSWER 10.② 11.② 12.②

10 ② 무효분얼기에 중간낙수를 하는데 사질답, 염해답, 생육이 부진한 논에서는 생략하거나 보다 약하게 해야 하고, 직파재배를 한 논에서는 보다 강하게 실시한다.

11 트리티케일(Triticale) … 밀·호밀의 배수성육종을 이용한 속간교잡에 의해 만들어진 식물, 라이밀(wheatrye)이라고도 한다.
㉠ durum(AABB) × 호밀(RR)=6배체 트리티케일(AABBRR)
㉡ 보통밀(AABBDD) × 호밀(RR)=8배체 트리티케일(AABBDDRR)

12 ② 나물콩은 빛이 없는 조건에서 싹을 키워 콩나물로 이용하기 때문에 수량을 많이 생산할 수 있는 소립종을 주로 쓴다. 쥐눈이콩으로 불리는 것이 많이 이용된다.

13 감자와 고구마에 대한 설명으로 옳지 않은 것은?

① 두 작물은 본저장 전에 큐어링을 하면 상처가 속히 아문다.
② 두 작물의 주요 저장물질은 탄수화물이다.
③ 두 작물은 가지과에 속한다.
④ 감자는 괴경을, 고구마는 괴근을 식용으로 주로 이용한다.

14 다음 중에서 단위면적당 생산열량이 가장 많은 작물은?

① 벼
② 콩
③ 보리
④ 고구마

15 메밀(*Fagopyrum esculentum*)에 대한 설명으로 옳지 않은 것은?

① 꽃가루가 쉽게 비산하므로 주로 바람에 의해 수분이 일어난다.
② 자가불화합성을 가진 타식성 작물이다.
③ 종자가 주로 곡물로 이용되나 식물학적으로는 과실(achene)이다.
④ 메밀의 생태형은 여름생태형, 가을생태형 및 중간형으로 구분된다.

ANSWER 13.③ 14.④ 15.①

13 ③ 감자는 가지과, 고구마는 메꽃과에 속한다.

14 작물별 단위면적 당 생산량, 생산열량, 부양가능인구 및 열량단위당 가격

작물	수량 (kg/10a)	열량 (kcal/100g)	ha당 생산열량 (kcal)	부양가능 인구 (인/ha)	열량단위당 가격 (원/kcal)
벼	451	359	16,190	17.7	415
보리	254	337	8,560	9.4	281
콩	178	410	7,298	8.0	332
고구마	2,238	113	25,300	27.7	91
감자	1,782	75	13,365	14.6	386
옥수수	630	355	22,365	24.5	129

15 ① 메밀은 꽃에 꿀이 많아 벌꿀의 밀원이 되고, 곤충에 의한 타가수정을 주로 한다.

16 벼에서 키다리병에 대한 설명으로 옳지 않은 것은?

① 우리나라 전 지역에서 못자리 때부터 발생한다.
② 병에 걸리면 일반적으로 식물체가 가늘고 길게 웃자라는 현상이 나타난다.
③ 발생이 많은 지역에서는 파종할 종자를 침지 소독하는 것이 좋다.
④ 세균(*Xanthomonus oryzae*)의 기생에 의해 발병한다.

17 땅콩에 대한 설명으로 옳은 것은?

① 내건성(耐乾性)이 강한 편으로 모래땅에도 잘 적응하는 장점이 있다.
② 식용 두류 중에서 종실 내 단백질 함량이 가장 높다.
③ 꼬투리는 지상에서 비대가 완료된 후에 자방병이 신장되어 지중으로 들어간다.
④ 타식률이 4~5 %로 다른 두류에 비해 높은 편이다.

18 옥수수와 비교하여 벼에서 높거나 많은 항목만을 모두 고른 것은?

㉠ 기본염색체(n)의 수	㉡ 이산화탄소보상점
㉢ 광포화점	㉣ 광호흡량

① ㉡
② ㉠, ㉢
③ ㉠, ㉡, ㉣
④ ㉠, ㉡, ㉢, ㉣

ANSWER 16.④ 17.① 18.③

16 ④ 세균(Xanthomonus oryzae)의 기생에 의하여 발병하는 것은 벼흰잎마름병이고, 벼키다리병은 Gibberella fujikuroi라는 곰팡이(진균)에 의하여 발병한다.

17 ② 식용 두류 중에서 종실 내 단백질 함량이 가장 높은 것은 콩이며, 지질 함량이 가장 높은 것은 땅콩이다.
③ 수정 후 5일이 지나면 자방병이 급속히 땅을 향하여 신장한다. 자방병이 땅속에 들어가면 5일 정도 지나서 씨방이 수평으로 비대하기 시작하여 자방병의 신장이 정지된다.
④ 타식률이 0.2~0.5%로 다른 두류에 비해 낮은 편이다.

18 ㉢ 옥수수는 C_4식물이며, 벼는 C_3식물이다. C_4식물은 C_3식물보다 광포화점이 높기 때문에 광합성 효율이 높다.
㉠ 염색체 수는 벼 2n=24개, 옥수수 2n=20개이다.
㉡ C_4식물은 C_3식물보다 이산화탄소 보상점이 낮아서 낮은 농도의 이산화탄소 조건에서도 적응할 수 있다.
㉣ C_4식물은 광호흡을 하지 않거나, 광호흡량이 대단히 낮다.

19 맥류에 대한 설명으로 옳지 않은 것은?

① 밀의 개화온도는 20℃ 내외가 최적이며 70~80% 습도일 때 주로 개화한다.
② 출수 후 밀이 보리에 비해 개화와 수정이 빨리 이루어진다.
③ 우리나라에서는 수발아 억제 방법으로 조숙품종을 재배하는 방법이 있다.
④ 맥주보리는 단백질 함량과 지방 함량이 낮은 것이 좋다.

20 옥수수의 합성품종에 대한 설명으로 옳은 것은?

① 종자회사에서 개발하여 상업적으로 판매하는 품종의 거의 대부분은 합성품종이다.
② 합성품종의 초기 육성과정은 방임수분품종과 유사하고, 후기 육성과정은 1대 잡종품종과 유사하다.
③ 합성품종은 방임수분품종에 비해 개량의 효과가 다소 떨어진다.
④ 합성품종은 1대 잡종품종에 비해 잡종강세의 발현 정도가 낮고 개체 간의 균일성도 떨어진다.

ANSWER 19.② 20.④

19 ② 보리는 출수와 동시에 바로 꽃이 피지만 밀은 출수 3~6일 후에 꽃이 피기 시작하므로 출수 후 밀이 보리에 비해 개화와 수정이 늦게 이루어진다.

20 ① 종자회사에서 개발하여 상업적으로 판매하는 품종의 거의 대부분은 1대잡종품종이다.
② 합성품종의 초기 육성과정은 1대잡종품종과 유사하고, 후기 육성과정은 방임수분품종과 유사하다.
③ 방임수분품종은 합성품종에 비해 개량의 효과가 다소 떨어진다.

2016. 6. 18. 제1회 지방직 9급 시행

1 옥수수의 출수 및 개화에 대한 설명으로 옳지 않은 것은?

① 일반적으로 웅성선숙이다.
② 수이삭의 개화기간은 7~10일이다.
③ 암이삭의 수염추출은 수이삭의 개화보다 3~5일 정도 빠르다.
④ 암이삭의 수염은 중앙 하부로부터 추출되기 시작하여 상하로 이행된다.

2 땅콩의 종합적 분류에 있어서 초형, 종실의 크기, 지유함량에 대한 설명으로 옳지 않은 것은?

① 발렌시아형의 초형은 입성이고, 종실의 크기는 작으며, 지유함량은 많다.
② 버지니아형의 초형은 입성 · 포복형이고, 종실의 크기는 크며, 지유함량은 적다.
③ 사우스이스트러너형의 초형은 포복성이고, 종실의 크기는 작으며, 지유함량은 많다.
④ 스페니쉬형의 초형은 입성이고, 종실의 크기는 크며, 지유함량은 적다.

3 맥류에서 흙넣기의 생육상 효과로서 적절하지 않은 것은?

① 수발아　　② 잡초억제
③ 도복방지　　④ 무효분얼 억제

ANSWER 1.③ 2.④ 3.①

1 ③ 암이삭의 수염추출은 수이삭의 개화보다 3~5일 정도 늦다.

2 ④ 스페니쉬형의 초형은 입성이고, 종실의 크기는 작으며, 지유함량은 많다.

3 흙넣기의 효과
㉠ 월동 조장 : 월동 전 생육 초기에 실시하면 복토를 보강하여 어린 싹들을 추위와 건조로부터 보호한다.
㉡ 월동 후 생육 조장 : 뿌리의 고정 및 발달, 생육을 조장하며, 잡초의 발생을 억제하기도 한다.
㉢ 무효분얼 억제 : 3월 하순~4월 상순에 2~3cm 깊이의 흙넣기를 하면 무효분얼이 억제된다.
㉣ 도복 방지 : 대가 많이 자란 뒤에 3~6cm로 흙을 깊게 넣어주면, 도복이 적어지고 통풍과 일조가 양호해져 생육이 왕성해지게 된다.

4 보리의 파종기가 늦어졌을 때의 대책으로 옳지 않은 것은?

① 파종량을 늘린다.
② 최아하여 파종한다.
③ 골을 낮추어 파종한다.
④ 추파성이 높은 품종을 선택한다.

5 벼 품종의 주요 특성에 대한 설명으로 옳지 않은 것은?

① 조생종은 생육기간이 짧은 고위도 지방에 재배하기 알맞다.
② 동남아시아 저위도 지역에는 기본영양생장성이 작은 품종이 분포한다.
③ 묘대일수감응도는 감온형이 높고 감광형·기본영양생장형은 낮다.
④ 만생종은 감온성에 비해 감광성이 크다.

6 메밀에 대한 설명으로 옳지 않은 것은?

① 서리에는 약하나 생육기간이 짧으며 서늘한 기후에 잘 적응한다.
② 수정은 타화수정을 하며, 이형화 사이의 수분을 적법수분이라고 한다.
③ 동일품종에서도 장주화와 단주화가 섞여있는 이형예현상이 나타난다.
④ 생육적온은 17~20℃이고, 일교차가 작은 것이 임실에 좋다.

ANSWER 4.④ 5.② 6.④

4 보리의 파종기가 늦어졌을 때 대책
㉠ 파종량을 기준량의 20~30%까지 늘려 뿌린다.
㉡ 백체가 나올 정도로 최아 파종한다.
㉢ 밑거름 주는 기준량에 인산·가리를 20~30%늘려 뿌려 준다.
㉣ 안전하게 월동할 수 있도록 골을 낮추어 파종한다.
㉤ 파종 후 볏짚·퇴비 등 유기물을 덮어 준다.
㉥ 추파성이 낮은 품종을 선택한다.

5 ② 동남아시아 저위도 지역에는 기본영양생장성이 큰 품종이 분포한다.

6 ④ 생육적온은 21~31℃이고, 일교차가 큰 것이 임실에 좋다.

7 감자의 성분에 대한 설명으로 옳지 않은 것은?

① 비타민 A보다 비타민 B와 C가 풍부하게 함유되어 있다.
② 괴경의 비대와 더불어 환원당은 감소되고 비환원당이 증가한다.
③ 감자의 솔라닌은 내부보다 껍질과 눈 부위에 많이 함유되어 있다.
④ 괴경 건물 중 14~ 26%의 전분과 2~10%의 당분이 함유되어 있다.

8 감자의 형태에 대한 설명으로 옳지 않은 것은?

① 줄기의 지하절에는 복지가 발생하고 그 끝이 비대하여 괴경을 형성한다.
② 감자의 뿌리는 비교적 심근성이고, 처음에는 수직으로 퍼지다가 나중에는 수평으로 뻗는다.
③ 괴경에는 눈이 많이 있는데 특히 기부보다 정부에 많다.
④ 감자의 과실은 장과에 속하고 지름이 3cm 정도이다.

9 바이러스에 의한 병이 아닌 것은?

① 감자 더뎅이병
② 보리 황화위축병
③ 벼 줄무늬잎마름병
④ 옥수수 검은줄오갈병

ANSWER 7.④ 8.② 9.①

7 ④ 고구마의 성분에 대한 설명이다. 감자 괴경의 건물을 구성하는 성분 중 60~80%가 전분이며, 감자는 고구마보다 당분이 적어 단맛이 적고 담백하다.

8 ② 감자의 뿌리는 비교적 얕게 퍼지는 천근성이고, 처음에는 수직으로 퍼지다가 나중에는 수평으로 뻗는다.

9 ① 감자 더뎅이병은 방선균에 의한 병이다.

10 밭 작물의 비료 시비 방법에 대한 설명으로 옳지 않은 것은?

① 무경운시비는 작업이 어렵지만 비료의 유실이 적은 편이다.
② 파종렬시비를 할 때는 종자에 비료가 직접 닿지 않게 해야 한다.
③ 전면시비는 밭을 갈고 전체적으로 비료를 시비한 후 흙을 곱게 부수어 준다.
④ 엽면시비는 미량요소를 공급하거나 빠르게 생육을 회복시켜야 할 때 사용된다.

11 보리의 재배적 특성에 대한 설명으로 옳지 않은 것은?

① 내한성이 강할수록 대체로 춘파성 정도가 낮아서 성숙이 늦어진다.
② 수량에 영향이 없는 한 조숙일수록 작부체계상 유리하다.
③ 습해가 우려되는 답리작의 경우 껍질보리보다 쌀보리가 유리하다.
④ 휴면성이 없거나 휴면기간이 짧은 품종은 수발아가 잘된다.

12 콩을 분류할 때, 백목(白目), 적목(赤目), 흑목(黑目)으로 분류하는 기준에 해당하는 것은?

① 종실 배꼽의 빛깔
② 종실의 크기
③ 종피의 빛깔
④ 콩의 생태형

ANSWER 10.① 11.③ 12.①

10 ① 무경운시비는 작업이 용이하지만, 비료의 유실이 많은 편이다.

11 ③ 습해가 우려되는 답리작의 경우 내습성 품종을 선택해야 하는데, 껍질보리는 쌀보리보다 내습성이 강하여 유리하다.

12 콩의 분류
㉠ 쓰임새 : 일반용, 혼반용(밥), 유지용(기름), 두아용(콩나물), 청예용(사료 또는 비료) 등
㉡ 종피의 빛깔 : 흰콩, 노란콩, 푸른콩(청태), 검정콩, 밤콩, 우렁콩, 아주까리콩, 선비제비콩 등
㉢ 종실 배꼽의 빛깔 : 백목, 적목, 흑목 등
㉣ 종실의 크기 : 왕콩, 굵은콩, 중콩, 좀콩, 나물콩 등
㉤ 생태형 : 올콩(조생종), 중간형(중생콩), 그루콩(만생종) 등
㉥ 줄기의 생육 습성 : 정상형, 대화형, 만화형 등

13 벼에서 종실의 형태와 구조에 대한 설명으로 옳지 않은 것은?

① 왕겨는 내영과 외영으로 구분되며, 외영의 끝에는 까락이 붙어 있다.
② 과피는 왕겨에 해당하고, 종피는 현미의 껍질에 해당한다.
③ 현미는 배, 배유 및 종피의 세 부분으로 구성되어 있다.
④ 유근에는 초엽과 근초가 분화되어 있다.

14 벼의 생육특성에 대한 설명으로 옳지 않은 것은?

① 볍씨가 발아하려면 건물중의 30~35% 정도 수분을 흡수해야 한다.
② 우리나라에서 재배하던 통일형 품종은 일반 온대자포니카 품종보다 휴면이 다소 강하다.
③ 모의 질소함량은 제4, 5본엽기에 가장 낮고, 그 후에는 증가하면서 모가 건강해진다.
④ 벼 잎의 활동기간은 하위엽일수록 짧고, 상위엽일수록 길다.

15 벼의 건답직파에 대한 설명으로 옳지 않은 것은?

① 출아일수는 담수직파에 비해 길다.
② 담수직파에 비해 논바닥을 균평하게 정지하기 곤란하다.
③ 결실기에 도복발생이 담수직파에 비해 많이 발생된다.
④ 담수직파보다 잡초발생이 많다.

ANSWER 13.④ 14.③ 15.③

13 ④ 유아에는 초엽이, 유근에는 근초가 보호하는 종근이 분화되어 있다.

14 ③ 모의 질소함량은 제4, 5본엽기에 가장 높고, 그 후에는 감소하면서 C/N율이 높아져 모가 건강해진다.

15 ③ 건답직파보다 담수직파의 경우에 벼 종자가 깊이 심어지지 못하여 뿌리가 얕게 분포하고 약하기 때문에 결실기에 도복되기 쉽다.

16 고구마에서 비료요소의 비효에 대한 설명으로 옳지 않은 것은?

① 질소과다는 괴근의 형성과 비대를 저해한다.
② 고구마는 인산의 흡수량이 적으므로 비료로서의 요구량도 적다.
③ 고구마 재배에서 칼리는 요구량이 가장 많고 시용효과도 가장 크다.
④ 질소가 부족하면 잎이 작아지고 농녹색으로 되며 광택이 나빠진다.

17 볍씨의 발아에 영향을 미치는 요인에 대한 설명으로 옳지 않은 것은?

① 일반적으로 발아 최저온도는 8~10℃, 최적온도는 30~32℃이다.
② 종자의 수분함량은 효소활성기 때 급격하게 증가한다.
③ 볍씨는 무산소 조건하에서도 발아를 할 수 있다.
④ 암흑조건 하에서 발아하면 중배축이 도장한다.

18 벼의 광합성에 영향을 주는 요인에 대한 설명으로 옳은 것은?

① 벼는 대체로 18~34℃의 온도범위에서 광합성량에 큰 차이가 있다.
② 미풍 정도의 적절한 바람은 이산화탄소 공급을 원활히 하여 광합성을 증가시킨다.
③ 벼는 이산화탄소 농도 300ppm에서 최대광합성의 45% 수준이지만, 2,000ppm이 넘어도 광합성은 증가한다.
④ 벼 재배시 광도가 낮아지면 온도가 낮은 쪽이 유리하고, 35℃ 이상의 온도에서는 광도가 높은 쪽이 유리하다.

ANSWER 16.④ 17.② 18.②

16 ④ 인산이 부족하면 잎이 작아지고 농녹색으로 되며 광택이 나빠진다.

17 ② 종자의 수분함량은 발아에 필요한 수분함량에 달할 때까지 발아초기에 급격하게 증가한다.

18 ① 벼의 광합성은 28℃에서 최고로 활발하며, 25~35℃의 온도범위에서는 광합성량에 큰 차이가 없다.
③ 벼는 이산화탄소 농도 300ppm에서 최대광합성의 45% 수준이지만, 2,000ppm이 넘으면 광합성이 더 이상 증가하지 않는다.
④ 벼 재배 시 광도가 낮아지면 온도가 높은 쪽이 유리하고, 35℃ 이상의 온도에서는 광도가 낮은 쪽이 유리하다.

19 벼의 생육기간에 대한 설명으로 옳은 것은?

① 육묘기부터 신장기까지를 영양생장기라고 한다.
② 고온 · 단일 조건에서 가소영양생장기는 길어진다.
③ 모내기 후 분얼수가 급증하는 시기를 최고분얼기라고 한다.
④ 출수 10~12일 전부터 출수 직전까지를 수잉기라고 한다.

20 콩의 특성에 대한 설명으로 옳지 않은 것은?

① 콩은 고온에 의하여 개화일수가 단축되는 조건에서는 개화기간도 단축되고 개화수도 감소되는 것이 일반적이다.
② 자연포장에서 한계일장이 짧은 품종일수록 개화가 빨라지고 한계일장이 긴 품종일수록 개화가 늦어진다.
③ 가을콩은 생육초기의 생육적온이 높고 토양의 산성 및 알칼리성 또는 건조 등에 대한 저항성이 큰 경향이 있다.
④ 먼저 개화한 것의 꼬투리가 비대하는 시기에 개화하게 되는 후기개화의 것이 낙화하기 쉽다.

ANSWER 19.④ 20.②

19 ① 육묘기부터 유수분화 직전까지를 영양생장기라고 한다.
② 가소영양생장기는 고온 · 단일 조건에서 짧아지고, 저온 · 장일 조건에서 길어진다.
③ 모내기 후 분얼수가 급증하는 시기를 분얼최성기라고 하며, 분얼수가 가장 많은 시기는 최고분얼기라고 한다.

20 ② 자연포장에서 한계일장이 짧은 품종일수록 늦게 일장반응이 일어나 개화가 늦어지고, 한계일장이 긴 품종일수록 빨리 일장반응이 일어나 개화가 빨라진다.

2017. 4. 8. 국가직 9급 시행

1 다음 설명에 해당하는 작물로만 묶은 것은?

- 양성화로서 자웅동숙이다.
- 자가불화합성을 나타내지 않는다.
- 호분층은 배유의 최외곽에 존재한다.

① 호밀, 메밀, 고구마
② 밀, 보리, 호밀
③ 콩, 땅콩, 옥수수
④ 벼, 밀, 보리

2 야생식물에서 재배식물로 순화하는 과정 중에 일어나는 변화가 아닌 것은?

① 종자의 탈락성 획득
② 수량 증대에 관여하는 기관의 대형화
③ 휴면성 약화
④ 볏과작물에서 저장전분의 찰성 증가

3 벼 종자의 발아에 대한 설명으로 옳지 않은 것은?

① 저장기간이 길어질수록 발아율은 저하하고 자연상태에서는 2년이 지나면 발아력이 급격히 떨어진다.
② 이삭의 상위에 있는 종자는 하위에 있는 종자보다 비중이 크고 발아가 빠르다.
③ 광은 발아에는 관계가 없지만 발아 직후부터는 유아 생장에 영향을 끼친다.
④ 발아는 수분 흡수에 의해 시작되고 수분 흡수속도는 온도와 관계가 없다.

ANSWER 1.④ 2.① 3.④

1
- 양성화로서 자웅동숙이다(자식성 작물). → 호밀, 메밀, 옥수수는 타식성 작물이다.
- 호밀, 메밀은 자가불화합성을 나타낸다.
- 호분층이 배유의 최외곽에 존재하는 작물로는 벼, 밀, 보리 등이 있다.

2 ① 종자의 탈락성 획득은 야생식물의 특성이다.

3 ④ 발아는 수분 흡수에 의해 시작되고 수분 흡수속도는 온도가 높을수록 빠르다.

4 고품질 쌀의 외관과 이화학적 특성에 대한 설명으로 옳지 않은 것은?

① 쌀알의 모양이 단원형이다.
② 쌀알이 투명하고 맑으며 광택이 있다.
③ 단백질 함량이 7% 이하로 낮다.
④ 아밀로오스 함량이 40% 이상으로 높다.

5 밭작물 품종에 대한 설명으로 옳지 않은 것은?

① 풋콩은 일반적으로 조생종이며 당 함량이 높고 무름성이 좋다.
② 사료용으로 많이 재배되는 옥수수의 종류는 마치종이다.
③ 2기작용 감자 품종들은 괴경의 휴면기간이 120~150일 정도이다.
④ 밀에서 직립형 품종은 근계의 발달 각도가 좁고 포복형 품종은 그 각도가 크다.

6 벼의 분얼에 대한 설명으로 옳지 않은 것은?

① 적온에서 주야간의 온도교차가 클수록 분얼이 증가한다.
② 분얼이 왕성하기 위해서는 활동엽의 질소 함유율이 2.5% 이하이고 인산 함량은 0.25% 이상이 되어야 한다.
③ 모를 깊게 심거나 재식밀도가 높을수록 개체당 분얼수 증가가 억제된다.
④ 광의 강도가 강하면 분얼수가 증가하는데 특히 분얼 초기와 중기에 그 영향이 크다.

7 벼의 생육기간 중 무기양분과 영양에 대한 설명으로 옳지 않은 것은?

① 호숙기에 체내 농도가 가장 높은 무기성분은 질소이다.
② 체내 이동률은 인과 황이 칼슘보다 높다.
③ 줄기와 엽초의 전분 함량은 출수할 때까지 높다가 등숙기 이후에는 감소한다.
④ 철과 마그네슘은 출수 전 10~20일에 1일 최대흡수량을 보인다.

ANSWER 4.④ 5.③ 6.② 7.①

4 ④ 고품질 쌀은 아밀로오스 함량이 20% 이하로 낮다.

5 ③ 2기작용 감자 품종들은 괴경의 휴면기간이 50~60일 정도 짧은 품종을 선택한다.

6 ② 분얼이 왕성하기 위해서는 활동엽의 질소 함유율이 3.5% 정도, 인산 함량은 0.25% 이상이 되어야 한다. 질소 함유율이 2.5% 이하일 때에는 분얼의 발생이 정지한다.

7 ① 호숙기에 체내 농도가 가장 높은 무기성분은 규산이다. 질소는 생육초기에 농도가 높다.

8 벼의 광합성에 대한 설명으로 옳지 않은 것은?

① 외견상광합성량은 대체로 기온이 35℃일 때보다 21℃일 때가 더 높다.
② 단위엽면적당 광합성능력은 생육시기 중 수잉기에 최고로 높다.
③ 1개체당 호흡은 출수기경에 최고가 된다.
④ 출수기 이후에는 하위엽이 고사하여 엽면적이 점차 감소하고 잎이 노화되어 포장의 광합성량이 떨어진다.

9 밀알 및 밀가루의 품질에 대한 설명으로 옳지 않은 것은?

① 출수기 전후의 질소 만기추비는 단백질 함량을 증가시킨다.
② 밀가루에 회분함량이 높으면 부질의 점성이 높아져 가공적성이 높아진다.
③ 입질이 초자질인 것은 분상질보다 조단백질 함량은 높고 무질소침출물은 낮다.
④ 밀 단백질의 약 80%는 부질로 되어 있고 부질의 양과 질이 밀가루의 가공적성을 지배한다.

10 밀과 보리의 뿌리, 줄기, 잎의 특성에 대한 설명으로 옳지 않은 것은?

① 밀은 보리보다 더 심근성이므로 수분과 양분의 흡수력이 강하고 건조한 척박지에서도 잘 견딘다.
② 밀은 보리보다 줄기가 더 빳빳하여 도복에 잘 견딘다.
③ 밀은 보리보다 엽색이 더 진하며 그 끝이 더 뾰족하고 늘어진다.
④ 밀은 보리에 비해 엽설과 엽이가 더 잘 발달되어 있다.

11 벼의 수량 형성에 대한 설명으로 옳지 않은 것은?

① 종실 수량은 출수 전 광합성산물의 축적량과 출수 후 동화량에 영향을 받는다.
② 물질수용능력을 결정하는 요인들은 이앙 후부터 출수 전 1주일까지 질소시용량과 일조량에 큰 영향을 받는다.
③ 일조량이 적을 때 단위면적당 영화수가 많으면 현미수량은 높아진다.
④ 등숙 중 17℃ 이하에서는 동화산물인 탄수화물이 이삭으로 옮겨지는 전류가 억제된다.

ANSWER 8.② 9.② 10.④ 11.③

8 ② 단위엽면적당 광합성능력은 생육시기 중 분얼기에 최고로 높다.

9 ② 밀가루에 회분함량이 높으면 부질의 점성이 낮아져 가공적성이 낮아진다.

10 ④ 밀은 보리에 비해 엽설과 엽이 덜 발달되어 있다.

11 ③ 일조량이 많을 때 단위면적당 영화수가 많으면 현미수량은 높아진다.

12 콩 재배에서 북주기와 순지르기에 대한 설명으로 옳지 않은 것은?

① 북주기는 줄기가 목화되기 전에 하는 것이 효과적이며 만생종에는 북주기의 횟수를 늘리는 것이 좋다.
② 북을 주면 지온조절 및 도복방지의 효과가 있을 뿐만 아니라 새로운 부정근의 발생을 조장한다.
③ 과도생장 억제와 도복 경감을 위한 순지르기는 제5엽기 내지 제7엽기 사이에 하는 것이 효과적이다.
④ 만파한 경우나 생육이 불량할 때 순지르기를 하면 분지의 발육이 좋아져서 수량을 증진시킨다.

13 다음 작물들의 형태적 특징에 대한 설명으로 옳지 않은 것은?

Arachis hypogea, Pisum sativum, Phaseolus vulgaris, Vigna unguiculata

① 엽맥은 망상구조이다.
② 관다발은 복잡하게 배열된 산재유관속으로 이루어져 있다.
③ 종자에는 안쪽에 두 장의 자엽이 있다.
④ 뿌리는 크고 수직으로 된 주근을 형성한다.

14 옥수수 병충해에 대한 설명으로 옳지 않은 것은?

① 그을음무늬병과 깨씨무늬병은 진균병으로 7~8월에 많이 발생한다.
② 검은줄오갈병은 온도와 습도가 높은 곳에서 발생하는 세균병이다.
③ 조명나방 유충은 줄기나 종실에도 피해를 주며 침투성 살충제를 뿌려주면 효과적이다.
④ 멸강나방 유충은 떼를 지어 다니며 주로 밤에 식물체를 폭식하여 피해를 끼친다.

ANSWER 12.④ 13.② 14.②

12 ④ 만파한 경우나 생육이 불량할 때 순지르기를 하면 분지의 발육이 좋아져서 수량을 감소시킨다.

13 Arachis hypogea(땅콩), Pisum sativum(완두), Phaseolus vulgaris(강낭콩), Vigna unguiculata(동부)
② 쌍자엽식물의 관다발은 병립유관속이 환상으로 배열한다.

14 ② 검은줄오갈병은 애멸구와 운계멸구 등 멸구류에 의해 주로 전염하는 바이러스병이다.

15 다음 중 고구마에 발생하는 병을 모두 고른 것은?

㉠ 근부병	㉡ 검은무늬병
㉢ 더뎅이병	㉣ 무름병
㉤ 둘레썩음병	㉥ 덩굴쪼김병

① ㉣, ㉥ ② ㉡, ㉣, ㉤
③ ㉠, ㉡, ㉣, ㉥ ④ ㉢, ㉣, ㉤, ㉥

16 고구마 유근의 분화에 대한 설명으로 옳지 않은 것은?

① 뿌리 제1기형성층의 활동이 강하고 유조직의 목화가 더디면 계속 세근이 된다.
② 토양이 너무 건조하거나 굳어서 딱딱한 경우 또는 지나친 고온에서는 경근이 형성된다.
③ 괴근 형성은 이식 시 토양 통기가 양호하고 토양 수분, 칼리질 비료 및 일조가 충분하면서 질소질 비료는 과다하지 않은 조건에서 잘 된다.
④ 형성된 괴근의 비대에는 양호한 토양 통기, 풍부한 일조량, 단일 조건, 충분한 칼리질 비료 등이 유리하다.

17 동부에 대한 설명으로 옳지 않은 것은?

① 콩에 비하여 고온발아율이 높은 편이다.
② 단일식물이며 대체로 자가수정을 하지만 자연교잡률도 비교적 높은 편이다.
③ 개화일수에 비하여 결실일수가 상대적으로 매우 긴 편이며 한 꼬투리의 결실기간은 40~60일이다.
④ 재배 시 배수가 잘 되는 양토가 알맞고 산성토양에도 잘 견디며 염분에 대한 저항성도 큰 편이다.

ANSWER 15.③ 16.① 17.③

15 ㉢㉤ 감자에서 발생하는 병이다.

16 ① 뿌리 제1기형성층의 활동이 강하고 유조직의 목화가 더디면 계속 괴근이 된다. 뿌리 제1기형성층의 활동이 약하고 유조직의 목화가 빨리 이루어지면 계속 세근이 된다.

17 ③ 개화일수에 비하여 결실일수가 상대적으로 매우 짧은 편이며 한 꼬투리의 결실기간은 15~30일이다.

18 콩과 옥수수 재배지에서 사용되는 토양처리형 제초제가 옳게 짝지어진 것은?

콩	옥수수
① Glyphosate	2,4-D
② 2,4-D	Glyphosate
③ Bentazon	Bentazon
④ Alachlor	Alachlor

19 모의 생장에 대한 설명으로 옳지 않은 것은?

① 출아한 볍씨에서 초엽이 약 1cm 자라면 1엽이 나오기 시작한다.
② 초엽 이후 발생한 1엽은 엽신과 엽초가 모두 있는 완전엽이다.
③ 초엽이 나오면서 종근이 발생한다.
④ 엽령이란 주간의 출엽수에 의해 산출되는 벼의 생리적인 나이를 말한다.

20 잡곡에 대한 설명으로 옳지 않은 것은?

① 율무의 자성화서는 보통 2개의 소수로 형성되지만 그중 1개는 퇴화하고 종실 전분은 메성이다.
② 조에서 봄조는 감온형이고 그루조는 단일감광형인데 봄조는 그루조보다 먼저 출수하여 성숙한다.
③ 기장은 심근성으로 내건성이 강하고 생육기간이 짧아 산간 고지대에도 적응한다.
④ 메밀에서 루틴은 식물체의 각 부위에 존재하며 쓴메밀의 루틴 함량은 보통메밀에 비해 매우 높다.

ANSWER 18.④ 19.② 20.①

18 Alachlor[라쏘] … 콩, 옥수수, 고구마 등 1년생 밭작물에 이용하는 토양처리형 제초제이다.

19 ② 초엽 이후 발생한 1엽은 엽신이 없고 엽초만 자라는 불완전엽이다. 엽신과 엽초가 모두 있는 완전엽은 3엽부터이다.

20 ① 율무의 자성화서는 보통 3개의 소수로 형성되지만 그중 2개는 퇴화하고 종실 전분은 찰성이다.

2017. 6. 17. 제1회 지방직 9급 시행

1 식용작물 재배에서 토양의 입단화를 촉진시키는 방법으로 옳지 않은 것은?

① 비가 온 후 토양이 젖었을 때 경운한다.
② 유기물을 시용한다.
③ 석회질 비료를 시용한다.
④ 유용미생물들을 접종한다.

2 식용작물의 형태적 특성에 대한 설명으로 옳지 않은 것은?

① 옥수수는 유관속이 분산되어 있다.
② 벼꽃의 수술은 6개이고 암술은 1개이다.
③ 고구마는 잎이 그물맥으로 되어 있다.
④ 콩은 수염뿌리로 되어 있다.

3 수확기에 가까운 보리가 비바람에 쓰러져 젖은 땅에 오래 접촉되어 있을 때 이삭에서 싹이 트는 현상은?

① 도복　② 습해
③ 수발아　④ 재춘화

ANSWER 1.① 2.④ 3.③

1 ① 비와 바람은 토양 입단의 파괴 원인에 해당한다.
※ 토양의 입단화를 촉진시키는 방법
㉠ 유기물과 석회의 사용
㉡ 콩과작물의 재배
㉢ 토양개량제의 사용
㉣ 토양의 피복

2 ④ 콩은 쌍자엽식물로 원뿌리와 곁뿌리의 구분이 뚜렷한 곧은뿌리로 되어 있다.

3 수발아 … 성숙기에 가까운 화곡류의 이삭이 도복이나 강우로 젖은 상태가 오래 지속되면 이삭에서 싹이 트는 것

4 감자 덩이줄기를 비대시키는 재배적 방법으로 옳은 것은?

① 온도가 30~32℃ 정도인 고온기에 재배한다.
② 인산과 칼리 비료를 넉넉하게 시비한다.
③ 엽면적이 최대한 확보되도록 질소비료를 충분히 시비한다.
④ 아밀라아제의 합성이 잘 되도록 지베렐린을 처리한다.

5 벼의 품종에 대한 설명으로 옳지 않은 것은?

① 오대벼와 운봉벼는 만생종 품종이다.
② 남천벼와 다산벼는 초다수성 품종이다.
③ 가공용인 백진주벼는 저아밀로오스 품종이다.
④ 통일벼는 내비성이 크고 도열병 저항성이 강하다.

6 온대자포니카형 벼와 비교할 때 인디카형 벼의 특성으로 옳지 않은 것은?

① 탈립성이 높다.
② 초장이 길다.
③ 쌀알이 길고 가늘다.
④ 저온발아성이 강하다.

7 원예작물과 비교할 때 식용작물의 특성으로 옳은 것은?

① 단위면적당 수익성이 높다.
② 집약적인 재배가 이루어진다.
③ 품질에 대한 요구가 다양하다.
④ 장기간 저장이 가능하다.

ANSWER 4.② 5.① 6.④ 7.④

4 ① 온도가 10~14℃ 정도인 저온기에 재배한다.
③ 엽면적이 최대한 확보되도록 질소비료를 충분히 시비하면 덩이줄기의 형성과 비대가 저해된다.
④ 아밀라아제의 합성이 잘 되도록 지베렐린을 처리하면 전분 축적이 저해되어 덩이줄기의 형성과 비대가 저해된다.

5 ① 오대벼와 운봉벼는 조생종 품종이다.

6 ④ 벼가 저온에서도 잘 발아하는 성질을 저온발아성이라고 하는데 저온발아성이 강한 것은 온대자포니카형 벼이다.

7 ④ 식용작물은 원예작물에 비해 수분함량이 낮아 장기간 저장이 가능하다.
①②③ 원예작물의 특성이다.

8 「친환경농어업 육성 및 유기식품 등의 관리 · 지원에 관한 법률」에서 규정한 목적에 해당하지 않는 것은?

① 농어업의 환경보전기능을 증대시킨다.
② 농어업으로 인한 환경오염을 줄인다.
③ 친환경농수산물과 유기식품 등을 관리하여 생산자보다 소비자를 보호한다.
④ 친환경농어업을 실천하는 농어업인을 육성한다.

9 알벼(조곡) 100kg을 도정하여 현미 80kg, 백미 72kg이 생산되었을 때 도정의 특성으로 옳은 것은?

① 도정률은 72%이고 제현율은 80%이다.
② 도정률은 72%이고 제현율은 90%이다.
③ 도정률은 80%이고 현백률도 80%이다.
④ 도정률은 80%이고 제현율은 90%이다.

10 당분이 전분으로 전환되는 것을 억제시키는 유전자를 가진 옥수수종과 찰기가 있어서 풋옥수수로 수확하여 식용하는 종을 옳게 짝지은 것은?

① 마치종 – 나종
② 감미종 – 경립종
③ 경립종 – 마치종
④ 감미종 – 나종

ANSWER 8.③ 9.① 10.④

8 「친환경농어업 육성 및 유기식품 등의 관리 · 지원에 관한 법률」 제1조(목적) … 이 법은 농어업의 환경보전기능을 증대시키고 농어업으로 인한 환경오염을 줄이며, 친환경농어업을 실천하는 농어업인을 육성하여 지속가능한 친환경농어업을 추구하고 이와 관련된 친환경농수산물과 유기식품 등을 관리하여 생산자와 소비자를 함께 보호하는 것을 목적으로 한다.

9
- 제현율 : 벼 → 현미
- 현백률 : 현미 → 백미
- 도정률 : 벼 → 백미

알벼 100kg을 도정하여 현미 80kg이 생산되었으므로 제현율은 80%이고 백미 72kg이 생산되었으므로 도정률은 72%이다.

10
- 감미종 : 당분이 전분으로 전환되는 것을 억제시키는 유전자를 가지고 있어 당도가 높다.
- 나종(찰옥수수) : 일반옥수수는 아밀로펙틴의 함량이 78% 정도인데 반해 찰옥수수는 99% 정도이다.

11 식물조직배양의 목적과 응용에 대한 설명으로 옳지 않은 것은?

① 기내배양 변이체를 선발할 때 이용한다.
② 유전자변형 식물체를 분화시킬 때 이용한다.
③ 식용작물의 종자를 보존할 때 이용한다.
④ 번식이 어려운 식물을 기내에서 번식시킬 때 이용한다.

12 벼의 광합성량에 대한 설명으로 옳지 않은 것은?

① 엽면적이 같을 때 늘어진 초형이 직립초형보다 광합성량이 많다.
② 최적 엽면적지수에서 순광합성량이 최대가 된다.
③ 광합성량에서 호흡량을 뺀 것을 순생산량이라고 한다.
④ 동화물질의 전류가 빠르면 광합성량이 증가한다.

13 씨감자의 절단에 대한 설명으로 옳은 것은?

① 병의 전염을 막는 데 효과적이다.
② 절단용 칼은 끓는 물에 소독해 사용한다.
③ 감자 눈(맹아)의 중심부를 나눈다.
④ 파종하기 직전에 절단해 사용한다.

ANSWER 11.③ 12.① 13.②

11 식물조직배양의 목적
㉠ 번식이 어려운 식물의 기내 영양번식
㉡ 상업적 목적의 기내 대량생산
㉢ 무병 식물체의 생산
㉣ 퇴화되는 배나 배주의 배양
㉤ 반수체 식물의 생산
㉥ 유전자조작 식물체 분화
㉦ 기내 배양 변이체 선발
㉧ 유전자원의 보존

12 ① 엽면적이 같을 때 직립초형이 늘어진 초형보다 광합성량이 많다.

13 ① 병의 전염을 막는 데에는 통감자를 사용사는 것이 효과적이다.
③ 감자 눈(맹아)이 온전하게 보존되어 있어야 한다.
④ 파종하기 10일 전에 절단해 사용한다.

14 콩과 비교할 때 팥의 특성에 대한 설명으로 옳지 않은 것은?

① 종자수명이 3~4년으로 상대적으로 길다.
② 고온다습한 기후에 잘 적응한다.
③ 발아 시 떡잎은 지상자엽형이다.
④ 탄수화물 함량이 더 높다.

15 적산온도가 큰 작물부터 순서대로 바르게 나열한 것은?

① 벼 > 추파맥류 > 봄보리 > 메밀
② 추파맥류 > 벼 > 메밀 > 봄보리
③ 추파맥류 > 봄보리 > 메밀 > 벼
④ 벼 > 봄보리 > 메밀 > 추파맥류

16 벼에는 잎집과 줄기사이 경계부위에 있지만 잡초인 피에는 없는 조직은?

① 지엽　② 잎혀
③ 초엽　④ 잎맥

17 해충을 방제하기 위해 살충제 500ml의 농약을 4배액으로 희석하여 살포하려고 한다. 준비해야 할 물의 양(L)은?

① 1.00　② 1.25
③ 1.50　④ 2.00

ANSWER 14.③ 15.① 16.② 17.③

14 ③ 발아 시 팥의 떡잎은 지하자엽형이다.

15 벼(3,500~4,500℃) > 추파맥류(1,700~2,300℃) > 봄보리(1,600~1,900℃) > 메밀(1,000~1,200℃)

16 ② 피는 잎혀와 잎기가 없다.

17 4배액으로 희석하여 살포하려고 하므로 농약과 물을 희석한 양이 500ml의 4배인 2L가 되어야 한다. 따라서 물은 1.5L 준비해야 한다.

18 맥류의 출수에 대한 설명으로 옳지 않은 것은?

① 춘화된 식물체는 고온 및 장일조건에서 출수가 빨라진다.
② 최아종자 때와 녹체기 때 춘화처리 효과가 있다.
③ 종자를 저온처리 후 고온에 장기보관하면 이춘화가 일어난다.
④ 추파성이 강한 품종은 추위에 견디는 성질이 약하다.

19 다음에서 설명하는 잡초는?

한 개의 덩이줄기에서 여러 개의 덩이줄기가 번식되며 한 번 형성되면 5~7년을 생존할 수 있다. 이렇게 형성된 덩이줄기는 다음해 맹아율이 80% 정도이며 나머지 20% 정도는 토양에서 휴면을 한다.

① 돌피
② 물달개비
③ 사마귀풀
④ 올방개

20 벼의 분얼에 대한 설명으로 옳지 않은 것은?

① 생육적온에서 주야간의 온도차를 크게 하면 분얼이 감소된다.
② 무효분얼기에 중간낙수를 하면 분얼을 억제시킬 수 있다.
③ 벼를 직파하면 이앙재배에 비해 분얼이 증가한다.
④ 모를 깊이 심으면 발생절위가 높아져 분얼이 감소한다.

ANSWER 18.④ 19.④ 20.①

18 ④ 추파성이 강한 품종은 추위에 견디는 성질이 강하다.

19 제시된 내용은 올방개에 대한 설명이다. 돌피, 물달개비, 사마귀풀은 일년생 잡초이다.

20 ① 생육적온에서 주야간의 온도차를 크게 하면 분얼이 증가한다.

2017. 6. 24. 제2회 서울특별시 9급 시행

1 볍씨의 발아 과정에 대한 설명으로 옳지 않은 것은?

① 볍씨가 발아하는 과정은 흡수기→활성기→발아 후 생장기로 구분된다.
② 흡수기에는 볍씨의 수분 함량이 볍씨 무게의 15%가 되는 때부터 배가 활동을 시작한다.
③ 활성기가 끝날 무렵 배에서 어린 싹이 나와 발아를 한다.
④ 발아 후 생장기에는 볍씨가 약 30~35%의 수분 함량을 유지한다.

2 벼의 상자육묘 생육관리에 대한 설명으로 옳은 것은?

① 출아적온은 25~27℃로 유지한다.
② 녹화는 약광조건에서 1~2일간 실시한다.
③ 상자육묘 상토의 pH는 6 이상이어야 한다.
④ 경화는 통풍이 잘되는 저온상태에서 시작한다.

ANSWER 1.④ 2.②

1 ④ 발아 후 생장기에는 볍씨가 약 50%의 수분 함량을 유지한다.
※ 볍씨의 시간에 따른 수분 함량

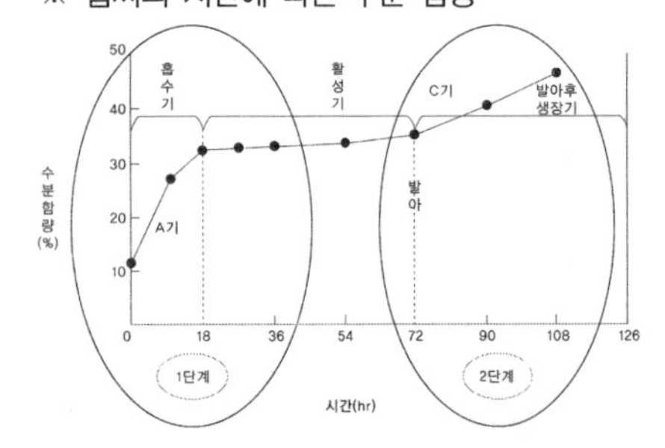

2 ① 출아적온은 주간 32℃, 야간 30℃ 정도로 유지한다.
③ 상자육묘 상토의 pH는 4.5~5.5 정도이어야 한다.
④ 경화는 초기 주간 20℃, 야간 15℃, 후기 주간 20~15℃, 야간 15~10℃ 정도로 유지한다.

3 고구마에 대한 설명으로 가장 옳지 않은 것은?

① 수확한 고구마의 수분 함량은 대체로 70% 정도이다.
② 고구마가 비대하는 데 적당한 토양온도는 20~30℃이다.
③ 단위영양에 대한 비용은 쌀과 비슷하다.
④ pH 4~8에서는 생육에 지장이 없다.

4 벼의 수량 및 수량구성요소에 대한 설명으로 옳은 것은?

① 단위면적당 분얼수는 수량구성요소의 하나이다.
② 이삭수를 많이 확보하기 위해서는 수중형 품종을 선택한다.
③ 수량에 가장 영향을 미치는 요소는 이삭수이다.
④ 1수영화수는 온대자포니카 품종의 경우 대체로 50~70립이다.

5 잡곡류에 대한 설명으로 옳지 않은 것은?

① 메밀은 서늘한 기후에 잘 적응하며 생육기간이 비교적 짧다.
② 피는 지상경의 수가 7~11마디이며 대가 굵고 속이 차 있다.
③ 율무는 7월의 평균 기온이 20℃ 이하인 서늘한 지역이 재배적지이다.
④ 수수는 옥수수보다 고온다조를 좋아한다.

6 모내기 시기에 대한 설명으로 옳지 않은 것은?

① 모내기 시기는 안전출수기를 고려해야 한다.
② 모내기 적기보다 너무 일찍 모를 내면 영양생장기가 길어진다.
③ 안전출수기는 출수 후 20일간의 일평균 기온이 22.5℃가 되는 한계일로부터 거꾸로 계산한다.
④ 모가 뿌리를 내리는 한계 최저온도를 고려해야 한다.

ANSWER 3.③ 4.③ 5.③ 6.③

3 ③ 고구마의 단위영양에 대한 비용은 쌀의 약 20% 정도이다.

4 ① 벼의 수량은 수량구성의 4요소에 의해 이루어진다. 수량 = 단위면적당 이삭수 × 1수영화수 × 등숙률 × 1립중
② 이삭수를 많이 확보하기 위해서는 수수형 품종을 선택한다.
④ 1수영화수는 온대자포니카 품종의 경우 대체로 80~100립이다.

5 ③ 율무는 7월의 평균 기온이 20℃ 이상인 따뜻한 지역이 재배적지이다.

6 ③ 안전출수기는 출수 후 40일간의 일평균 기온이 22.5℃가 되는 한계일로부터 거꾸로 계산한다.

7 벼 재배 시 담수상태에서 나타나는 현상으로 옳지 않은 것은?

① 산소의 공급이 억제되어 토층분화가 일어난다.
② 암모니아태질소(NH_4)를 표층에 시용하면 산화층에서 탈질 작용이 일어난다.
③ 수중에 서식하는 조균류에 의해 비료분의 간접적 공급이 이루어진다.
④ 토양이 환원상태가 되어 인산의 유효도가 증가한다.

8 녹두에 대한 설명으로 옳지 않은 것은?

① 종자의 수명은 땅콩과 비슷하다.
② 생산성이 낮고 튀는 성질이 심하여 수확에 많은 노력이 필요하다.
③ 우리나라에서는 4월 상순경부터 7월 하순까지 파종할 수 있다.
④ 토양 습해에 약하므로 물빠짐이 좋도록 관리해야 한다.

9 다음 벼의 병해 중 곰팡이에 의한 병이 아닌 것은?

① 키다리병
② 잎집무늬마름병
③ 도열병
④ 줄무늬잎마름병

10 벼의 뿌리에 대한 설명으로 가장 옳은 것은?

① 발아할 때 종근 수는 맥류 종자와 같이 3개이다.
② 종근은 관근과 같은 위치에서 발생한다.
③ 종자가 깊게 파종되면 중배축근이 생성된다.
④ 일반적으로 종근은 최고 20cm까지 신장한다.

ANSWER 7.② 8.① 9.④ 10.③

7 ② 암모니아태질소(NH_4)를 표층에 시용하면 산화층에서 질산화작용이 일어난다.

8 ① 땅콩은 단명종자로 종자의 수명이 1~2년 정도이고, 녹두는 장명종자로 약 6년 정도의 수명을 가진다.

9 ④ 줄무늬잎마름병은 애멸구 등에 의해 주로 전염하는 바이러스병이다.

10 ① 발아할 때 종근 수는 1개이다.
② 종근은 관근과 다른 위치에서 발생한다.
④ 일반적으로 종근은 최고 15cm까지 신장한다.

11 벼의 재배에 대한 설명으로 옳지 않은 것은?

① 조기재배는 감온성 품종을 보온육묘한다.
② 조식재배는 영양생장 기간이 길어 참이삭수 확보가 유리하다.
③ 만기재배는 감광성이 민감한 품종을 선택한다.
④ 만식재배는 밭못자리에 볍씨를 성기게 뿌려 모를 기른다.

12 감자의 휴면에 대한 설명으로 옳지 않은 것은?

① MH, 2.4-D, 티오우레아 등의 처리로 휴면을 연장시킨다.
② 휴면기간은 대체로 2~4개월 정도인 품종이 많다.
③ 휴면타파 방법으로는 GA, 에스렐, 에틸렌클로로하이드린 등의 처리가 있다.
④ 저장고 안의 산소 농도를 낮추고, 이산화탄소 농도를 높이면 휴면타파에 유리하다.

13 벼의 수분과 수정에 관한 설명으로 옳지 않은 것은?

① 배낭 속에서 2개의 수정이 이루어지는 중복수정을 한다.
② 화분발아의 최적온도는 30~35℃이다.
③ 자연상태에서 타가수정 비율은 1% 정도이다.
④ 암술머리에 붙은 화분은 5시간 정도 지났을 때 발아력을 상실한다.

14 맥주 제조를 위한 맥주보리의 품질 조건으로 가장 옳지 않은 것은?

① 단백질 함량이 20~25%인 것이 가장 알맞다.
② 지방 함량이 3% 이상이면 맥주품질이 저하된다.
③ 종실이 굵고 곡피가 얇은 것이 좋다.
④ 전분으로부터 맥아당의 당화작용이 잘 이루어진다.

ANSWER 11.③ 12.① 13.④ 14.①

11 ③ 만기재배는 적기재배보다 늦게 씨앗을 뿌리거나 모를 옮겨 심는 재배법으로 감광성과 감응성이 둔한 품종을 선택하는 것이 좋다.

12 ① MH, 2.4-D 등의 처리로 휴면을 연장시킨다. 티오우레아, 지베렐린 등은 휴면을 타파한다.

13 ④ 암술머리에 붙은 화분은 5분 정도 지났을 때 발아력을 상실한다.

14 ① 단백질 함량이 8~12%인 것이 가장 알맞다.

15 벼의 생육 과정에 따른 개체군의 광합성과 호흡량 변화에 대한 설명으로 옳지 않은 것은?

① 개체군의 광합성은 유수분화기에 최대치를 보인다.
② 개체의 광합성능력은 최고분얼기에 최대가 된다.
③ 잎새 이외의 잎집과 줄기의 호흡량은 출수기에 제일 많다.
④ 개체군의 엽면적지수는 출수 직전에 최대가 된다.

16 옥수수의 생리 및 생태에 대한 설명으로 옳지 않은 것은?

① 엽신의 유관속초세포가 발달하고 다량의 엽록소를 가지고 있어 광합성능력이 높다.
② 수분된 꽃가루가 발아하여 수정되기까지는 약 24시간이 걸린다.
③ 보통 암이삭의 수염추출은 수이삭의 개화보다 3~5일 정도 빠르다.
④ 꽃가루는 꽃밥을 떠난 뒤 24시간 이내에 사멸한다.

17 맥류의 발육 과정에 대한 설명으로 옳지 않은 것은?

① 아생기는 발아 후 주로 배유의 양분에 의하여 생육하며 분얼은 발생하지 않는다.
② 이유기는 아생기 말기로서 대체로 주간의 엽수가 2~2.5매인 시기다.
③ 유묘기는 이유기 이후 주간의 본엽수, 즉 엽령이 4매인 시기까지다.
④ 수잉기는 출수 및 개화까지이며, 유사분열을 거쳐 암수의 생식세포가 완성되는 시기다.

18 벼의 냉해를 경감시키기 위한 방법으로 옳지 않은 것은?

① 지연형 냉해가 예상되면 알거름을 준다.
② 규산질 및 유기질 비료를 준다.
③ 저온으로 냉해가 우려되면 질소시용량을 줄인다.
④ 장해형 냉해가 우려되면 이삭거름을 주지 않는다.

ANSWER 15.② 16.③ 17.④ 18.①

15 ② 개체의 광합성능력은 모내기 후 얼마 지나지 않아 최대가 된다. 개체군의 광합성능력은 최고분얼기에 최대가 된다.

16 ③ 보통 암이삭의 수염추출은 수이삭의 개화보다 3~5일 정도 느리다.

17 ④ 수잉기는 출수 전 약 15일부터 출수 직전까지의 기간으로 지엽의 엽초가 어린 이삭을 밴 채 보호하고 있어 수잉기(이삭을 잉태하고 있는 시기)라고 한다.

18 ① 지연형 냉해가 예상되면 알거름을 생략한다.

19 땅콩의 생리 및 생태에 대한 설명으로 옳은 것은?

① 보통 오전 10시에 가장 많이 개화한다.
② 협실 비대의 기본적인 조건은 암흑과 토양수분이다.
③ 완전히 결실하는 것은 총 꽃 수의 30% 내외에 불과하다.
④ 결협과 결실은 붕소의 효과가 크다.

20 식물의 일장형에 대한 설명으로 옳은 것은?

① 단일식물의 유도일장과 한계일장의 주체는 보통 단일측에 있다.
② 장일식물에는 시금치, 상추, 귀리 등이 있다.
③ 중간식물은 일정한 한계일장이 없고, 넓은 범위의 일장에서 화성이 유도된다.
④ 중성식물은 특정한 일장에서만 화성이 유도되며, 2개의 한계일장을 가진다.

ANSWER 19.② 20.②

19 ① 보통 오전 4~9시(품종에 따라 다름)에 가장 많이 개화한다.
③ 완전히 결실하는 것은 총 꽃 수의 10% 내외에 불과하다.
④ 결협과 결실은 석회의 효과가 크다.

20 ① 단일식물은 유도일장과 최적일장이 단일측에 있고 한계일장이 장일측에 있다.
③ 중성식물은 일정한 한계일장이 없고, 넓은 범위의 일장에서 화성이 유도된다.
④ 중간식물은 특정한 일장에서만 화성이 유도되며, 2개의 한계일장을 가진다.

2018. 4. 7. 국가직 9급 시행

1 외떡잎식물과 쌍떡잎식물에 대한 설명으로 옳지 않은 것은?

① 벼 · 보리 · 밀 · 귀리 · 수수 · 옥수수 등은 외떡잎식물이다.
② 외떡잎식물의 뿌리는 수염뿌리이며 꽃잎은 주로 3의 배수로 되어 있다.
③ 쌍떡잎식물은 잎맥이 망상구조이고 줄기의 관다발이 복잡하게 배열되어 있다.
④ 쌍떡잎식물의 뿌리계는 곧은뿌리와 곁뿌리로 구성되어 있고 기능 면에서 물과 무기염류를 흡수하는 데 효과적이다.

2 밭작물의 특성에 대한 설명으로 옳지 않은 것은?

① 내한성은 호밀 > 밀 > 보리 > 귀리 순으로 강하다.
② 완두는 최아종자나 유식물을 0~2℃에서 10~15일 처리하면 개화가 촉진된다.
③ 피는 타가수정을 하며 불임률은 품종에 따라 변이가 심한데 50% 이상인 품종이 반수 이상이다.
④ 단옥수수는 출사 후 20~25일경에 수확하는데, 너무 늦게 수확하면 당분 함량이 떨어진다.

ANSWER 1.③ 2.③

1 ③ 쌍떡잎식물은 잎맥이 망상구조(그물맥)이고 줄기의 관다발이 규칙적으로 배열되어 있다. 줄기의 관다발이 복잡하게 배열되어 있는 것은 외떡잎식물이다.

※ 쌍떡잎식물과 외떡잎식물

구분	쌍떡잎식물	외떡잎식물
떡잎	2장	1장
잎맥	그물맥	나란히맥
줄기	마디가 없고, 관다발이 규칙적	마디가 있고, 관다발이 불규칙적
뿌리	원뿌리와 곁뿌리	수염뿌리
꽃잎의 수	4~5의 배수	3의 배수 또는 없음
식물	무궁화, 봉숭아, 민들레, 강낭콩 등	벼, 보리, 옥수수, 백합, 수선화 등

2 ③ 피는 자가수정을 하며 불임률은 품종에 따라 변이가 심해 약 2.5~57.5% 사이로, 20% 이상인 품종이 반수 이상을 차지한다.

3 고구마 싹이 작거나 밭이 건조할 경우의 싹 심기 방법에 해당하는 것은?

① 빗심기　　② 수평심기
③ 휘어심기　　④ 개량 수평심기

4 우리나라의 일반적인 재배환경 중 장일상태에서 화성이 유도·촉진되는 작물로만 옳게 짝지은 것은?

① 벼 – 콩 – 감자
② 벼 – 보리 – 아주까리
③ 밀 – 콩 – 들깨
④ 밀 – 보리 – 감자

ANSWER 3.① 4.④

3 고구마 묘 심기 방법

수평심기　　개량수평심기　　빗심기

휘어심기

구부려심기　　곧추심기

㉠ 수평심기/개량 수평심기 : 지표면에서 2~3cm의 얕은 곳에 묘를 수평으로 심는 방법이다. 수평심기는 싹이 크고 토양이 건조하지 않을 때 적절하며, 개량 수평심기는 큰 싹을 건조하기 쉬운 땅에 심을 때 적절하다.
㉡ 빗심기/구부려심기 : 싹이 작고 건조하기 쉬운 토양에 적절한 방법으로 묘의 밑 부분이 깊게 묻히어 활착이 잘 되도록 하는 방법이다.
㉢ 휘어심기 : 묘의 가운데 부분을 깊게 심어 활착이 좋고 심는 능률이 높다.
㉣ 곧추심기 : 이랑에 묘를 수직으로 2~3절 꽂아 넣는 방법으로 작고 굵은 싹을 사질토에 밀식할 때 적절하. 단, 심어 넣는 절수가 적어 고구마가 달리는 개수가 적다. 단기간에 형태가 균일하고 품질이 좋은 물건을 생산할 필요가 있을 때 알맞다.

4 장일식물 · 단일식물 · 중성식물

구분	꽃눈 형성에 필요한 일조시간	종류
장일식물	12~14시간/일 이상	시금치, 상추, 밀, 보리, 무, 감자, 클로버, 알팔파, 아주까리 등
단일식물	12~14시간/일 이하	벼, 옥수수, 조, 콩, 참깨, 들깨, 코스모스, 국화, 나팔꽃, 목화 등
중성식물	크게 영향을 받지 않음	토마토, 옥수수, 오이 등

5 유전자형이 AaBbCc와 AabbCc인 양친을 교잡하였을 때 자손의 표현형이 aBC로 나타날 확률은? (단, 각 유전자는 완전 독립유전하며, 대립유전자 A, B, C는 대립유전자 a, b, c에 대해 각각 완전우성이다)

① 3/32 ② 9/32
③ 3/64 ④ 9/64

6 보리의 도복 방지 대책에 대한 설명으로 옳지 않은 것은?

① 질소의 웃거름은 절간신장 개시기 전에 주는 것이 도복을 경감시킨다.
② 파종은 약간 깊게 해야 중경이 발생하여 밑동을 잘 지탱하므로 도복에 강해진다.
③ 협폭파재배나 세조파재배 등으로 뿌림골을 잘게 하면 수광이 좋아져서 도복이 경감된다.
④ 인산, 칼리, 석회는 줄기의 충실도를 증대시키고 뿌리의 발달을 조장하여 도복을 경감시키므로 충분히 주어야 한다.

7 맥류의 파성에 대한 설명으로 옳지 않은 것은?

① 추파성이 낮고 춘파성이 높을수록 출수가 빨라지는 경향이 있다.
② 추파성은 영양생장만을 지속시키고 생식생장으로의 이행을 억제하며 내동성을 증대시키는 것으로 알려져 있다.
③ 추파형 품종을 가을에 파종할 때에는 월동 중의 저온단일 조건에 의하여 추파성이 자연적으로 소거된다.
④ 맥류에서 완전히 춘화된 식물은 고온·장일 조건에 의하여 출수가 빨라지며, 춘화된 후에는 출수반응이 추파성보다 춘파성과 관계가 크다.

ANSWER 5.① 6.① 7.④

5 각각의 유전자에서 a, B, C가 표현형으로 나타날 확률을 곱해서 구한다.
- Aa × Aa = AA, Aa, Aa, aa → a가 나타날 확률 1/4
- Bb × bb = Bb, Bb, bb, bb → B가 나타날 확률 1/2
- Cc × Cc = CC, Cc, Cc, cc → C가 나타날 확률 3/4

따라서 유전자형이 AaBbCc와 AabbCc인 양친을 교잡하였을 때, 자손의 표현형이 aBC로 나타날 확률은 $\frac{1}{4} \times \frac{1}{2} \times \frac{3}{4} = \frac{3}{32}$ 이다.

6 ① 질소의 웃거름은 절간신장 개시기 후에 주는 것이 도복을 경감시킨다.

7 추파성은 가을에 씨앗을 뿌려 겨울의 저온기간을 지나야만 개화·결실하는 식물의 성질이다. 춘파성은 추파성과 반대되는 의미로 꽃눈을 형성하기 위해서 겨울의 저온을 필요로 하지 않는 성질을 말한다.
④ 맥류에서 완전히 춘화된 식물은 추파성·춘파성과 관계 없이 고온·장일 조건에 의하여 출수가 빨라진다.

8 잡곡류의 특성에 대한 설명으로 옳은 것은?

① 옥수수의 암이삭 수염은 중앙 하부로부터 추출되기 시작하여 상하로 이행되는데 선단부분이 가장 빠르다.
② 율무는 토양에 대한 적응성이 넓어서 논밭을 가리지 않고 재배할 수 있으며 강알칼리성 토양에도 강하다.
③ 수수는 잔뿌리의 발달이 좋고 심근성이며 요수량이 적고 기동세포가 발달했다.
④ 메밀은 밤낮의 기온 차가 작은 것이 임실에 좋고, 서늘한 기후가 알맞으며 산간 개간지에서 많이 재배된다.

9 간척지 벼 기계이앙재배에 대한 설명으로 옳지 않은 것은?

① 간척지 토양은 정지 후 토양입자가 잘 가라앉지 않으므로 로터리 후 3 ~ 5일에 이앙하는 것이 좋다.
② 간척지에서는 분얼이 억제되므로 보통답에서 보다 재식밀도를 높여주는 것이 좋다.
③ 간척지에서는 환수에 따른 비료 유실량이 많으므로 보통재배보다 증비하고 여러 차례 분시하는 것이 좋다.
④ 간척지 토양은 알칼리성이므로 질소비료는 유안을 사용하는 것이 좋다.

10 수수의 재배환경에 대한 설명으로 옳지 않은 것은?

① 강산성 토양에 강하며 침수지에 대한 적응성이 높은 편이다.
② 배수가 잘되고 비옥하며 석회함량이 많은 사양토부터 식양토까지가 알맞다.
③ 옥수수보다 저온에 대한 적응력이 낮지만 고온에 잘 견뎌 40~43℃에서도 수정이 가능하다.
④ 고온 · 다조한 지역에서 재배하기에 알맞고 내건성이 특히 강하다.

ANSWER 8.③ 9.① 10.①

8 ① 옥수수의 암이삭 수염은 중앙 하부로부터 추출되기 시작하여 상하로 이행되는데 선단 부분이 가장 느리다.
② 율무는 토양에 대한 적응성이 넓어서 논 · 밭을 가리지 않고 재배할 수 있으며 강산성 토양에도 강하다.
④ 메밀은 밤낮의 기온 차가 큰 것이 임실에 좋고, 서늘한 기후가 알맞으며 산간 개간지에서 많이 재배된다.

9 ① 간척지 토양은 정지 후 토양입자가 잘 가라앉으므로 로터리와 동시에 이앙하는 것이 좋다. 그렇지 않으면 가라앉은 토양입자가 굳어지면서 이앙 시 뜸모와 결주가 많아진다.

10 ① 수수는 강알칼리성 토양에 강하며 침수지에 대한 적응성이 높은 편이다.

11 식물이 자라는 데 필요한 필수 원소 중 미량 원소에 해당하는 것만을 모두 고른 것은?

㉠ 망간	㉡ 염소
㉢ 아연	㉣ 철

① ㉠, ㉡ ② ㉡, ㉢

③ ㉡, ㉢, ㉣ ④ ㉠, ㉡, ㉢, ㉣

12 벼의 냉해에 대한 설명으로 옳지 않은 것은?

① 지연형 냉해가 오면 출수 및 등숙이 지연되어 등숙불량을 초래한다.

② 장해형 냉해가 오면 수분과 수정 장해가 발생함으로써 불임률이 높아 수량이 감소한다.

③ 출수기가 냉해에 가장 민감하며, 출수기에 냉해를 입으면 감수분열이 제대로 이루어지지 않는다.

④ 냉해가 염려될 때는 질소시용량을 줄이며 장해형 냉해가 우려되면 이삭거름을 주지 말고 지연형 냉해가 예상되면 알거름을 생략한다.

13 신품종의 등록과 종자갱신에 대한 설명으로 옳지 않은 것은?

① 「종자산업법」에 의하여 '육성자의 권리'를 20년(과수와 임목은 25년)간 보장받는다.

② 신품종이 보호품종으로 되기 위해서는 구별성, 균일성 및 안전성의 3대 구비조건을 갖추어야 한다.

③ 우리나라에서 보리의 종자갱신 연한은 4년 1기이다.

④ 벼, 맥류, 옥수수 중 종자갱신에 의한 증수효과는 옥수수가 가장 높다.

ANSWER 11.④ 12.③ 13.②

11 필수 원소란 식물이 자라는 과정에서 반드시 필요한 원소로 현재 식물 필수 원소는 16종으로 9개의 다량 원소와 7개의 미량 원소로 구분된다.

㉠ **필수 다량 원소** : 탄소(C), 수소(H), 산소(O), 질소(N), 인(P), 칼륨(K), 칼슘(Ca), 마그네슘(Mg), 황(S)

㉡ **필수 미량 원소** : 철(Fe), 망가니즈(Mn), 구리(Cu), 아연(Zn), 붕소(B), 몰리브데넘(Mo), 염소(Cl)

12 ③ 수잉기가 냉해에 가장 민감하며, 수잉기에 냉해를 입으면 감수분열이 제대로 이루어지지 않는다.

13 ② 신품종이 보호품종으로 되기 위해서는 신규성, 구별성, 균일성, 안정성, 품종명칭의 5가지를 갖추어야 한다.
〈식물선품종 보호법 제16조(품종보호 여건)〉

14 벼의 분화 및 생태종의 특성에 대한 설명으로 옳지 않은 것은?

① Oryza속의 20여개 종 중에서 재배종은 O. sativa와 O. glaberrima뿐이다.
② 아시아벼의 생태종은 인디카, 온대자포니카, 열대자포니카로 분류된다.
③ 아시아 재배벼에는 메벼와 찰벼가 있으나, 아프리카 재배벼에는 찰벼가 없다.
④ 종자의 까락은 인디카와 온대자포니카에는 있으나 열대자포니카에는 있는 것과 없는 것이 모두 존재한다.

15 벼의 육묘에 대한 설명으로 옳은 것은?

① 성묘보다 중모 및 어린모로 갈수록 하위마디에서 분얼이 나와 줄기 수가 많아진다.
② 어린모를 재배할 경우 이모작지대에서는 조식적응성이 높은 중만생종을 선택해야 한다.
③ 상자육묘의 상토는 토양산도 6.5~7.5가 적절한데 이는 모마름병균의 발생을 억제하기 위함이다.
④ 물못자리는 초기생육이 왕성하므로 만식적응성이 높은 반면 밭못자리는 식상이 많고 만식적응성이 낮다.

ANSWER 14.④ 15.①

14 ④ 종자의 까락은 인디카에는 없으나 온대자포니카와 열대자포니카에는 있는 것과 없는 것이 모두 존재한다.

※ 아시아벼 생태종

구분	인디카	온대자포니카	열대자포니카
형태	가늘고 길쭉하다.	낟알이 짧고 둥글다.	
까락의 유무	無	재래종 有, 개량종 無	有 · 無 모두 존재
아밀로스 함량	23~32%	10~20%	20~25%
밥의 조직감	찰기 無	찰기 有(온대 > 열대)	
주요 소비국	동남아시아 등	한국, 일본, 중국 등	
생산량	쌀 생산량의 90%	쌀 생산량의 10% 이하	

15 ② 어린모를 재배할 경우 이모작지대에서는 만식적응성이 높은 조 · 중생종을 선택해야 한다.
③ 상자육모의 상토는 마름병균의 발생을 억제하기 위해 토양산도가 4.5~5.5인 것이 적절하다.
④ 물못자리와 밭못자리의 설명이 반대로 되었다. 밭못자리는 초기생육이 왕성하므로 만식적응성이 높은 반면 물못자리는 식상이 많고 만식적응성이 낮다.

16 콩의 재배 기후조건과 토양조건에 대한 설명으로 옳지 않은 것은?

① 성숙기에 고온 상태에 놓이면 종자의 지방함량은 증가하나 단백질 함량은 감소한다.
② 중성 또는 산성토양일수록 생육이 좋고 뿌리혹박테리아의 활력이 높아져 수확량이 증가한다.
③ 발아에 필요한 수분요구량이 크기 때문에 토양수분이 부족하면 발아율이 크게 떨어진다.
④ 토양 염분농도가 0.03% 이상이면 생육이 크게 위축된다.

17 두류의 재배환경에 대한 설명으로 옳은 것은?

① 팥은 서늘한 기후를 좋아하며 냉해에 대한 적응성이 강하여 고냉지에서 콩보다 재배상의 안정성이 높다.
② 강낭콩은 척박지에서 생육이 나쁘고 산성토양에 대한 적응성이 약하다.
③ 녹두는 다습한 환경에 잘 견디지만 건조에는 매우 약하며 척박지에 대한 적응성이 강하다.
④ 완두는 따뜻한 기후를 좋아하며 연작에 의한 기지현상이 적다.

18 벼의 생육과 기상환경에 대한 설명으로 옳지 않은 것은?

① 분얼 출현에는 기온보다 수온의 영향이 더 큰 경향이며, 일반적으로 적온에서 일교차가 클수록 분얼수가 증가한다.
② 개화의 최적온도는 30~35°C이며, 50°C 이상의 고온이나 15°C 이하의 저온에서는 개화가 어려워진다.
③ 광합성에 적합한 온도는 대략 20~33°C이며, 온도가 높아질수록 건물생산량이 많아진다.
④ 온대지방보다 열대지방에서 자라는 벼의 수량이 낮은 것은 등숙기의 고온 및 작은 일교차도 원인 중 하나이다.

ANSWER 16.② 17.② 18.③

16 ② 중성토양일수록 생육이 좋고 뿌리혹박테리아의 활력이 높아져 수확량이 증가한다. 산성토양은 생육이 나쁘고 뿌리혹박테리아의 활력도 낮아져 수확량이 감소한다.

17 ① 팥은 콩에 비해 따뜻한 기후를 좋아하며 냉해에 대한 적응성이 약하다. 따라서 고냉지에서 콩보다 재배상의 안정성이 낮다.
③ 녹두는 건조한 환경에 잘 견뎌 척박지에 대한 적응성이 강하지만, 다습에는 매우 약하다.
④ 완두는 서늘한 기후를 좋아하며 연작에 의한 기지현상이 크다.

18 ③ 벼의 광합성에 적합한 온도는 20~33℃이며, 20~21℃ 정도의 낮은 온도에서 건물생산량이 많아진다. 즉, 적합한 온도 내에서는 온도가 낮아질수록 건물생산량이 많다.

19 쌀의 기능성 및 영양 성분에 대한 설명으로 옳지 않은 것은?

① 유색미의 색소성분은 대개 페놀화합물과 안토시아닌이며, 안토시아닌 성분에는 주로 C3G와 P3G가 있다.
② 미강에 있는 토코트리에놀은 비타민 E 계열로 항암, 고지혈증 개선 등의 효과가 있다.
③ 쌀겨에는 이노시톨, 헥사포스페이트 형태의 피트산이 존재하며, 피트산은 비만방지와 당뇨예방에 효과가 있다.
④ 현미의 지방산 조성은 불포화지방산인 올레산과 리놀레산 등이 70% 이상이고, 포화지방산인 스테아르산 함량이 20% 정도이다.

20 서류에 대한 설명으로 옳지 않은 것은?

① 감자의 눈은 기부보다 정단부쪽에 많이 분포되어 있으며 싹이 틀 때 정단부의 중앙에 위치한 눈의 세력이 가장 왕성하다.
② 고구마의 큐어링은 수확 직후 대략 30~33℃, 90~95%의 상대습도에서 3~6일간 실시한다.
③ 감자의 꽃은 5장의 꽃잎이 갈래 또는 합쳐진 모양이며, 3개의 수술과 1개의 암술로 되어 있다.
④ 고구마 재배 시 질소는 주로 지상부의 생육과 관련이 있고, 칼리는 덩이뿌리의 비대에 작용한다.

ANSWER 19.④ 20.③

19 ④ 현미의 지방산 조성은 불포화지방산인 올레산(40%)과 리놀레산(36%) 등이 70% 이상이고, 포화지방산인 팔미트산 함량이 20% 정도이다.

20 ③ 감자의 꽃은 5장의 꽃잎이 갈래 또는 합쳐진 모양이며, 5개의 수술과 1개의 암술로 되어 있다.

2018. 5. 19. 제1회 지방직 9급 시행

1 토양미생물의 활동 중 작물에게 이로운 것이 아닌 것은?

① 유기물 분해 ② 유리질소 고정
③ 무기물(무기성분) 산화 ④ 탈질작용

2 다음 설명에 해당하는 유익원소는?

> 필수원소는 아니지만 화곡류에는 그 함량이 극히 많다. 표피세포에 축적되어 병에 대한 저항성을 높이고, 잎을 꼿꼿하게 세워 수광태세를 좋게 하며, 증산(蒸散)을 경감하여 한해(旱害)를 줄이는 효과가 있다.

① 규소(Si) ② 염소(Cl)
③ 아연(Zn) ④ 몰리브덴(Mo)

3 밀가루 반죽의 탄력성과 점착성을 유발하는 주요 성분은?

① 글루텐 ② 글로불린
③ 알부민 ④ 프로테아제

ANSWER 1.④ 2.① 3.①

1 ④ 탈질작용은 토양의 미생물 작용에 의해 질산염 및 아질산염 등이 아산화질소(N_2O), 산화 질소(NO) 또는 질소 기체(N_2)로 환원되어 대기 중으로 휘산하는 것으로, 작물의 질소원 확보에 큰 손실이 되어 유해하다.

2 규소(Si)의 표피세포 축적 효과
㉠ 표피조직의 세포막에 침전해서 규질화를 이루어 병에 대한 저항성을 높인다.
㉡ 잎을 꼿꼿하게 세워 수광태세를 좋게 한다.
㉢ 증산을 경감시켜 한해를 줄인다.
㉣ 줄기나 잎에 있는 인과 칼슘을 곡실로 원활하게 이전되도록 한다.
㉤ 망간의 엽내분포를 균일하게 한다.

3 밀가루에는 탄수화물이 70%, 단백질이 10% 가량 들어 있는데, 함유된 단백질 중 80% 정도를 글리아딘과 글루테닌이 차지한다. 글리아딘과 글루테닌은 각각 끈기와 탄력이라는 특성이 있는데 이 두 성분이 반죽을 치대는 과정에서 결합해 글루텐을 만들어 낸다.

4 다음 설명에 해당하는 옥수수의 종류는?

> 종실이 잘고 대부분이 각질로 되어 있으며 황적색인 것이 많다. 끝이 뾰족한 쌀알형(타원형)과 끝이 둥근 진주형(원형)으로 구별되며, 각질 부분이 많아 잘 튀겨지는 특성을 지니고 있어 간식으로 이용된다.

① 경립종　　② 마치종
③ 폭렬종　　④ 나종

5 피자식물의 화기 내 암술조직과 과실·종자 부분들 간의 관계를 연결한 것으로 옳지 않은 것은?

수정 전	수정 후
① 주피	자엽
② 난세포	배
③ 극핵	배유
④ 자방	과실

ANSWER 4.③ 5.①

4 제시된 내용은 옥수수 종류 중 각질 부분이 많아 잘 튀겨지는 특성을 지닌 폭렬종(爆裂種)에 대한 설명이다.

※ 옥수수의 품종별 특성

㉠ 마치종(馬齒種, dent corn) : 종자의 측면이 각질이지만 머리 부분이 연질이기 때문에 성숙됨에 따라 수축하여 말의 이 모양과 같아진다고 하여 마치종이라고 한다. 성숙기가 늦고 이삭이 굵어 수량이 많아 사료 및 공업용에 알맞다.

㉡ 경립종(硬粒種, flint corn) : 씨알 윗부분이 둥글고 대부분 각질이며 이삭과 씨알이 마치종보다 작고 수량이 떨어지나 맛이 좋아서 식용으로 주로 재배되어 왔다.

㉢ 감미종(甘味種, sweet corn) : 씨알 전체가 반투명인 각질로 되어 있고 여문 후에는 쭈글쭈글해진다. 조생이며 단맛이 강하고 연하여 식용 및 통조림용으로 이용된다.

㉣ 폭립종(爆粒種, pop corn) : 종실이 잘고 거의 각질로 되어 있으며 식용으로는 품질이 우수하지 못하지만 잘 튀겨지는 특성이 있어 팝콘으로 이용하기에 알맞다.

㉤ 연립종(軟粒種, soft corn) : 연질로서 각질은 배젖 주위에 극히 얇은 층이 있거나 전혀 없는 경우도 있다.

㉥ 연감종(軟甘種, starchy-sweet corn) : 연립종과 감미종의 중간성질을 가진 것으로 아메리카의 일부에서 재배된다.

㉦ 나종(糯種, waxy corn) : 납질종(蠟質種)이라고도 하며 씨알이 납질 모양으로 반투명에 가깝고 찰기가 있다. 흔히 찰옥수수라 하는 것이 나종에 해당한다.

㉧ 유부종(有浮種:pod corn) : 씨알 하나 하나가 모두 껍질에 싸여 있는 것으로 별로 재배되지 않는다.

5 ① 배주의 주피는 수정 후 종자의 껍질인 종피를 형성한다.

6 벼의 시비(施肥)에 대한 설명으로 옳지 않은 것은?

① 모내기 전에 밑거름을 주고 모내기 후 대략 12~14일 경에 새끼칠거름을 준다.
② 고품질의 쌀을 생산하는 것이 목적인 경우에는 알거름을 생략하는 것이 좋다.
③ 기상조건이 좋아서 동화작용이 왕성한 경우에는 웃거름을 늘리는 것이 증수에 도움이 된다.
④ 심경한 논에는 질소질, 인산질 및 칼리질 비료를 줄이는 것이 증수에 도움이 된다.

7 벼 품종에 대한 설명으로 옳지 않은 것은?

① 내비성 품종은 대체로 초장이 작고 잎이 직립하여 수광태세가 좋다.
② 자포니카 품종이 인디카 품종에 비해 탈립성이 강하다.
③ 조생종 품종이 만생종 품종보다 수발아성이 강한 경향을 보인다.
④ 직파적응성 품종은 내도복성과 저온발아력이 강한 특성이 요구된다.

8 벼의 직파재배에 대한 설명으로 옳지 않은 것은?

① 출아일수는 건답직파보다 담수직파가 길다.
② 잡초 발생은 건답직파보다 담수직파가 적다.
③ 일평균기온이 12℃ 이상일 때 파종하는 것이 좋다.
④ 파종작업은 담수직파보다 건답직파가 강우의 영향을 많이 받는다.

9 벼의 주요 병해 중 주로 해충에 의해 전염이 되는 것은?

① 도열병 ② 키다리병
③ 깨씨무늬병 ④ 줄무늬잎마름병

ANSWER 6.④ 7.② 8.① 9.④

6 ④ 심경한 논에는 질소질, 인산질 및 칼리질 비료를 20~30% 정도 늘려 시비하는 것이 증수에 도움이 된다.

7 ② 탈립성이란 작물에서 종실이 탈립되는 특성으로, 탈립성이 크면 수확 시 손실이 크고 적으면 탈립에 많은 노력이 필요하므로 작물의 성격에 맞게 적당해야 한다. 인디카 품종은 자포니카 품종에 비해 탈립성이 강하다.

8 ① 건답직파의 출아일수는 10~15일로 5~7일인 담수직파에 비해 출아일수가 길다.

9 ④ 줄무늬잎마름병은 애멸구가 병원균을 옮겨 생기는 바이러스성 병해로, 벼 이삭이 아예 나오지 않거나 잎이 말라 죽는다.
①②③ 병원체에 감염 또는 오염된 종자를 파종하여 발아된 식물에 발병이 되는 종자전염병이다.

10 다음 중 콩에 가장 적게 함유되어 있는 성분은?

① 당류　　② 전분
③ 지질　　④ 단백질

11 서류에 대한 설명으로 옳지 않은 것은?

① 고구마는 메꽃과 작물이고, 감자는 가지과 작물이다.
② 단위수량은 감자가 고구마보다 많다.
③ 고구마는 고온성 작물이고, 감자는 저온성 작물이다.
④ 큐어링 온도는 고구마가 감자보다 더 높다.

12 다음 중 무배유종자인 작물은?

① 콩　　② 벼
③ 옥수수　　④ 보리

13 토양 산성화의 원인에 해당하지 않는 것은?

① 비에 의한 염기성 양이온의 용탈
② 식물의 뿌리에서 배출되는 수소 이온
③ 토양 중 질소의 산화
④ 농용 석회의 시용

ANSWER 10.② 11.② 12.① 13.④

10 콩은 품종에 따라 조금씩 다르지만 두부를 만드는 데 쓰이는 노란콩을 기준으로 볼 때, 약 15~20%의 지질과 40%의 단백질, 35~40%의 탄수화물, 5%의 기타 무기질, 5% 정도의 섬유소, 그리고 수분 약 10%로 구성된다. 그러나 전분을 주성분으로 하는 다른 곡식에 비해 대두의 전분 함유량은 1%에 지나지 않는다.

11 ② 단위수량은 고구마가 감자보다 많다. 고구마는 고능률작물로 건물생산량이 많고 단위수량이 많다.

12 ① 콩, 팥, 완두 등 콩과 종자와 상추, 오이 등은 대표적인 무배유종자이다.
②③④ 벼, 옥수수, 보리, 밀 등 벼과 종자와 피마자 양파 등은 배유종자이다.

13 ④ 농용 석회를 사용하면 산성화된 토양을 중화시킬 수 있다. 산성 토양 개량에는 보통 분말탄산석회를 쓰며, 이 밖에 석회질소, 과인산석회, 규산석회도 효과적이다.

14 벼의 수량구성요소에 대한 설명으로 옳지 않은 것은?

① 등숙률은 100%를 넘을 수 없다.
② 단위면적당 수수가 많아지면 1수영화수는 적어지기 쉽다.
③ 1수영화수가 많아지면 등숙률이 낮아지는 경향이 있다.
④ 이삭수는 출수기에 가장 큰 영향을 받는다.

15 추파성이 강한 보리를 늦봄에 파종할 경우 예상되는 현상은?

① 수발아 현상이 나타난다.
② 출수되지 않는다.
③ 천립중이 커진다.
④ 종자가 자발적 휴면을 한다.

16 메밀에 대한 설명으로 옳은 것만을 모두 고르면?

> ㉠ 장주화와 단주화가 거의 반반씩 섞여 있는 이형예 현상을 나타낸다.
> ㉡ 종실의 주성분은 루틴이다.
> ㉢ 대파작물, 경관식물 및 밀원식물로도 이용된다.
> ㉣ 종실 중에 영양성분이 균일하게 분포하여 제분 시에 영양분 손실이 적다.

① ㉠, ㉡
② ㉡, ㉢
③ ㉡, ㉣
④ ㉠, ㉢, ㉣

ANSWER 14.④ 15.② 16.④

14 ④ 이삭수는 모내기 후 분얼을 시작하여 최고 분얼기까지의 기간인 분얼성기에 가장 큰 영향을 받는다.

15 추파성은 가을에 씨앗을 뿌려 겨울의 저온기간을 지나야만 개화·결실하는 성질이다. 추파성이 강한 보리를 늦봄에 파종할 경우, 저온·단일 조건이 충족되지 않아 추파성이 소거되지 않으므로 영양생장만을 지속하여 경엽만 무성하게 자라다가 출수하지 못하는 좌지현상을 일으킨다.

16 ㉡ 메밀의 주성분은 전분이다.

17 볍씨의 발아에 영향을 미치는 요인에 대한 설명으로 옳은 것은?

① 같은 품종인 경우, 종실의 비중이 작은 것이 발아력이 강하다.
② 수분흡수 과정 중 생장기에는 수분함량이 급속히 증가한다.
③ 발아 최저온도는 품종 간에 차이가 거의 없다.
④ 산소가 부족할 경우, 유근이 유아보다 먼저 발생하여 생장한다.

18 감자의 괴경형성에 유리한 환경조건은?

① 고온 – 장일
② 고온 – 단일
③ 저온 – 장일
④ 저온 – 단일

19 풍매수분을 주로 하는 작물로만 짝지은 것은?

① 메밀 – 호밀
② 메밀 – 보리
③ 옥수수 – 호밀
④ 옥수수 – 보리

20 자엽이 지상으로 출현하지 않는 두과작물로만 짝지은 것은?

① 콩 – 녹두
② 콩 – 동부
③ 팥 – 완두
④ 강낭콩 – 동부

ANSWER 17.② 18.④ 19.③ 20.③

17 ① 같은 품종인 경우, 종실의 비중이 큰 것이 발아력이 강하다.
③ 발아 최저온도는 품종 간에 차이가 크다.
④ 산소가 부족할 경우, 유아가 유근보다 먼저 발생하여 생장한다.

18 감자의 괴경형성 및 비대 조건은 저온 – 단일이다.

19 풍매수분이란 숫꽃가루가 바람에 날려서 암술머리에 앉아 암수가 수정하는 것으로, 옥수수나 호밀은 풍매수분에 의해 번식하는 풍매식물이다. 메밀과 보리는 자가수정을 하는 자식성식물이다.

20 팥, 완두, 잠두는 자엽이 지상으로 출현하지 않는 지하발아형 두과작물이다.

2018. 6. 23. 제2회 서울특별시 9급 시행

1 메밀의 특성으로 가장 옳은 것은?

① 여름 메밀은 생육기간이 길고 루틴(rutin) 함량이 적다.
② 가을 메밀은 감온형으로 남부지방에서 주로 재배한다.
③ 메밀 꽃은 1개의 암술과 8개의 수술로 구성되어 있으며 이형예현상이 일어난다.
④ 메밀은 혈압강하제로 쓰이는 루틴(rutin) 함량이 많으며, 루틴은 출수 후 35~45일 된 메밀 껍질에 다량 함유되어 있다.

2 밀가루의 품질에 대한 설명으로 가장 옳지 않은 것은?

① 회분 함량이 많으면 부질의 점성이 낮아지고 백도도 낮아진다.
② 경질 밀가루는 밀알이 단단하고 단백질 함량이 많은 강력분을 뜻한다.
③ 입질은 밀알의 물리적 구조로서 분상질부는 밀알의 횡단면의 맑고 반투명한 부위를 말한다.
④ 글루테닌(glutenin)과 글리아딘(gliadin)은 밀의 대표적불용성 단백질로 전체 종자 저장 단백질 중 80%를 차지한다.

ANSWER 1.③ 2.③

1 ③ 메밀꽃은 같은 품종이라도 암술이 길고 수술이 짧은 장주화(長柱花)와 암술이 짧고 수술이 긴 단주화가 거의 반반씩 생기는데 이것을 이형예현상이라고 한다.
① 봄에 재배해 여름에 수확하는 여름 메밀은 생육기간이 짧고 가을에 재배한 것보다 루틴의 함량이 높다.
② 가을 메밀은 감광형으로 남부지방에서 주로 재배한다. 여름 메밀이 감온형이다.
④ 메밀은 혈압강하제로 쓰이는 루틴 함량이 많으며, 루틴은 파종 후 35~45일 된 잎, 줄기, 뿌리, 꽃 등에 다량 함유되어 있다.

2 ③ 입질은 밀알의 물리적 구조로서 초자질부는 밀알의 횡단면의 맑고 반투명한 부위를 말한다. 초자질부는 세포가 치밀하고 단백질 함량이 높다.

3 〈보기〉 중 서늘한 재배 환경에 적합한 작물을 짝지은 것으로 가장 옳은 것은?

〈보기〉

㉠ 수수	㉡ 메밀
㉢ 호밀	㉣ 기장
㉤ 고구마	㉥ 팥
㉦ 보리	㉧ 감자

① ㉠, ㉡
② ㉢, ㉣
③ ㉤, ㉥
④ ㉦, ㉧

4 맥류에 대한 설명 중 가장 옳은 것은?

① 귀리는 일반적으로 내동성 및 내건성이 약하다.
② 트리티케일은 밀과 귀리를 교잡하여 얻은 속간잡종이다.
③ 호밀은 타가수정을 하는 작물이지만 자가임성 비율도 높다.
④ 밀은 보리에 비해 도복에 약하다.

5 밭작물의 개화 특성에 대한 설명으로 가장 옳지 않은 것은?

① 콩은 고온조건에서 개화가 촉진된다.
② 녹두는 단일조건에 의하여 화아분화가 촉진된다.
③ 메밀은 13시간 이상의 장일조건에서 개화가 촉진된다.
④ 감자는 20℃ 이하에서 장일조건이 주어지면 개화가 유도된다.

ANSWER 3.④ 4.① 5.③

3 〈보기〉 중 보리와 감자는 서늘한 재배 환경에 적합한 저온성 작물이다. 보리의 생육적온은 15~25℃이고 생육최저온도는 3~4.5℃이며, 감자의 생육적온은 14~23℃이다.

4 ① 귀리는 내동성과 내건성이 약하지만 척박지와 산성토양에 적응성이 크다.
② 트리티케일(Triticosecale)은 1875년 스코틀랜드의 Stephen Wilson에 의해 인공적으로 처음 만들어진 작물로서, 밀을 모본으로 하고 호밀을 부본으로 하여 교잡한 다음 염색체를 배가시켜 만든 1년생 초본식물이다.
③ 호밀은 자가불화합성 작물로 타가수정을 원칙으로 한다.
④ 밀은 보리에 비해 도복에 강하다.

5 ③ 메밀은 12시간 이하의 단일조건에서 개화가 촉진되고, 13시간 이상의 장일조건에서는 개화가 지연된다.

6 고구마에 대한 설명으로 가장 옳은 것은?

① 고구마는 AA, BB 및 DD 게놈으로 구성되어 있다.
② 상품가치가 있는 일정 크기 이상의 덩이뿌리를 상저라고 한다.
③ 직파재배 시 씨고구마가 썩지 않고 비대해진 것을 만근저라고 한다.
④ 씨고구마의 새로운 싹의 지하 마디에서 생긴 고구마를 친근저라고 한다.

7 벼의 수량 및 수량구성요소에 대한 설명으로 가장 옳지 않은 것은?

① 1립중은 종실 1,000개의 무게를 3회 세어 평균으로 구한다.
② 등숙비율은 이삭에서 정상적으로 결실한 영화수의 비율을 말한다.
③ 수확지수는 전체 건물중에 대한 종실수량의 비율로 나타낼 수 있다.
④ 수량에 가장 강한 영향력을 미치는 구성요소는 1수영화 수이다.

8 논토양 환경의 특성에 대한 설명으로 가장 옳은 것은?

① 논토양의 노후화는 벼의 추락(秋落)의 주요 원인이다.
② 논 담수토양에서는 질산태질소 시비의 효과가 높다.
③ 간척지토양은 강한 산성을 띠지만, 투수성 및 통기성은 좋다.
④ 습답에서는 천천히 분해되는 미숙 유기물의 시용이 좋다.

ANSWER 6.② 7.④ 8.①

6 ① 고구마는 BBBBBB 게놈으로 구성된 동질 6배체이다. 게놈 조성이 AABBDD인 이질 6배체는 보통계밀이다.
③④ 고구마 직파재배의 경우 파종한 씨고구마 자체가 비대한 친저(親藷), 씨고구마에서 발생한 뿌리가 비대한 친근저(親根藷), 이식재배의 경우처럼 마디에서 발생한 뿌리가 비대한 만근저(蔓根藷) 등이 생긴다.

7 ④ 벼의 수량 = 단위면적당 이삭수 × 이삭당 립수(1수영화수) × 등숙비율 × 1립중으로, 수량에 강한 영향력을 미치는 구성요소는 단위면적당 이삭수 > 1수영화수 > 등숙비율 > 1립중 순이다.

8 ② 논 담수토양에서는 표층의 물에 의하여 산소가 공급되기 때문에 산화층을 형성하며 여기서 암모늄태가 질산태로 산화된다. 산화된 질산태질소는 환원층으로 용탈되고 질산환원균에 의하여 아산화질소(N_2O) 또는 질소가스(N_2)가 되어 대기 중으로 방출(탈질작용)되므로 논 담수토양에는 질산태질소 시비의 효과가 낮다.
③ 염화나트륨 · 염화마그네슘 등을 다량 함유하는 해성충적물질에서 유래된 간척지 토양은 제염이 불충분한 경우 알칼리성을 띠며 투수성 및 통기성이 좋지 않다.
④ 습답에서는 빨리 분해되는 완숙 유기물의 시용이 좋다.

9 벼의 생육에 대한 설명으로 가장 옳지 않은 것은?

① 모의 5본엽 이후에는 C/N 비율이 높아져 모가 건강해진다.
② 적온에서 주 · 야간 온도교차가 클수록 분얼이 지연된다.
③ 논 담수 조건에서는 밭에서보다 뿌리의 신장이나 분지근 발생이 적다.
④ 결실기의 30℃ 내외의 고온은 일반적으로 벼의 성숙기간을 단축시킨다.

10 맥류의 습해대책으로 가장 옳지 않은 것은?

① 습한 논에서는 이랑을 세워서 파종한다.
② 객토와 유기질을 시용하여 토성을 개량한다.
③ 습해 시 천층시비와 엽면시비를 하지 않도록 한다.
④ 내습성이 약한 쌀보리보다 내습성이 강한 겉보리를 심는다.

11 호밀의 청예재배에 대한 내용으로 가장 옳은 것은?

① 청예재배를 목적으로 하면 전국적으로 답리작이 가능하다.
② 엔실리지(ensilage)로 이용할 때는 황숙기가 적기이다.
③ 청예사료로 이용할 경우 수잉기 때 예취하면 섬유질이 많아서 사료가치가 높다.
④ 호밀 녹비를 이앙 직전에 많은 양을 시용함으로써 벼의 활착을 돕는다.

ANSWER 9.② 10.③ 11.①

9 ② 적온에서 주 · 야간 온도교차가 클수록 분얼이 촉진된다.

10 ③ 맥류의 습해대책으로는 미숙 유기물, 황산근 비료 사용을 자제하고 뿌리가 표층에 분포하게 하기 위해 천층시비를 한다. 또한 습해로 황화현상이 발생하였을 때는 요소 2%액을 엽면시비해 줌으로써 생육을 회복시켜 수량 감소를 경감할수 있다.

11 ① 호밀은 봄호밀과 가을호밀이 있고, 가을호밀 중 남방계 호밀은 초봄의 생육이 왕성하여 이른 봄에 사초 생산을 기대할 수 있다. 특히 우리나라는 전국적으로 답리작 재배 이용이 가능하여 봄철 청예작물 공급원으로 중요한 작물이다.
② 엔실리지로 이용할 때는 출수기~개화기 사이가 적기이다.
③ 청예사료로 이용할 경우 수잉기 때 예취하면 섬유질이 많아서 사료가치가 낮다.
④ 호밀 녹비를 이앙 직전에 많은 양을 시용할 경우 땅속에서 썩을 때 환원장해를 일으켜 벼 뿌리가 썩게 만들어 활착을 어렵게 한다.

12 작물의 종자성분에 대한 설명으로 가장 옳은 것은?

① 옥수수 종자의 주성분은 단백질로서 농후사료가치가 높다.
② 귀리의 종자는 탄수화물보다 지질이 많아서 열량이 높다.
③ 율무 종자는 지질보다 단백질을 더 많이 함유하고 있다.
④ 호밀 종자에는 섬유질이 당질보다 많다.

13 종자 천립중이 가장 큰 작물은?

① 수수 ② 조
③ 기장 ④ 피

14 콩 해충인 노린재에 대한 내용으로 가장 옳은 것은?

① 성충이 줄기에 침을 찔러 넣어 수액을 빨아먹는다.
② 약제살포의 경우 성충시기보다 유충시기에 방제하는 것이 효과적이다.
③ 성충이 어린꼬투리에 알을 낳아서 수확 시 빈 깍지가 되거나 기형의 종자를 얻게 된다.
④ 직접적인 피해보다는 콩모자이크병을 옮겨서 발생하는 피해가 더 크다.

ANSWER 12.③ 13.① 14.②

12 ① 옥수수 종자의 주성분은 탄수화물로서 농후사료가치가 높다.
② 귀리의 종자는 탄수화물 > 단백질 > 식이섬유 > 지방 순으로 그 함량이 높다.
④ 호밀 종실의 영양성분은 대체로 단백질 10~15%, 지방 2~3%, 전분 55~65%, 회분 2%, 총 식이섬유 15~17% 등을 함유하고 있다.

13 수수는 종실이 조, 기장, 피보다 크며 천립중은 22.5~27.5g이다. 조의 천립중은 2.5~3.0g, 기장의 천립중은 4~5g이다.

14 노린재는 콩의 꼬투리가 달리는 시기부터 수확 시까지 지속적으로 식물체를 흡즙하여 콩의 수량을 60~90%까지 감소시키는 콩의 가장 중요한 해충이다. 약제살포의 경우 성충시기보다 유충시기에 방제하는 것이 효과적이며 활동시간대를 고려하여 오전 또는 해질 무렵에 방제하는 것이 좋다.

15 강낭콩에 대한 내용으로 가장 옳은 것은?

① 뿌리혹박테리아에 의한 질소고정을 하지 못한다.
② 다른 두류와 다르게 장명종자로서 3년째에도 발아율이 80% 유지된다.
③ 타식성작물로서 개화기의 고온 또는 저온에 의한 결협률이 높아진다.
④ 종실의 성분은 단백질보다 당질의 함량이 많다.

16 감자의 휴면과 발아에 대한 내용으로 가장 옳은 것은?

① 휴면을 소거하기 위해서 1-4℃의 저온 처리를 한다.
② 수확 후 괴경의 많은 수분으로 인하여 휴면기간이 길어진다.
③ 미숙한 감자도 눈 부분의 싹은 성숙되어 있어서 수확 후 싹이 틀 수 있다.
④ 휴면기간이 긴 품종은 상온에 보관 후 파종해도 되는 유리한 점이 있다.

17 환경조건에 따른 보리 뿌리의 발달에 대한 설명 중 가장 옳지 않은 것은?

① 종자와 관부 사이에 중경이 발생한다.
② 한랭지의 품종이 뿌리가 넓고 깊게 뻗는 경향이 있다.
③ 내한성이 강한 품종은 종자근 및 관근이 깊은 곳에서 형성된다.
④ 관근은 보리종자에서 나온 뿌리로 굵고 길게 발달하여 근계를 형성한다.

ANSWER 15.④ 16.④ 17.④

15 ① 콩과식물의 뿌리에서 공생하는 뿌리혹박테리아는 대기 중에 있는 질소 성분을 식물이 이용할 수 있는 형태로 흙 속에 고정한다. 강낭콩은 최대 17킬로그램의 질소를 고정할 수 있다.
② 강낭콩은 상명종자로서 2년째에는 발아율이 70~80% 유지되지만 3년 이상이 되면 거의 발아하지 않는다.
③ 콩과식물인 대두, 팥, 완두, 땅콩, 강낭콩 등은 자식성작물이다.

16 4℃ 정도로 저온 저장을 하면 휴면기간이 길어진다. 휴면 중인 덩이줄기를 18~25℃의 캄캄한 상태에서 저장하면, 휴면타파가 빨라진다. 괴경의 수분은 발아를 촉진한다. 미성숙 감자는 발아가 되지 않는다.

17 ④ 관근은 근계중 줄기마디에 형성된 뿌리로 종자근보다 굵고 길게 발달하여 근계를 형성한다. 보리종자에서 나온 뿌리는 종자근이다.

18 벼 재배의 다원적 기능 중 가장 옳지 않은 것은?

① 홍수조절 및 지하수 저장
② 토양 유실 방지 및 대기정화
③ 수질정화 및 대기 냉각
④ 지구온난화 및 오존층 파괴 방지

19 벼의 형태와 구조적인 특성에 대한 설명 중 가장 옳지 않은 것은?

① 현미는 배, 배유, 종피로 구성되어 있다.
② 어린 식물체로 자랄 배는 유아, 배축 및 유근으로 되어 있다.
③ 파생통기조직은 수도가 밭벼보다, 같은 줄기 내에서는 상위절간일수록 잘 발달되어 있다.
④ 화기는 완전화로 수술 6개, 암술 1개로 되어 있고 수술의 꽃밥은 4개의 방으로 이루어져 있다.

20 땅콩에 대한 설명 중 가장 옳지 않은 것은?

① 땅콩은 단명종자로 수명이 1-2년 정도이다.
② 땅콩의 주성분은 지방이고 단백질 함량도 많다.
③ 자가수정을 원칙으로 하고, 꽃에는 10개의 수술이 있다.
④ 땅콩은 휴면기간을 가지는데 버지니아형이 스페니쉬형 보다 짧다.

ANSWER 18.④ 19.③ 20.④

18 벼 재배의 다원적 기능(환경보전기능)
㉠ 홍수를 조절하는 기능
㉡ 저수지를 함양하는 기능
㉢ 대기를 정화하는 기능
㉣ 토양의 유실을 방지하는 기능
㉤ 수질을 정화하는 기능

19 ③ 대유관속 사이의 유조직에는 파생통기조직이 발달되어 있다. 수도가 밭벼보다 발달되어 있고, 같은 줄기 내에서는 하위절간일수록 잘 발달되어 있다.

20 ④ 버지니아형은 대립종이고 스페니쉬형은 소립종이다. 휴면기간은 대체로 대립종이 소립종보다 더 길다.

2019. 4. 6. 국가직 9급 시행

1 옥수수에 대한 설명으로 옳지 않은 것은?

① 옥수수는 CO_2 보상점이 보리보다 낮다.
② 옥수수는 보리에 비하여 광포화점이 낮다.
③ 웅성불임성을 이용하여 F_1 종자를 생산한다.
④ 일반적으로 수이삭의 개화가 암이삭보다 빠르다.

2 다음 글에서 설명하는 해충방제 방법과 같은 범주에 속하는 것은?

> 왕담배나방의 유충은 수수의 등숙기에 알맹이를 갉아먹어 수량 감소 및 품질 저하의 원인이 되는 해충이다. 수수 이삭의 개화가 끝나고 등숙이 시작할 때 이삭 끝에서부터 밑부분까지 망을 씌우면 왕담배나방의 피해를 예방할 수 있다.

① 진딧벌을 방사하여 진딧물을 방제하였다.
② 훈증제를 처리하여 보리나방을 방제하였다.
③ 황색 끈끈이 트랩으로 꽃매미를 방제하였다.
④ 내충성 품종을 재배하여 멸구를 방제하였다.

ANSWER 1.② 2.③

1 ② 옥수수는 보리에 비하여 광포화점이 높다.

2 제시된 글은 방충망을 이용한 물리적 방제법에 대한 설명이다.
① 생물적 방제법
② 화학적 방제법
④ 경종적 방제법

3 잡곡에 대한 설명으로 옳은 것은?

① 옥수수, 수수, 기장은 모두 C_4식물이다.
② 옥수수, 조, 피는 모두 타가수정 작물이다.
③ 조는 심근성이고, 피와 기장은 천근성이다.
④ 기장은 내건성이 약하고, 수수는 내염성이 강하다.

4 고구마 저장에 대한 설명으로 옳은 것은?

① 수확한 직후 10~15일 정도 열을 발산시키는 예비저장을 한다.
② 저장 중에 발생하는 세균성 병해는 무름병, 검은무늬병이 있다.
③ 큐어링은 온도 12~18℃, 상대습도 90~95%에서 처리하는 것이 좋다.
④ 저장고의 온도 10~17℃, 상대습도 60% 이내로 조절하는 것이 좋다.

5 장류콩을 재식거리 50cm × 20cm로 1주 2립씩 파종할 때, 10a당 필요한 종자량[kg]은? (단, 장류콩의 백립중은 25g으로 계산한다)

① 5 ② 10
③ 15 ④ 25

ANSWER 3.① 4.① 5.①

3 ② 조와 피는 자가수정 작물이다. 타가수정 작물로는 옥수수 외에 율무, 메밀이 있다.
③ 조는 천근성이고, 피와 기장은 심근성이다.
④ 기장은 내건성이 강하고, 수수는 내염성이 강하다.

4 ② 저장 중에 발생하는 무름병과 검은무늬병은 곰팡이가 원인인 병해이다.
③ 큐어링은 온도 30~33℃, 상대습도 90~95%에서 처리하는 것이 좋다.
④ 저장고의 온도 10~17℃, 상대습도 85~90% 이내로 조절하는 것이 좋다.

5 50cm × 20cm로 1주 2립씩 파종한다고 하였으므로, 0.5m × 0.2m/1주 = 0.1㎡/1주
1a는 100㎡이므로 10a = 1,000㎡이고, 1,000㎡/10,000주인데 1주 2립씩 파종하므로 총 20,000주가 필요하다.
이때 백립중이 25g이므로 1립중은 0.25g이고, 따라서 20,000 × 0.25g = 5,000g = 5kg이다.

6 논토양의 토층분화에 대한 설명으로 옳은 것은?

① 산화층이 환원층보다 더 두텁게 형성된다.
② 논토양과 물이 맞닿은 부분은 환원층이다.
③ 환원층에는 호기성 미생물의 활동이 왕성하다.
④ 암모니아태 질소를 산화층에 시용하면 탈질이 발생한다.

7 보리의 파종에 대한 설명으로 옳지 않은 것은?

① 남부지방의 평야지는 10월 중순에서 하순이 파종 적기이다.
② 월동 전에 주간엽수가 5~7개 나올 수 있도록 파종기를 정한다.
③ 파종량을 적게 하면 이삭수는 증가하지만 천립중은 가벼워진다.
④ 파종 깊이가 3cm 정도일 때 제초제의 약해를 피하는데 적당하다.

8 맥류의 재배적 특성에 대한 설명으로 옳지 않은 것은?

① 보리는 산성토양에 강하고 쌀보리가 겉보리보다 더 잘 견딘다.
② 호밀을 논에 재배해서 녹비로 갈아 넣을 때 이앙 전에 되도록이면 빨리 시용하는 것이 좋다.
③ 귀리는 여름철 기후가 고온건조한 지대보다 다소 서늘한 곳에서 잘 적응한다.
④ 밀은 서늘한 기후를 좋아하고 연강수량이 750mm 전후인 지역에서 생산량이 많다.

ANSWER 6.④ 7.③ 8.①

6 ④ 암모니아태 질소를 산화층에 사용하면 질산으로 산화되고, 질산이 환원층으로 용탈되어 탈질이 발생한다.
① 물과 맞닿는 산화층보다 그 아래의 환원층이 더 두텁게 형성된다.
② 논토양과 물이 맞닿은 부분은 산화층이다.
③ 호기성 미생물은 공기 또는 산소가 존재하는 조건하에서 생육하는 미생물로 산화층에서 활동이 왕성하다.

7 ③ 파종량을 적게 하면 이삭수는 증가하고 천립중은 무거워진다.

8 ① 보리는 산성토양에 약하고, 그중 쌀보리가 겉보리보다 더 약하다.

9 땅콩에 대한 설명으로 옳은 것은?

① 자가수정을 하는 콩과 작물로서 우리나라와 중국이 원산지이다.
② 종실의 주성분은 지방질이고 종자수명이 4~5년 정도인 장명종자이다.
③ 결실기간 중 온도가 높을수록 종실의 지방함량이 감소하는 경향이 있다.
④ 햇볕이 내리쬐면 자방병의 신장이 억제되고 토양이 건조하면 빈 꼬투리 발생이 많아진다.

10 벼의 영양기관 생장에 대한 설명으로 옳지 않은 것은?

① 분얼은 주간의 경우 제2엽절 이후 불신장경 마디부위에서 출현한다.
② 조기재배는 분얼기에 저온으로 인해 보통기 재배보다 분얼수가 더 적어진다.
③ 벼의 엽면적에 크게 영향을 미치는 요인은 재식거리와 질소시용량이다.
④ 같은 양의 질소질 비료를 줄 때 분시 횟수가 많을수록 표면근이 많아진다.

11 논 10 a당 10kg의 질소를 시비할 경우, 요소비료의 실제 시비량[kg]은? (단, 요소비료의 질소 성분량은 46%이고, 소수점 이하는 반올림한다)

① 16 ② 22
③ 34 ④ 46

ANSWER 9.④ 10.② 11.②

9 ① 땅콩은 자가수정을 하는 콩과 작물로서 브라질이 원산지이다.
② 종실의 주성분은 지방질이고 종자수명이 1~2년 정도인 단명종자이다.
③ 결실기간 중 온도가 높을수록 종실의 지방함량이 증가하는 경향이 있다.

10 ② 조기재배는 분얼기에 저온으로 인해 보통기 재배보다 분얼수가 더 많아진다.

11 요소비료 시비량 $= \frac{\text{질소 시비량}}{\text{질소 함량}} = \frac{10}{0.46} = 21.73\cdots$

12 밭작물의 파종량을 결정할 때 고려사항이 아닌 것은?

① 종자 발아율
② 토양 비옥도
③ 재배방식
④ 출하기

13 벼의 생육 단계에서 (가) 시기의 물관리 효과로 옳지 않은 것은?

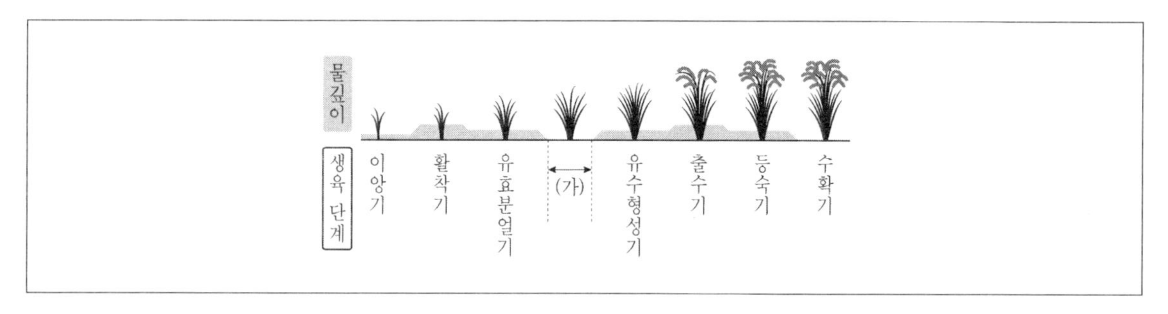

① 질소질 비료의 흡수를 촉진시켜 분얼수를 늘린다.
② 도복에 대한 저항력을 높여 수확작업을 용이하게 한다.
③ 논토양에 신선한 산소를 공급하여 유해물질을 배출시킨다.
④ 뿌리를 깊게 신장시켜 생육후기까지 양분흡수를 좋게 한다.

14 식량작물의 수확 적기에 대한 설명으로 옳지 않은 것은?

① 콩은 종자의 수분함량이 18 ~20% 정도일 때 수확한다.
② 메밀은 종실의 75~80% 정도가 검게 성숙했을 때 수확한다.
③ 보리는 출수 후 35~45일 정도일 때 수확한다.
④ 종실용 옥수수는 수분함량이 15% 정도일 때 수확한다.

ANSWER 12.④ 13.① 14.④

12 밭작물의 파종량을 결정할 때 고려해야 할 사항으로는 작물의 종류, 종자의 크기 및 종자 발아율, 토양 비옥도, 시비, 재배방식 등이 있다.

13 ① ㈎는 무효분얼기로 질소의 과잉 흡수를 방지하여 무효분얼수를 줄여야 한다.

14 ④ 종실용 옥수수는 수분함량이 30% 정도일 때 수확한다.

15 다음은 [자유게시판]에 올라온 질문이다. 이에 대한 답변으로 가장 적절한 것은?

자유게시판			
제목	논에서 재배하는 벼에 이상이 생겼어요.		
작성자	○○○	등록일	2018. △. △
질문 내용	안녕하세요. 올해 귀농한 새내기 농부입니다. 벼농사를 짓고 있는데 벼에 이상 증상이 나타나기 시작했습니다. 잎의 엽색이 담녹색을 띠며 가늘고 길게 자랍니다. 그러다가 도장현상까지 나타납니다. 벼의 키가 건전모의 약 2배에 달하고, 키가 커진 벼는 분얼이 적게 발생합니다. 이러한 증상을 막을 수 있는 방제 방법을 알고 싶습니다.		

① 발생 초기에 물을 깊게 대고 조식재배를 한다.
② 볍씨를 5℃ 이하의 물에 10분 담가 저온침법을 실시한다.
③ 진균성 병이며 종자를 소독하고 병든 식물체를 뽑아 제거한다.
④ 고온에서 육묘를 실시하고 질소질 비료를 충분히 시용한다.

16 감자의 휴면타파 방법에 대한 설명으로 옳지 않은 것은?

① 저장 중에 NAA나 2,4-D와 같은 약제를 처리한다.
② 저온 저장 후 보온이 유지되는 시설에서 햇볕을 쪼여준다.
③ 온도가 10~30℃ 사이에서는 온도가 높을수록 빨리 타파된다.
④ 저장고의 산소와 이산화탄소 농도를 4% 내외로 조절하고 온도를 10℃ 정도로 유지시킨다.

ANSWER 15.③ 16.①

15 해당 논에 발생한 것은 키다리병으로 곰팡이에 의해 발병한다. 감염되지 않은 종자를 사용하는 것이 최상의 방제이며, 직접 채종한 볍씨를 사용할 경우 염수선하여 우량종자를 선택하고, 온수나 등록된 약제를 통해 종자 소독을 실시한다. 파종 후 못자리나 본논 초기에 병증을 보이는 개체는 즉시 제거한다.

16 ① 수확 전 NAA나 2,4-D와 같은 약제를 처리하면 휴면이 연장된다.

17 팥의 재배환경에 대한 설명으로 옳지 않은 것은?

① 콩보다 토양수분이 적어도 발아할 수 있지만 과습과 염분에 대한 저항성은 콩보다 약하다.
② 생육기간 중에 건조할 경우에는 초장이 길어지며 임실이 불량해지고 잘록병이 발생하기 쉽다.
③ 생육기간 중에는 고온, 적습조건이 필요하며 결실기에는 약간 서늘하고 일조가 좋아야 한다.
④ 토양은 배수가 잘되고 보수력이 좋으며 부식과 석회 등이 풍부한 식토 내지 양토가 알맞다.

18 벼의 생육 및 환경에 대한 설명으로 옳지 않은 것은?

① 규소는 수광태세를 좋게 하고 병해충의 침입을 막는다.
② 산소가 부족한 물속에서 발아할 때는 초엽이 길게 자란다.
③ 개체군 광합성량이 가장 높은 시기는 유효분얼기이다.
④ 냉해와 건조해에 가장 민감한 시기는 감수분열기이다.

19 쌀과 밀의 단백질에 대한 설명으로 옳지 않은 것은?

① 쌀 단백질의 소화흡수율은 밀보다 높다.
② 쌀의 단백질함량은 7% 정도로 밀보다 낮다.
③ 단백질의 영양가를 나타내는 아미노산가는 쌀이 밀보다 높다.
④ 쌀의 글루텔린에는 필수아미노산인 리신(lysine)이 밀보다 낮다.

ANSWER 17.② 18.③ 19.④

17 ② 팥은 생육기간 중에 건조할 경우에는 초장이 짧아지며 임실이 불량해지고 오갈병이 발생하기 쉽다. 잘록병은 과습할 경우 발생한다.

18 ③ 유효분얼기는 개체 광합성량이 가장 높은 시기이다. 개체군 광합성량은 이삭 생길 때(유수분화기) 가장 높다.

19 ④ 쌀의 글루텔린에는 필수아미노산인 리신(lysine)이 100g당 220mg으로 140mg인 밀보다 높다.

20 벼의 유수분화기에 해당되는 지표로 옳은 것으로만 묶은 것은?

> ㉠ 출수 전 30~32일 경
> ㉡ 엽령지수는 76~78 정도
> ㉢ 지엽이 나오는 시기
> ㉣ 엽이간장은 10cm 정도
> ㉤ 유수의 길이는 0.5cm 정도

① ㉠, ㉡
② ㉡, ㉣
③ ㉢, ㉤
④ ㉣, ㉤

ANSWER 20.①

20 ㉢ 지엽추출기는 영화분화 후기부터 화분모세포 형성기이다.
㉣ 엽이간장이 10cm 정도일 때는 감수분열 종기이다.
㉤ 유수분화기의 유수의 길이는 0.02cm 정도이다.
※ 엽이간장에 의한 유수발육 진단

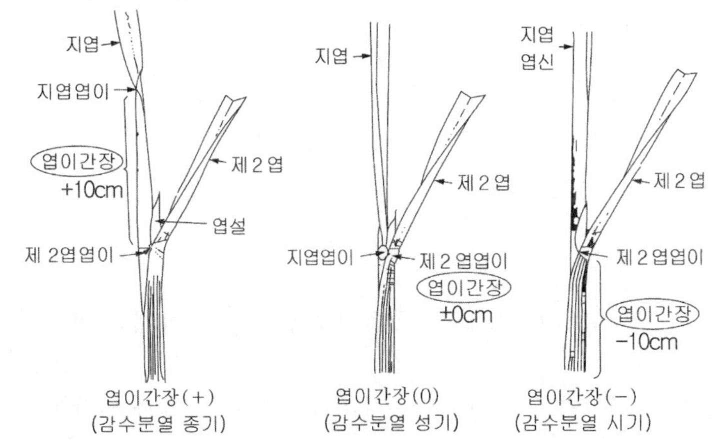

2019. 6. 15. 제1회 지방직 9급 시행

1 다음에서 설명하는 육종법을 위한 배양기술은?

> • 육종연한을 단축시킬 수 있다.
> • 화성벼, 화영벼, 화청벼 등이 육성되었다.
> • 열성유전자를 가진 개체를 선발하기에 용이하다.

① 배배양　② 화경배양
③ 화분배양　④ 생장점배양

2 야생벼와 비교할 때 재배벼에서 나타나는 특성으로 옳은 것은?

① 탈립성이 크다.
② 내비성이 강하다.
③ 암술머리가 크다.
④ 휴면성이 강하다.

ANSWER 1.③ 2.②

1 화성벼는 화분배양으로 육성된 최초의 품종으로, 화성벼 외에 화영벼, 화청벼, 화진벼, 화남벼 등이 화분배양으로 육성된다. 화분배양은 반수체 육종으로 반수체에는 상동염색체가 1개뿐이어서 열성유전자를 가진 개체를 선발하기에 용이하다.

2 ① 재배벼는 야생벼에 비해 탈립성이 작다.
③ 재배벼는 야생벼에 비해 암술머리가 작다.
④ 재배벼는 야생벼에 비해 휴면성이 없거나 약하다.

3 벼 재배 시 백수현상이 나타나는 조건이 아닌 것은?

① 출수개화기의 풍해
② 이삭도열병의 만연
③ 벼물바구미의 가해
④ 이화명나방의 2화기 피해

4 엽면시비에서 비료의 흡수촉진조건으로 옳지 않은 것은?

① 잎의 이면보다 표면에 살포되도록 한다.
② 비료액의 pH를 약산성으로 조제하여 살포한다.
③ 피해가 발생하지 않는 한 높은 농도로 살포한다.
④ 가지나 줄기의 정부에 가까운 쪽으로 살포한다.

5 우리나라에서 신품종의 보호, 증식 및 보급에 대한 설명으로 옳은 것은?

① 식성 작물의 종자증식 체계는 원종→원원종→기본식물→보급종의 단계를 거친다.
② 식성인 벼의 종자갱신은 3년 1기로 되어 있으며 증수효과는 16% 정도이다.
③ 종의 특성 유지를 위해 다른 옥수수밭과는 2~5 m의 이격거리를 두는 것이 안전하다.
④ 종보호요건은 신품종의 구비조건뿐만 아니라 신규성과 고유한 품종명칭을 갖추어야 한다.

ANSWER 3.③ 4.① 5.④

3 ① 출수개화기에 강풍을 만나면 이삭이 건조하여 백수현상이 나타난다.
② 이삭목이 도열병 침입을 받으면 침해 부위의 위쪽은 말라 죽거나 백수현상이 나타난다.
④ 이화명나방(rice stem borer, Chilo suppressalis WALKER)의 2화기 피해를 입으면 줄기가 갈색으로 말라죽고 이삭은 백수현상이 나타난다.

4 ① 잎의 표면보다 이면에 살포되도록 한다. 이면의 흡수율은 표면의 흡수율보다 2~5배 정도 크다.

5 ① 자식성 작물의 종자증식 체계는 기본식물→원원종→원종→보급종의 단계를 거친다.
② 자식성인 벼의 종자갱신은 4년 1기로 되어 있으며 증수효과는 6% 정도이다.
③ 품종의 특성 유지를 위하여 다른 옥수수밭과는 400m 이상 이격거리를 두는 것이 안전하다.

6 벼의 직파재배에 대한 설명으로 옳지 않은 것은?

① 마른논줄뿌림재배는 탈질현상이 발생하고 물을 댈 때 비료의 유실이 많다.
② 요철골직파재배는 다른 직파재배보다 생력효과가 크고 잡초발생이 적다.
③ 무논표면뿌림재배는 이삭수 확보에 유리하나 이끼나 괴불의 발생이 많다.
④ 무논골뿌림재배는 입모는 균일하지만 통풍이 불량해 병해발생이 많다.

7 고위도 지대에서 재배하기에 적합한 벼 품종의 기상생태형은?

① 감광성이 크고 감온성이 작은 품종
② 감온성이 크고 감광성이 작은 품종
③ 감광성이 크고 기본영양생장성이 작은 품종
④ 기본영양생장성이 크고 감온성이 작은 품종

8 논토양의 종류별 특성에 대한 설명으로 옳지 않은 것은?

① 고논은 지온이 낮고 공기가 제대로 순환하지 않아 유기물의 분해가 늦다.
② 모래논은 양분보유력이 약하고 용탈이 심하므로 객토를 하여 개량한다.
③ 미숙논은 토양조직이 치밀하고 영양분이 적으며 투수성이 약한 논이다.
④ 우리나라의 60% 정도인 보통논에서 생산된 쌀의 밥맛이 가장 좋다.

ANSWER 6.④ 7.② 8.④

6 ④ 무논골뿌림재배는 입모가 균일하여 통풍이 좋고 병해발생이 적다.

7 북위 60~90°의 고위도 지대는 일반적으로 기온의 연교차가 크고, 1년이 밤이 긴 겨울과 낮이 긴 여름으로 나뉘며, 봄 · 가을이 짧은 것이 특징이다. 생육기간이 짧고 감광성에 비하여 감온성이 상대적으로 큰 조생종이 고위도 지대에서 재배하기 적합하다.

8 ④ 밥맛이 가장 좋은 쌀을 생산하는 보통논은 우리나라 논 전체의 1/3 정도이다.

9 담수직파에서 볍씨를 깊은 물속에 파종했을 때 발아에 대한 설명으로 옳은 것은?

① 중배축이 거의 자라지 않아 키가 작아진다.
② 중배축이 더 길어지고 가는 뿌리가 나온다.
③ 초엽은 더 길어지나 중배축은 변화가 없다.
④ 초엽이 거의 자라지 않아 생육이 나빠진다.

10 쌀알의 호분층에 함유되어 있는 기능성 성분에 대한 설명으로 옳은 것은?

① 과립상태로 존재하는 피트산은 황을 많이 포함하고 있는 항산화물질이다.
② 식이섬유가 2% 정도 포함되어 있어 변비와 대장암의 예방효과가 크다.
③ 유색미에 들어 있는 카테킨과 카테콜-타닌은 베타카로틴과 이노시톨이다.
④ 지용성 성분인 γ-오리자놀과 토코페롤은 콜레스테롤 저하작용이 있다.

11 고구마의 괴근 비대에 유리한 환경조건이 아닌 것은?

① 고온조건일 때
② 단일조건일 때
③ 일조량이 풍부할 때
④ 칼리성분이 많을 때

ANSWER 9.② 10.④ 11.①

9 담수직파에서 볍씨를 깊은 물속에 파종했을 때 중배축은 초엽을 지상으로 밀어 올리는 역할을 하기 위해 중배축이 더 길어진다. 깊은 물속은 논토양 중 산소가 적기 때문에 뿌리의 신장이나 분지근의 발생이 적고 가늘다.

10 ① 과립상태로 존재하는 피트산은 인을 많이 포함하고 있는 항산화물질이다.
② 식이섬유가 20% 정도 포함되어 있어 변비와 대장암의 예방효과가 크다.
③ 흑미 등 유색미에 들어 있는 카테킨과 카테콜-타닌은 페놀 화합물과 안토시아닌이다.

11 ① 괴근의 비대는 일교차가 클 때 유리하다.

12 콩에 대한 설명으로 옳지 않은 것은?

① 강우가 많은 우리나라 기후에 적응된 작물이므로 강산성토양에서도 잘 자란다.
② 종자에는 메티오닌이나 시스틴과 같은 황을 함유한 단백질이 육류에 비해 적다.
③ 생육일수는 온도와 일장에 따라 다른데 여름콩은 생육일수가 짧고 가을콩은 길다.
④ 발아 시에 필요한 흡수량은 풍건중의 1.2배 정도이며, 최적 토양수분량은 최대용수량의 70% 내외이다.

13 우리나라에서 두류의 재배와 생육특성에 대한 설명으로 옳지 않은 것은?

① 녹두는 조생종을 선택하면 고랭지나 고위도 지방에서도 재배할 수 있다.
② 강낭콩은 다른 두류에 비해 질소고정능력이 낮아 질소시용의 효과가 크다.
③ 팥은 단명종자이고 발아할 때 자엽이 지상에 나타나는 지상자엽형에 속한다.
④ 땅콩은 연작하면 기지현상이 심하기 때문에 1~2년 정도 윤작을 해야 한다.

14 옥수수의 생리생태에 대한 설명으로 옳지 않은 것은?

① 곡실용 옥수수는 곁가지의 발생이 많은 품종이 종실수량이 많아서 재배에 유리하다.
② 일반적으로 숫이삭의 출수 및 개화가 암이삭의 개화보다 앞서는 웅성선숙 작물이다.
③ 광합성의 초기산물이 탄소원자 4개를 갖는 C_4 식물로 온도가 높을 때 생육이 왕성하다.
④ 이산화탄소 이용효율이 높기 때문에 이산화탄소 농도가 낮아도 C_3 식물에 비해 광합성이 높게 유지된다.

ANSWER 12.① 13.③ 14.①

12 ① 콩의 생육에 가장 적절한 산도는 pH 6.5 내외로 중성토양이 적합하며, 강산성토양에서는 생육이 떨어진다.

13 ③ 팥은 장명종자이고 발아할 때 자엽이 지하에 나타나는 지하자엽형에 속한다.

14 ① 곡실용 옥수수는 곁가지의 발생이 적은 품종이 유리하다.

15 우리나라 맥류 포장에서 주로 발생하는 잡초로만 묶은 것은?

㉠ 가래	㉡ 광대나물
㉢ 괭이밥	㉣ 냉이
㉤ 둑새풀	㉥ 쇠털골

① ㉠, ㉡, ㉢, ㉤
② ㉠, ㉡, ㉣, ㉥
③ ㉡, ㉢, ㉣, ㉤
④ ㉢, ㉣, ㉤, ㉥

16 다음 중 요수량이 가장 적은 작물은?

① 감자
② 기장
③ 완두
④ 강낭콩

17 잡곡에 대한 설명으로 옳지 않은 것은?

① 메밀은 구황작물로 이용되어 왔던 쌍떡잎식물이다.
② 수수는 C_4 식물이며 내건성이 매우 강하다.
③ 조는 자가수정 작물이나 자연교잡률이 비교적 높다.
④ 기장의 단백질 함량은 5% 이하로 지질 함량보다 낮다.

ANSWER 15.③ 16.② 17.④

15 맥류는 밭작물이다. 가래와 쇠털골은 논잡초이다.

16 기장은 내건성이 강한 작물로 요수량은 300 내외로 가장 적다. 기장 < 감자 < 강낭콩 < 완두 순이다.

17 ④ 기장의 주성분은 당질로, 탄수화물 > 단백질 > 지방 순으로 많다.

18 맥류의 도복에 대한 설명으로 옳지 않은 것은?

① 광합성과 호흡을 모두 감소시켜 생육이 억제된다.
② 일반적으로 출수 후 40일경에 가장 많이 발생한다.
③ 뿌리의 뻗어가는 각도가 좁으면 도복에 약하다.
④ 잎에서 이삭으로의 양분전류가 감소된다.

19 맥류의 생리생태적 특성에 대한 설명으로 옳은 것은?

① 호밀은 맥류 중 내한성(耐寒性)이 커서 −25°C에서 월동이 가능하다.
② 겉보리의 종실은 영과로 외부의 충격에 의해 껍질과 쉽게 분리된다.
③ 맥류에서 춘파성이 클수록 더 낮은 온도를 거쳐야 출수할 수 있다.
④ 보리는 밀보다 심근성이어서 건조하고 메마른 토양에서도 잘 견딘다.

20 감자에 발생하는 병해에 대한 설명으로 옳지 않은 것은?

① 역병은 곰팡이병으로 잎과 괴경에 피해를 주며 감염 부위가 검게 변하면서 조직이 고사한다.
② 흑지병은 검은무늬썩음병이라고도 하며 토양 내 수분 함량이 낮고 온도가 높을 때 발생한다.
③ 더뎅이병은 세균성병으로 2기작 감자를 연작하는 제주도와 남부지방에서 피해가 더 심하다.
④ 절편부패병은 씨감자의 싹틔우기 시 온도가 높고 건조하거나 직사광선에 노출될 때 발생한다.

ANSWER 18.① 19.① 20.②

18 ① 도복이 되면 빛을 받는 잎의 면적이 감소하여 광합성이 감소하고, 줄기와 잎에 상처가 생겨 양분의 호흡소모가 증가하여 생육이 억제된다.

19 ② 겉보리는 씨방벽으로부터 유착 물질이 분비되어 바깥껍질과 안껍질이 과피에 단단하게 붙어 있어 외부의 충격으로 쉽게 분리되지 않는다.
③ 맥류에서 추파성이 클수록 더 낮은 온도를 거쳐야 출수할 수 있다.
④ 밀은 보리보다 심근성이어서 건조하고 메마른 토양에서도 잘 견딘다.

20 ② 흑지병은 토양 내 수분함량이 높고 온도가 낮을 때 산성토양에서 많이 발생한다.

2019. 6. 15. 제2회 서울특별시 9급 시행

1 벼의 무기양분과 시비에 대한 설명으로 가장 옳지 않은 것은?

① 벼의 양분흡수는 유수형성기까지는 급증하나 이후 감소한다.
② 철과 망간은 담수환원 조건에서 가용성이 감소하며, 철은 칼륨· 망간과 길항작용을 한다.
③ 마그네슘은 유수발육기에 많은 양이 필요하며, 질소 · 인 · 황 등은 생육 초기부터 출수기까지 상당 부분 흡수된다.
④ 칼륨이 결핍되면 단백질 합성이 저해되고 호흡작용이 증대되어 건물생산이 감소된다.

2 보리의 이삭과 화기에 대한 설명으로 가장 옳지 않은 것은?

① 수축(rachis)에 종실이 직접 달린다.
② 꽃은 1쌍의 받침껍질에 싸여 있다.
③ 보리의 까락은 벼의 까락에 비하여 엽록소 함량이 적다.
④ 까락이 길수록 호흡량보다 광합성량이 많아진다.

ANSWER 1.② 2.③

1 ② 철과 망간은 담수환원 조건에서 가용성이 증가하며, 철은 칼륨 · 망간과 길항작용을 한다.

2 ③ 보리의 까락은 벼의 까락에 비하여 엽록소 함량이 많아서 광합성량이 많다.

3 〈보기〉에 해당되는 밀의 수형은?

> 〈보기〉
> 이삭의 기부에는 소수가 성기게 착생하여 가늘고, 상부에는 배게 착생하여 굵으므로 이삭 끝이 뭉툭하다.

① 곤봉형
② 봉형
③ 방추형
④ 추형

4 벼의 광합성, 호흡 및 증산작용에 대한 설명으로 가장 옳지 않은 것은?

① 벼가 정상적인 광합성능력을 유지하려면 잎은 질소 2.0%, 인산 0.5%, 마그네슘 0.3%, 석회 0.5% 이상이 필요하다.
② 벼 재배 시 광도가 낮아지면 온도가 높은 쪽이 유리하고, 35℃ 이상의 고온에서는 오히려 광도가 낮은 쪽이 유리하다.
③ 벼 1개체당 호흡은 건물중 증가에 기인하여 대체로 출수기경에 최고가 된다.
④ 벼의 증산량이 많아지면 벼 수량도 일반적으로 증가하고, 증산작용은 주로 잎몸에서 일어난다.

ANSWER 3.① 4.①

3 밀의 수형
㉠ 곤봉형 : 이삭의 기부에는 소수가 성기게 착생하여 가늘고 상부에는 배게 착생하여 굵으므로 이삭 끝이 뭉툭하다.
㉡ 봉형 : 이삭이 기름지고 소수가 약간 성기게 고루 착생하여 이삭 상하부의 굵기가 거의 같으며, 수량이 많고 알이 고르며 굵직한 편이다.
㉢ 방추형 : 이삭이 길지 않고 가운데에 약간 큰 소수가 조밀하게 붙으며, 상하부에는 약간 작은 소수가 성기게 착생하여 이삭의 가운데가 굵고 상하부가 가늘다.
㉣ 추형 : 이삭의 기부에는 약간 큰 소수가 조밀하게 착생하고 상부에는 약간 작은 소수가 성기게 착생하여 이삭이 상부로 갈수록 가늘며, 밀알이 대체로 굵고 고르다.

4 ① 벼가 정상적인 광합성능력을 유지하려면 석회 2.0% 이상이 필요하다.

5 밀의 성분과 품질에 대한 설명으로 가장 옳은 것은?

① 경질밀은 연질밀에 비해 열량은 유사하나 단백질 함량이 낮다.
② 피틴산은 나트륨의 체내흡수를 줄여주는 효과가 있다.
③ 단백질 함량은 초자율이 낮을수록 많아진다.
④ 알부민(albumin), 글로불린(globulin)은 밀의 주요 단백질이다.

6 콩에 대한 설명으로 가장 옳은 것은?

① 윤작을 할 때, 콩은 전작물로 알맞다.
② 생육이 왕성하여 비료를 많이 필요로 하는 작물이다.
③ 콩은 단백질보다 지질의 함량이 높은 작물이다.
④ 원산지는 아메리카의 안데스산맥 지역이다.

7 옥수수 재배에서 애멸구 방제를 통해 피해를 줄일 수 있는 병은?

① 그을음무늬병
② 검은줄오갈병
③ 깨씨무늬병
④ 깜부기병

ANSWER 5.② 6.① 7.②

5 ① 경질밀은 연질밀에 비해 단백질 함량이 높다.
③ 단백질 함량은 초자율이 높을수록 많아진다.
④ 밀의 주요 단백질은 글루텐이다.

6 ② 생육이 왕성하여 비료를 많이 필요로 하지 않는 작물이다.
③ 콩은 지질보다 단백질의 함량이 높은 작물이다.
④ 원산지는 동북아시아로 중국이나 우리나라이다.

7 옥수수 검은줄오갈병은 애멸구에 의해 감염되는 바이러스병으로 애멸구 방제를 통해 피해를 줄일 수 있다.

8 옥수수 육종에 대한 설명으로 가장 옳지 않은 것은?

① 합성품종 육성의 후기과정은 방임수분품종 육성과 유사하다.
② 복교잡은 단교잡보다 F_1 종자생산량이 많다.
③ 종자회사에서 잡종강세를 이용하는 품종은 대부분 합성품종이다.
④ 방임수분품종육성은 형질개량효과가 미미하다.

9 벼의 육묘에 대한 설명으로 가장 옳은 것은?

① 성묘는 하위마디가 휴면을 하지 않아 발생하는 분얼수가 많다.
② 어린모는 내냉성이 작지만 분얼이 증가하고 이앙적기의 폭이 넓다.
③ 밭못자리에서 자란 모는 규산 흡수량이 적어 세포의 규질화가 충실하지 못하여 도열병에 약하다.
④ 상토 소요량은 중모 산파가 상자당 3L, 어린모 산파가 상자당 5L이다.

10 벼 재배 시 발생하는 기상재해와 그 대책에 대한 설명으로 가장 옳지 않은 것은?

① 한해(旱害) 대책으로 질소질 비료를 줄인다.
② 수해(水害) 대책으로 칼리질 비료와 규산질 비료를 증시한다.
③ 풍해(風害) 대책으로 밀식하고 질소 과용을 피한다.
④ 냉해(冷害) 대책으로 다소 밀식하고 규산질과 유기물 시용을 늘린다.

ANSWER 8.③ 9.③ 10.③

8 ③ 종자회사에서 잡종강세를 이용하는 품종은 대부분 1대교잡종품종이다.

9 ① 성묘(손이앙)는 하위절의 분얼눈이 휴면하여 하위절에서 분얼이 발생하지 않는다.
② 어린모는 이앙적기의 폭이 좁다.
④ 상토 소요량은 중모 산파가 상자당 5L, 어린모 산파가 상자당 3L이다.

10 ③ 밀식을 하면 도복의 위험이 크다. 따라서 풍해 대책으로 적절하지 않다.

11 팥에 대한 설명으로 가장 옳은 것은?

① 단명종자로 일반저장에서 발아력은 2년 이하이다.
② 개화를 위한 온도는 20~23℃가 좋다.
③ 결실일수는 100일 정도 소요된다.
④ 팥은 콩과 비교하여 감온성이 둔하다.

12 잡곡의 특성에 대한 설명으로 가장 옳지 않은 것은?

① 수수의 뿌리는 심근성으로서 흡비력과 내건성이 강하다.
② 메밀의 엽병은 아랫잎이 길며 위로 갈수록 점점 짧아 진다.
③ 율무의 전분은 찰성이며, 꽃은 암 · 수로 구별된다.
④ 기장의 경우 고온버널리제이션에 의하여 출수가 촉진되고, 토양적응성이 극히 강하며 저습지에 알맞다.

13 벼의 종자 보급체계에 있어 원원종을 생산하는 기관은?

① 도 농업기술원
② 국립식량과학원
③ 국립종자원
④ 도 원종장

ANSWER 11.④ 12.④ 13.①

11 ① 팥은 장명종자로 일반저장에서 발아력은 3~4년이다.
② 개화를 위한 온도는 26~28℃가 좋다.
③ 결실일수는 50~60일 정도 소요된다.

12 ④ 기장은 저습지가 아닌 건습지에 알맞다.

13 ① 도 농업기술원 – 원원종
② 국립식량과학원 – 기본식물
③ 국립종자원 – 보급종
④ 도 원종장 – 원종

14 밀의 수발아 현상에 대한 설명으로 가장 옳지 않은 것은?

① 백립종은 적립종에 비하여 수발아가 잘된다.
② 이삭껍질에 털이 많거나 초자질인 것이 수발아 위험이 적다.
③ 조숙성 품종을 재배하여 수발아를 회피하는 방법도 있다.
④ 응급대책으로 MH(maleic hydrazide)를 살포하면 억제효과가 있다.

15 벼 이삭 발육 시기에 나타나는 현상에 대한 설명으로 가장 옳은 것은?

① 출엽속도는 영양생장기에 비해 빨라진다.
② 유수분화는 출수 전 약 10일에 시작된다.
③ 난세포는 개화 다음날 생리적 수정 능력을 지닌다.
④ 꽃가루의 형태는 개화 전날에 완성된다.

16 고구마의 전분 함량 변이와 관련된 요인에 대한 설명으로 가장 옳지 않은 것은?

① 품종의 유전적 특성에 따른 전분 함량의 차이가 있다.
② 저장기간이 경과함에 따라 전분 함량이 낮아진다.
③ 질소질 비료를 많이 시용할 경우에는 전분 함량이 낮아진다.
④ 열대산은 전분 함량이 높고, 당분 함량이 낮다.

ANSWER 14.② 15.④ 16.④

14 ② 이삭껍질에 털이 많거나 초자질인 것이 수발아 위험이 크다.

15 ① 이삭 발육 시기에 출엽속도는 영양생장기에 비해 느려진다.
② 유수분화는 출수 전 약 30일에 시작된다.
③ 난세포는 개화 전날 생리적 수정 능력을 지닌다. 개화 후 수정 능력을 지닌다면 이삭이 잘 맺히지 않는다.

16 ④ 열대산은 전분 함량이 낮고, 당분 함량이 높다.

17 벼의 생육과 재배환경에 대한 설명으로 가장 옳지 않은 것은?

① 벼의 분얼성기까지는 기온보다 수온의 영향을 더 크게 받고, 등숙기에는 수온보다 기온의 영향을 더 크게 받는다.
② 벼의 생육적온보다 온도가 높으면 광도가 높을수록 오히려 광합성이 저하된다.
③ 건답은 생산력이 높으며 답전윤환재배가 가능하고, 유기물의 분해속도가 빨라 지력이 낮아지기 쉽다.
④ 습답은 건답보다 비옥도가 낮고, 질소흡수가 전기에 집중되어 수량과 식미가 떨어지기 쉽다.

18 호밀에 대한 설명으로 가장 옳지 않은 것은?

① 자가수정작물로 자가수정율이 90%이다.
② 1이삭에 50~60립의 종자가 달린다.
③ 채종 시 격리 거리를 300~500m로 한다.
④ 종실이 가늘고 길며 표면에 주름이 잡힌 것이 많다.

19 감자의 생리 및 생태에 대한 설명으로 가장 옳지 않은 것은?

① 휴면기간 단축은 일반적으로 저온보다 고온이 더 효과가 크다.
② 장일처리를 한 엽편보다 단일처리를 한 엽편이, 13℃에서 싹이 튼 것보다 18℃에서 싹이 튼 것이 GA(gibberellic acid) 함량이 언제나 높다.
③ 괴경의 전분 함량이 같더라도 전분립이 큰 것이 품질이 좋고, 형성된 괴경이 비대함에 따라 당분이 점차 감소 된다.
④ 감자에는 비타민 A가 적게 함유되어 있지만 비타민 C는 풍부히 함유되어 있다.

ANSWER 17.④ 18.① 19.②

17 ④ 습답은 유기물의 분해속도가 느려 질소흡수가 후기에 집중되어 수량과 식미가 떨어지기 쉽다.

18 ① 호밀은 타가수정 작물로 자가수정율이 매우 낮다.

19 ② GA 함량은 장일과 고온처리에서 증가한다.

20 〈보기〉에서 설명하는 불완전미에 해당하는 것은?

〈보기〉

쌀알 아랫부분에서 양분축적이 불량할 때 발생하는 쌀이다. 등숙기 고온 시 발생하는데, 전분집적이 가장 늦은 상부 지경에 많이 생긴다.

① 복백미
② 유백미
③ 배백미
④ 기백미

ANSWER 20.④

20 등숙이 완전히 이루어져 그 품종의 특성인 입형(粒形)을 잘 나타내고 있는 미립을 완전미라 한다. 완전미 이외의 입(粒) 중에서 모양, 크기, 색깔 등 어딘가 비정상적으로 발달된 것을 불완전미라고 한다.

① 복백미 : 입(粒)의 비대가 우수하고 폭이 넓은 입으로 자란 것에서 발생하기 쉬우며, 복측의 주변부 세포의 수층에 전분집적이 충실하지 않다. 전분립이 적고 드문드문 존재하며 전분립 사이의 세포원형질이 탈수과정에서 붕괴하여 아주 적은 양의 공기로 찬 공간이 많이 생기므로 난반사로 희게 보인다. 정상조건에서도 약 40%의 복백미가 생기는데 실용적으로는 완전미로 취급하여도 지장이 없다.

② 유백미 : 입표면은 백색 불투명하나 광택이 있다. 횡단면은 내부가 백색 투명하고 표층부가 투명화되어 있다. 등숙 초·중기에 양분집적이 불충분하다가 후기에 회복한 것, 등숙기의 저온 및 조기재배에서 고온인 경우에도 생기기 쉽다.

③ 배백미 : 입형은 대체로 완전하나 배부(背部)에 한하여 전분집적이 덜 되고 등숙후기에 백화(白化)되는 것으로 복백미에 비하여 출현빈도가 적다.

2019. 8. 17. 국가직 7급 시행

1 고구마의 재배 특성에 대한 설명으로 옳지 않은 것은?

① 토양통기와 수분유지 능력이 양호한 사양토나 양토가 재배에 적합하다.
② 순동화율을 증대시키려면 엽신 중의 질소농도를 4.0% 이상, 칼륨농도를 2.2% 이상 유지해야 한다.
③ 이식기 전후에는 상당한 강우가 있어야 활착과 생육이 좋다.
④ 씨고구마로부터 싹이 트는 데 가장 적합한 온도는 30~33°C 정도이다.

2 감자의 괴경형성 · 비대와 생장조절물질 간의 관계에 대한 설명으로 옳은 것은?

① 단일조건이라도 gibberellic acid(GA)를 처리하면 괴경형성이 촉진된다.
② abscisic acid(ABA)는 괴경형성을 억제하는 주요물질이다.
③ cytokinin을 처리하면 괴경형성이 촉진된다.
④ 고농도의 2,4-D와 naphthalene acetic acid(NAA)는 괴경형성을 억제한다.

3 땅콩의 생육특성에 대한 설명으로 옳지 않은 것은?

① 종실은 대체로 대립종에 비해 소립종의 휴면기간이 길다.
② 꼬투리는 수정 후에 자방병이 급속히 신장하여 땅속 3~5cm로 뻗어 들어간다.
③ 결실부위에 석회가 부족하면 빈 꼬투리가 많이 생긴다.
④ 토양수분은 최대용수량의 50~70%가 알맞다.

ANSWER 1.② 2.③ 3.①

1 ② 순동화율을 증대시키려면 엽신 중의 질소농도를 2.2% 이상, 칼륨농도를 4.0% 이상 유지해야 한다.

2 ① 단일조건이라도 gibberellic acid(GA)를 처리하면 괴경형성이 억제된다.
② abscisic acid(ABA)는 괴경형성을 촉진하는 주요물질이다.
④ 고농도의 2,4-D와 naphthalene acetic acid(NAA)는 괴경형성을 촉진한다.

3 ① 종실은 대체로 소립종에 비해 대립종의 휴면기간이 길다.

4 옥수수의 형태와 생육에 대한 설명으로 옳은 것만을 모두 고르면?

> ㉠ 벼 · 보리 등과 동일한 특징으로 엽설 및 엽이가 있다.
> ㉡ 발아 시 최대흡수량으로 마치종은 113 %, 감미종은 74 % 이다.
> ㉢ 자방에서 자란 수염은 암술대와 암술머리 역할을 하며 수염끝부분만 화분 포착 능력이 있다.
> ㉣ 수이삭의 2차지경이 분기하여 각 마디에 2개의 웅성소수가 착생한다.

① ㉠, ㉢
② ㉠, ㉣
③ ㉡, ㉢
④ ㉡, ㉣

5 벼의 수분과 수정에 대한 설명으로 옳은 것은?

① 암술머리에 부착된 꽃가루수가 적으면 화분관의 발아와 신장이 빨라진다.
② 꽃가루에서 방출된 2개의 정핵 중 1개는 난세포와 융합하여 3배체(3n)의 배유 원핵을 형성한다.
③ 꽃가루 발아의 최적온도는 25~30°C, 최저온도는 10~13°C, 최고온도는 40°C 정도이다.
④ 꽃가루 속에는 2개의 정핵과 1개의 영양핵이 있는데, 화분관이 신장하면 꽃가루의 내용물인 세포질은 화분관 속으로 이동한다.

6 벼의 환경 스트레스에 대한 설명으로 옳지 않은 것은?

① 영양생장기 때 저온은 초기생육을 지연시켜 분얼을 억제하여 단위면적당 이삭수를 감소시킨다.
② 가뭄에 의해 이앙이 지연되면 불시출수의 원인이 되며, 만생종일수록, 밀파할수록 피해가 심하다.
③ 침관수에 의한 수량 감소는 감수분열기~출수기에 영화의 퇴화 등으로 피해가 가장 크게 나타난다.
④ 풍해에 의한 주요 피해는 잎새가 손상되고 벼가 쓰러지며 백수(흰 이삭)와 변색립이 생긴다.

ANSWER 4.② 5.④ 6.②

4 ㉡ 발아 시 최대흡수량으로 마치종은 74%, 감미종은 113 % 이다.
㉢ 자방에서 자란 수염은 암술대와 암술머리 역할을 하며 수염 모든 부분에서 화분 포착 능력이 있다.

5 ① 암술머리에 부착된 꽃가루수가 적으면 화분관의 발아와 신장이 늦어진다.
② 꽃가루에서 방출된 2개의 정핵 중 1개는 극핵과 융합하여 3배체(3n)의 배유 원핵을 형성한다.
③ 꽃가루 발아의 최적온도는 30~35°C, 최저온도는 15°C, 최고온도는 50°C 정도이다.

6 ② 가뭄에 의해 이앙이 지연되면 불시출수가 아닌 불완전한 출수가 발생하지만 이는 가뭄이 원인이 아니다.

7 벼 재배에 따른 시비 방법으로 옳은 것은?

① 수해대책으로 질소와 규산질 비료를 증시하며, 칼리질 비료를 줄이고 균형시비를 한다.
② 장해형 냉해가 예상되면 알거름을, 지연형 냉해가 우려되면 이삭거름을 생략한다.
③ 가뭄으로 늦심기할 때 본답생육기간이 짧아지므로 질소질 비료는 기준시비보다 20~30% 늘린다.
④ 수중형 품종은 밑거름을 늘리고, 조기재배를 할 때에는 분시량을 늘리는 것이 좋다.

8 벼에서 흡수되는 무기영양성분에 대한 설명으로 옳지 않은 것은?

① 벼에서 칼륨은 출수기 이전보다 출수 후 등숙기에 상대적으로 흡수량이 증가하여 등숙에 크게 영향을 미친다.
② 칼슘은 벼의 유수형성기~등숙기에 광합성 산물의 작물체 내 전류를 원활하게 한다.
③ 벼의 질소 흡수가 과다하면, 다량의 암모니아는 결합해야 할 탄수화물의 부족을 야기하고, 도열병에도 취약해진다.
④ 벼에서 인산이 부족하면, 잎이 좁아지고 분얼이 적어지며, 호흡작용이나 광합성을 저하시킨다.

ANSWER 7.④ 8.①

7 ① 수해대책으로 칼리와 규산질 비료를 증시하며, 질소질 비료를 줄이고 균형시비를 한다.
② 장해형 냉해가 예상되면 이삭거름을, 지연형 냉해가 우려되면 알거름을 생략한다.
③ 가뭄으로 늦심기할 때 본답생육기간이 짧아지므로 질소질 비료는 기준시비보다 20~30% 줄인다.

8 ① 벼에서 칼륨은 주로 생육 초기부터 출수기까지 많이 흡수되며, 출수 후 등숙기에는 칼륨의 흡수량이 감소한다.

9 그림은 벼의 생육 과정에서 초장신장, 분얼증가, 수장신장의 곡선을 나타낸 것이다. 용수량이 가장 큰 생육 시기부터 가장 적은 생육 시기순으로 바르게 나열한 것은?

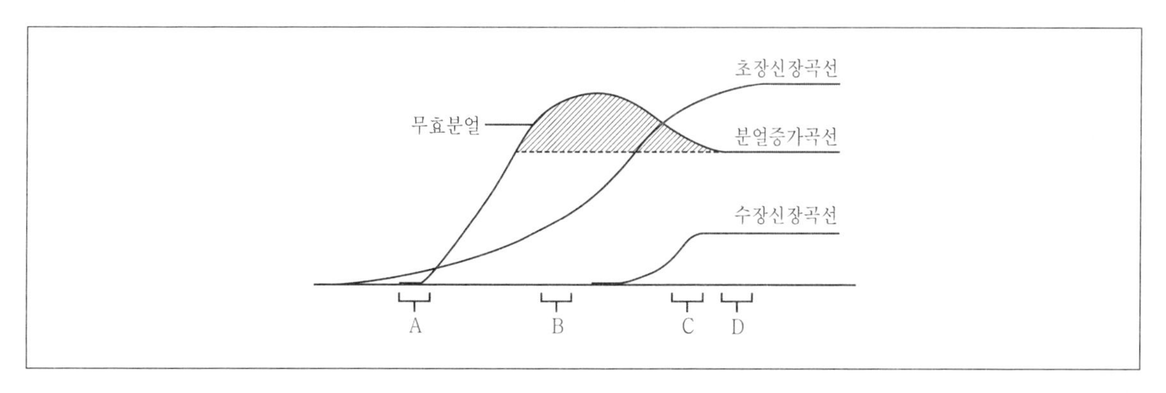

① A > C > B > D
② A > C > D > B
③ C > A > B > D
④ C > A > D > B

10 옥수수의 자식열세와 잡종강세에 대한 설명으로 옳지 않은 것은?

① 방임수분종 및 교잡종들을 자식하게 되면 후대에서 대(稈)의 길이나 암이삭이 작아지는 열세현상이 나타난다.
② 특정한 자식계통에 대해서만 높은 잡종강세를 나타내는 자식계통을 특수조합능력이 높다고 한다.
③ 1대잡종품종은 개체 간 유전적으로 차이가 많아 집단 내 개체들은 균일한 생육과 특성을 보이지 않는다.
④ 자식열세는 자식을 반복할 때 5~10세대에 이르면 열세현상이 정지하게 된다.

ANSWER 9.④ 10.③

9 A 이앙기, B 최고분얼기, C 감소분열기, D 유숙기로 용수량이 가장 큰 생육 시기부터 가장 적은 생육 시기순은 'C(감소분열기) > A(이앙기) > D(유숙기) > B(최고분얼기)'이다.

10 ③ 교배친을 일정하게 유지해서 1대잡종품종을 재배하면 균일한 생육과 특성을 보인다.

11 귀리에 대한 설명으로 옳지 않은 것은?

① 내건성(耐乾性)은 강하지만 내동성(耐凍性)이 약해서 냉습(冷濕)한 기후에서 재배하기 어렵다.
② 염색체수에 따라 2배종, 4배종, 6배종으로 구분하며, 2배종은 A. *strigosa*, 4배종은 A. *abyssinica*, 6배종은 A. *sativa*이다.
③ 주성분은 당질이고 단백질, 지질, 비타민 B와 같은 영양도 풍부하며 소화율도 높다.
④ 꽃은 복총상화서로서 한 이삭에 20~40개의 소수가 착생하고, 이삭의 수형은 산수형과 편수형으로 구분된다.

12 작물의 수확 후 관리에 대한 설명으로 옳지 않은 것은?

① 벼를 열풍 건조할 때 알맞은 건조온도는 60°C이다.
② 쌀의 수분함량을 17% 이상으로 건조하면 도정효율이 높고 식미가 좋다.
③ 감자는 수확 후 직사광선을 오랫동안 쬐면 녹변하고 식미가 불량해진다.
④ 백미는 외부 온도와 습도의 변화에 민감하게 반응하여 변질되기 쉽다.

13 벼의 광합성에 대한 설명으로 옳은 것은?

① 18~34°C의 온도범위 내에서 광합성량은 크게 증가하는데, 이는 온도가 높아질수록 진정광합성량의 증가 때문이다.
② 잎은 광합성을 수행하는 대표적인 싱크(sink) 기관이며, 엽면적지수는 생산량과 관련이 큰 지표이다.
③ 엽면적이 증가하면 광합성량과 호흡량이 직선적으로 증가하지만, 이들은 어느 한계에서는 더 이상 증가하지 않는다.
④ 광도가 낮아지면 온도가 높은 조건에서 광합성이 유리하나, 35°C 이상의 고온에서는 광도가 낮은 쪽이 유리하다.

ANSWER 11.① 12.① 13.④

11 ① 내건성(耐乾性)과 내동성(耐凍性)이 약하기 때문에 냉습한 기후에서는 귀리를 재배할 수 있다.

12 ① 벼를 열풍 건조할 때 알맞은 건조온도는 45°C이다.

13 ① 온도 상승에도 진정광합성량은 증가하지 않는다.
② 잎은 광합성을 수행하는 대표적인 소스(source) 기관이다.
③ 광합성량은 어느 한계에서는 더 이상 증가하지 않는다.

14 콩의 재배에 대한 설명으로 옳은 것은?

① 결실기의 고온은 결협률을 떨어뜨리고 지유함량을 감소시킨다.
② 응달에서 생육이 약하여 혼작 및 간작의 적응성이 낮다.
③ 최적토양함수량은 최대용수량의 70~90%이다.
④ 건조 적응성이 강해 발아에 필요한 요수량이 비교적 적은 편이다.

15 보리의 휴면과 발아에 대한 설명으로 옳은 것은?

① 대부분의 품종은 수확 후 100일 이상 경과해야 휴면이 타파된다.
② 쌀보리의 경우 대체로 종자가 작은 것이 출아력이 강하다.
③ 토양용수량이 30%의 건조 상태이면 보리의 발아가 밀보다 늦다.
④ 건조종자는 저온에서, 흡수종자는 고온에서 휴면이 일찍 끝난다.

16 밀의 후숙기간에 대한 설명으로 옳은 것은?

① 후숙기간이 긴 품종의 후숙을 빨리 완료시키려면, 1일간 고온에서 흡수시킨 후 상온에 16시간 처리하면 된다.
② 후숙이 끝나지 않은 종자는 저온에서 발아가 양호하지만, 후숙이 진전됨에 따라 발아 가능한 온도범위는 높아진다.
③ 후숙기간이 짧은 품종은 성숙기에 오래 비를 맞아도 수발아 현상이 나타나지 않는다.
④ 수발아 현상은 품종 특성에 따라 다르며 적립종은 백립종에 비해 수발아가 잘 된다.

ANSWER 14.③ 15.③ 16.②

14 ① 결실기의 고온은 결협률을 높이고 지유함량을 증가시킨다.
② 응달에서 생육이 강여 혼작 및 간작의 적응성이 높다.
④ 건조 적응성이 약해 발아에 필요한 요수량이 비교적 큰 편이다.

15 ① 대부분의 품종은 수확 후 60~90일이 경과해야 휴면이 타파된다.
② 쌀보리의 경우 대체로 종자가 큰 것이 출아력이 강하다.
④ 건조종자는 고온에서, 흡수종자는 저온에서 휴면이 일찍 끝난다.

16 ① 후숙기간이 긴 품종의 후숙을 빨리 완료시키려면, 1주일간 고온에서 흡수시킨 후 저온에 6시간 처리하면 된다.
③ 후숙기간이 짧은 품종은 성숙기에 오래 비를 맞으면 수발아 현상이 나타난다.
④ 수발아 현상은 품종 특성에 따라 다르며 백립종은 적립종에 비해 수발아가 잘 된다.

17 벼의 병해에 대한 설명으로 옳은 것만을 모두 고르면?

> ㉠ 도열병은 볍씨를 비롯하여 대부분의 기관을 침해하며, 분생포자 형태로 월동하여 1차 전염원이 된다.
> ㉡ 잎집무늬마름병은 월동한 균핵이 잎집에 부착하여 감염되며, 다비밀식인 다수확재배를 하면서 발생이 증가한다.
> ㉢ 깨씨무늬병은 분생포자의 공기전염에 의해 2차 전염되고, 주로 사질답 또는 노후화답인 추락답에서 발병한다.
> ㉣ 흰잎마름병은 월동한 세균에 의해 1차 전염되고, 지력이 높은 논 및 해안 풍수해 지대에서 급속히 발생한다.

① ㉠
② ㉠, ㉡
③ ㉠, ㉡, ㉢
④ ㉠, ㉡, ㉢, ㉣

18 벼의 재배환경에 대한 설명으로 옳은 것은?

① 유수형성기~수잉기의 생육에서 수온과 기온의 수량에 대한 영향은 비슷한 수준이다.
② 지구 온난화는 벼의 생육기간을 단축시키고, 등숙기의 고온으로 수량 증대가 예상된다.
③ 토양의 환원조건에서 황화수소, 철 이온 등의 증가는 벼 생육에 해로우나, 유기물 시용으로 경감된다.
④ 염도 0.1% 이하에서 벼 재배에 큰 지장은 없고, 0.1~0.5%에서도 정상적인 재배가 가능하다.

ANSWER 17.④ 18.①

17 ㉠ 도일병은 곰팡이균 Magnaporthe oryzae에 의해 발생한다. 고온다습한 환경에서 발생이 증가한다.
㉡ 잎집무늬마름병은 곰팡이균 Rhizoctonia solani에 의해 발생한다. 고온다습한 환경, 질소비료 과자 제공하면 발생이 증가한다.
㉢ 깨씨무늬병은 곰팡이균 Rhizoctonia solani에 의해 발생한다. 고온다습한 조건, 밀파재배, 질소 비료 과다 사용, 과습 등은 병의 발생을 촉진한다.
㉣ 흰잎마름병은 세균 Xanthomonas oryzae pv. oryzae에 의해 발생한다. 고온다습한 여름철에 주로 발생한다.

18 ② 지구 온난화는 벼의 생육기간을 단축시키고, 등숙기의 고온으로 수량 감소가 예상된다.
③ 토양의 환원조건에서 황화수소, 철 이온 등의 증가는 벼 생육에 해로우나, 유기물 시용으로 증대된다.
④ 염도 0.1% 이하에서 벼 재배에 큰 지장은 없고, 0.1~0.3%에서도 정상적인 재배가 가능하다.

19 잡곡의 재배환경에 대한 설명으로 옳은 것만을 모두 고르면?

> ㉠ 조는 천근성으로 한발에 약하다.
> ㉡ 조는 알칼리성 토양에서 잘 생육한다.
> ㉢ 기장은 개화기에 고온이 유리하다.
> ㉣ 기장은 등숙기에 약간 고온이 유리하다.
> ㉤ 메밀은 토양적응성이 낮다.
> ㉥ 메밀은 산성토양에 강하다.
> ㉦ 수수는 고온·다조인 환경에서 재배하기 알맞다.
> ㉧ 수수는 건조에 강하고 내염성이 약하다.

① ㉠, ㉢, ㉣, ㉥
② ㉠, ㉣, ㉤, ㉧
③ ㉡, ㉢, ㉥, ㉦
④ ㉡, ㉤, ㉦, ㉧

20 간척지 토양에서 벼 재배 방법에 대한 설명으로 옳은 것만을 모두 고르면?

> ㉠ 질소질 비료는 생리적 산성비료인 유안을 시용하는 것이 좋다.
> ㉡ 염해는 생식생장기보다는 모내기 직후의 활착기와 분얼기에 심하게 나타난다.
> ㉢ 염해는 질소의 과잉 축적으로 생육 및 출수가 지연되어 수량이 감소한다.
> ㉣ 관개 및 경운 횟수가 많을 때에는 얕게 경운하는 것이 제염에 효과적이다.

① ㉠, ㉡ ,㉢
② ㉠, ㉡, ㉣
③ ㉠, ㉢, ㉣
④ ㉡, ㉢, ㉣

ANSWER 19.③ 20.①

19 ㉠ 천근성인 조는 수분을 조절하는 기능이 강하여 한발에 강하다.
㉤ 메밀은 토양적응성이 높다.
㉧ 수수는 건조와 내염성이 강하다.

20 ㉣ 관개 및 경운 횟수가 많을 때에는 깊게 경운하는 것이 제염에 효과적이다. 관개횟수가 적을 때에는 얕게 경운하면 염도를 금방 낮출 수 있다.

2020. 6. 13. 제1회 지방직 9급 시행

1 다음 설명에 해당하는 작물로만 묶은 것은?

> • 중복수정의 과정을 통해 종자가 만들어진다.
> • 그물맥의 잎을 가지고 있으며, 뿌리는 원뿌리와 곁뿌리로 구분할 수 있다.

① 콩, 메밀 ② 콩, 옥수수
③ 메밀, 보리 ④ 보리, 옥수수

2 벼 종자가 수분을 흡수하여 가수분해효소를 주로 합성하는 곳은?

① 표피 ② 중과피
③ 호분층 ④ 전분저장세포

3 종 · 속 간 교잡종자를 확보하기 어려운 경우에 활용하는 조직배양기술은?

① 소형 씨감자의 대량생산 ② 무병주 식물체 생산
③ 꽃가루배양 ④ 배주배양

ANSWER 1.① 2.③ 3.④

1 중복수정을 하는 '속씨식물' 중에서도, 그물맥과 원뿌리를 가지는 '쌍떡잎식물'에 해당하는 것을 고르는 문제이다. 콩, 메밀, 고구마, 감자 등이 쌍떡잎식물에 속하며, 벼, 보리, 밀, 옥수수 등은 외떡잎식물이다.

2 호분층은 배유(배젖) 주변부의 세포에서 분화되며 벼에서는 2~3개 세포층으로 되어 있다. 양분을 저장하기도 하며, 아밀라아제 등의 효소를 분비하여 배유 내의 저장물질을 가용성 성분으로 변화시켜 배에 공급한다.

3
- **배주배양** : 주로 종 · 속 간 교잡 시에 자주 발생하는 배의 생육 정지 현상을 방지하기 위하여 수정 직후 배의 퇴화가 일어나기 전 배주를 분리하여 인공 배지에서 배양한다.
- **꽃밥 및 꽃가루 배양** : 반수체 식물을 만들기 위해 이용된다.

4 다음과 같은 특징을 나타내는 작물은?

• 단성화	• 웅예선숙
• 자웅동주	• 타가수분

① 완두 ② 벼
③ 감자 ④ 옥수수

5 벼의 기공에 대한 설명으로 옳지 않은 것은?

① 기공의 수는 생육조건에 따라 다른데 하위엽일수록 많다.
② 기공의 수는 품종에 따라 다른데 차광처리에 의해 감소된다.
③ 기공의 수는 온대자포니카벼보다 왜성의 인디카벼에 더 많다.
④ 기공은 잎몸의 표피뿐만 아니라 녹색을 띠는 잎집 · 이삭축 · 지경 등의 표피에도 발달한다.

6 벼 직파재배에 대한 설명으로 옳지 않은 것은?

① 담수직파에서 건답직파보다 도복이 더 발생하기 쉽다.
② 담수직파는 논바닥을 균평하게 정지하기 곤란하다.
③ 담수직파는 대규모일 때 항공파종이 가능하다.
④ 담수직파에서 건답직파보다 분얼절위가 낮아 과잉분얼에 의한 무효분얼이 많다.

ANSWER 4.④ 5.① 6.②

4 옥수수는 암술 혹은 수술만으로 이루어진 암꽃과 수꽃 2종류의 꽃을 피우는 단성화이며, 암꽃과 수꽃이 같은 그루에 생긴다(자웅동주). 또, 수술이 암술보다 먼저 성숙하며, 타가수분한다. 완두와 벼는 모두 양성화이며 자가수분(양성화에서 보기 쉬움) 한다. 감자는 단성화이며 자가수분 한다.

5 벼의 기공밀도는 상위엽일수록 높고, 한 잎에서는 선단으로 갈수록 기공의 수가 많다.

6 건답직파가 담수직파에 비해 논바닥을 균평하게 정지하기 곤란하다.

7 맥주보리의 품질조건으로 옳은 것은?

① 곡피의 양은 16% 정도가 적당하다.
② 전분함량은 58% 이상부터 65% 정도까지 높을수록 좋다.
③ 단백질함량은 15% 이상으로 많을수록 좋다.
④ 지방함량은 6% 이상으로 많을수록 좋다.

8 작물별 기계화재배 시 고려사항으로 옳지 않은 것은?

① 맥류 – 기계수확을 위해서 초장이 70cm 정도의 중간 크기가 알맞다.
② 벼 – 기계이앙하려면 상자육묘를 해야 한다.
③ 콩 – 콤바인 수확을 위해서는 최하위 착협고가 10cm 이하인 품종이 알맞다.
④ 참깨 – 콤바인 수확을 위해서 내탈립성 품종이 알맞다.

9 팥에 대한 설명으로 옳지 않은 것은?

① 장명종자로 구분된다.
② 종실이 균일하게 성숙하지 않는 특성이 있다.
③ 토양산도는 pH6.0 ~ 6.5가 알맞지만, 강산성 토양에도 잘 적응한다.
④ 종자 속에는 전분이 34 ~ 35% 정도, 단백질도 20% 정도 들어있다.

ANSWER 7.② 8.③ 9.③

7 ① 곡피의 양은 8% 정도가 적당하며, 곡피가 두꺼우면 곡피 중의 성분이 맥주의 품질을 저하시킨다.
③④ 맥주보리는 단백질 함량(8~12%)과 지방 함량(1.5~3%)이 낮은 것이 좋다.

8 콤바인으로 콩을 수확하기 위해서는 콩의 최하위 착협고가 10cm 이상인 품종이 알맞다.

9 팥의 최적 토양산도는 pH6.0~6.5이고, 강산성 토양에서는 잘 생장하지 못한다. 또한 배수가 잘되고 보수력이 좋으며 부식과 석회 등이 풍부한 식토 내지 양토가 알맞다.

10 다음 설명에 해당하는 고구마 병은?

> • 저장고의 시설, 용기 또는 공기를 통하여 상처 부위에 감염된다.
> • 병이 진전되면 누런색의 진물이 흐르고 처음에는 흰곰팡이가 피었다가 나중에는 검게 변한다.
> • 진물이 흐르면 알코올 냄새가 나면서 급속도로 병이 확산된다.

① 무름병　　② 건부병
③ 검은무늬병　　④ 더뎅이병

11 다음과 같은 개화 특징을 갖는 작물은?

> 1년차 귀농인 이정국 씨는 집 근처 텃밭에 들깨를 심었다. 식재 전 토양검정을 통해 부족한 양분이 없도록 밑거름을 주고, 가뭄의 피해가 없도록 관수관리를 잘했는데 꽃이 피기 시작할 때 밭 가장자리의 일부가 꽃이 피지 않고 무성히 자라고 있었다. 자라는 형태가 다른 듯 보여 농업기술센터에 문의했더니 야간에 가로등 불빛이 닿는 부분이 꽃이 피지 않고 잎이 무성해지는 것이라는 답변을 받았다. 귀농인 이정국 씨는 빛이 꽃이 피는 것을 억제할 수 있다는 것을 알게 되었다.

① 콩　　② 아주까리
③ 상추　　④ 시금치

ANSWER 10.① 11.①

10 ② 건부병 : 감자, 고구마 등의 구근류에 생기는 병으로, 괴경 · 괴근 등이 수분을 잃고 건조하여 약해져서 부패하는 병이다. 흐물흐물해져서 썩는 일은 없다.
③ 검은무늬병 : 잎이나 과실에 발생하며, 잎에는 작은 병무늬가 생기고 병무늬 가장자리는 담황색으로 되며 겹둥근무늬를 만들기도 한다. 과실에는 표면에 검은색 점무늬가 생기는데, 어린 열매는 딱딱해지고 쪼개지며, 성숙한 과실은 물러서 일찍 떨어진다.
④ 더뎅이병 : 더뎅이는 불규칙한 원형으로 주로 5mm 이하의 표면에서 형성되며 뿌리 부위에서 검게 썩는 병징이 나타난다. 일반적으로 3cm 이하의 크기로, 암갈색이나 검은색으로 괴사되고 균열된다.

11 제시문은 단일 식물에 대한 것이다. 단일식물은 밤의 길이가 특정한 시간보다 길어야 하는데, 밤 기간 동안 짧은 시간의 빛에 노출되면 개화가 일어나지 않는다. 벼, 옥수수, 콩 등이 단일 식물에 속한다.

12 기장의 형태에 대한 설명으로 옳은 것은?

① 줄기는 지상절의 수가 1 ~ 10마디이고, 둥글며 속이 차 있다.
② 종근은 1개이고 지표에 가까운 지상절에서는 부정근이 발생하지 않는다.
③ 종실은 영과로 소립이고 방추형이다.
④ 이삭의 지경이 대체로 짧아 조 · 피와 비슷하고 벼나 수수와는 다르다.

13 보리의 발육과정에 대한 설명으로 옳은 것은?

① 아생기 – 배유의 양분이 거의 소실되고 뿌리로부터 흡수되는 양분에 의존하는 시기
② 이유기 – 주간의 엽수가 2 ~ 2.5장인 시기로 발아 후 약 3주일에 해당하는 시기
③ 신장기 – 유수형성기 이후 이삭과 영화가 커지며 생식세포가 형성되는 시기
④ 수잉기 – 절간신장이 개시되어 출수와 개화에 이르기까지 줄기 신장이 지속되는 시기

14 작물의 수분생리작용에 대한 설명으로 옳지 않은 것은?

① 물은 작물생육에 필수원소인 수소원소의 공급원이 된다.
② 물은 작물이 필요물질을 흡수하는 데 용매 역할을 한다.
③ 작물체 내 함수량이 적어지면 용질의 농도가 높아지기 때문에 세포액의 삼투포텐셜이 높아진다.
④ 세포조직 내 물의 이동은 수분포텐셜이 평형에 도달할 때까지 이루어진다.

ANSWER 12.③ 13.② 14.③

12 ① 줄기는 지상절의 수가 10 ~ 20마디 정도이고, 둥글고 속이 비어 있다.
② 종근은 1개이고, 지표에 가까운 지상절에서는 부정근(뿌리가 아닌 조직에서 발생하는 뿌리)이 발생한다.
④ 이삭의 지경이 대체로 길어 조 · 피와 다르고 벼나 수수와는 비슷하다.

13 ①은 이유기, ③은 수잉기, ④는 신장기에 해당하는 설명이다.
- 아생기 : 싹이 나온 후 본 잎이 2매 정도 생길 때까지의 기간으로, 주로 배유의 양분에 의하여 생육하며 분얼은 발생하지 않는다.

14 작물체 내 함수량이 적어지면 용질의 농도가 높아진다. 이로 인해 삼투압은 높아진다(세포액의 삼투포텐셜이 낮아진다).

15 벼의 잎면적지수에 대한 설명으로 옳지 않은 것은?

① 단위토지면적 위에 생육하고 있는 개체군의 전체 잎면적의 배수로 표시된다.
② 잎면적지수 7은 개체군의 잎면적이 단위토지면적의 7배라는 뜻이다.
③ 최적 잎면적지수는 품종에 따라 다르다.
④ 잎면적지수는 출수기에 최댓값을 보인다.

16 다음 벼 병해 중 바이러스에 의한 병만을 모두 고르면?

㉠ 도열병	㉡ 오갈병
㉢ 줄무늬잎마름병	㉣ 흰잎마름병

① ㉠, ㉡ ② ㉠, ㉢
③ ㉡, ㉢ ④ ㉢, ㉣

17 벼 이앙 시 재식밀도에 대한 설명으로 옳지 않은 것은?

① 비옥지에서는 척박지에 비해 소식하는 것이 좋다.
② 조생품종의 경우 만생품종보다 밀식하는 것이 좋다.
③ 수중형 품종의 경우 수수형 품종에 비해 소식하는 것이 좋다.
④ 만식재배의 경우 밀식하는 것이 좋다.

ANSWER 15.④ 16.③ 17.③

15 개체군의 엽면적지수는 출수 직전에 최대가 된다.

16 바이러스로 인한 벼의 병에는 오갈병, 줄무늬잎바름병, 검은줄오갈병 등이 있다.
㉠ **도열병**: 곰팡이의 일종인 벼도열병균에 의해 나타나며, 습도가 높고 볕쬠이 적은 경우, 이삭목이나 잎이 상한 경우, 갑자기 물을 떼거나 질소비료를 많이 주는 경우에 발생한다.
㉣ **흰잎마름병**: 세균의 감염으로 발생하며, 잎 표면에 난 상처나 수공을 통해 침입한 병균이 식물의 물관에서 기생, 번식하여 잎마름 병증을 보인다. 일반적으로 습도가 높은 환경(침수답 또는 폭풍우가 내습한 후)에서 발생한다.

17 수중형 품종은 분얼발생이 적기 때문에 수수형 품종에 비해 밀식하여 이삭수를 확보하는 것이 좋다.

18 보통메밀에 대한 설명으로 옳지 않은 것은?

① 대부분 자웅예동장화(雌雄蕊同長花)이다.
② 흡비력이 강하다.
③ 루틴 함량은 개화 시 꽃에서 가장 높다.
④ 우리나라 평야지대에서는 겨울작물이나 봄작물의 후작으로 유리하다.

19 콩의 질소고정에 대한 설명으로 옳지 않은 것은?

① 콩의 뿌리는 플라보노이드를 분비하고, 이에 반응하여 뿌리혹세균의 nod 유전자가 발현된다.
② 뿌리혹의 중심부에는 여러 개의 박테로이드를 포함하고 있으며, 그 안에서 질소를 고정한다.
③ 뿌리혹박테리아는 호기성이고 식물체 내의 당분을 섭취하며 생장한다.
④ 콩은 어릴 때 질소고정량이 많으며, 개화기경부터는 질소고정량이 적어진다.

20 콩 품종의 용도에 대한 설명으로 옳은 것은?

① 나물콩 – 대표품종으로 은하콩이 있고, 종실이 커야 콩나물 수량이 많아진다.
② 장콩 – 대표품종으로 대원콩이 있고, 두부용은 수용성 단백질이 높을수록 품질이 좋아진다.
③ 기름콩 – 대표품종으로 황금콩이 있고, 우리나라에서는 지방함량이 높은 품종을 많이 개발하여 재배되고 있다.
④ 밥밑콩 – 대표품종으로 검정콩이 있고, 껍질이 두꺼워 무르지 않고 당 함량이 높아야 한다.

ANSWER 18.① 19.④ 20.②

18 메밀은 장주화(암술대가 수술보다 긴 것)와 단주화(수술이 암술대보다 긴 것)가 반반씩 생기는 이형예현상을 주로 보인다. 암술대와 수술이 비슷한 꽃인 자웅예동장화는 드물게 나타난다.

19 콩이 어릴 때는 뿌리혹이 적고 그 수효도 적어서 질소고정량이 적다. 또한 식물이 광합성을 통해 생성한 당의 분해 산물을 뿌리혹이 사용하기 때문에 오히려 생육이 억제된다. 이후 꽃이 피는 시기에 왕성하게 질소를 고정하여 콩에 공급한다. (뿌리혹은 공기 중의 질소를 식물이 이용할 수 있는 암모니아로 고정시키는 역할을 하여 질소가 부족한 토양에서도 식물이 잘 자랄 수 있도록 한다.)

20 ① 나물콩은 빛이 없는 조건에서 싹을 키우기 때문에 수량을 많이 생산할 수 있는 소립종을 주로 쓴다.
③ 기름콩은 지방함량이 높으면서 지방산 조성이 영양학적으로도 유리한 것이 좋다. 우리나라는 값싼 원료인 콩을 전량 수입 및 가공해왔기 때문에 기름용 품종이 개발되지 않았다.
④ 밥밑콩은 껍질이 얇고 물을 잘 흡수하여 잘 물러야 하며 당 함량이 높은 것이 좋다.

2020. 7. 11. 국가직 9급 시행

1 작물의 유전변이에 대한 설명으로 옳은 것은?

① 다음 세대로 유전되지 않는 일시적 변이이다.
② 유전자의 동형접합 여부는 정역교배를 통해 확인한다.
③ 방사선을 이용한 돌연변이는 대립유전자들의 재조합 효과가 크다.
④ 모본, 부본에 따라 교배변이의 정도가 다르다.

2 벼 재배 시 본답의 물 관리에 대한 설명으로 옳은 것은?

① 이앙 후 7 ~ 10일간은 1 ~ 3cm로 얇게 관개한다.
② 유효분얼기에는 6 ~ 10cm로 깊게 관개한다.
③ 무효분얼기는 물 요구도가 가장 낮은 시기이다.
④ 수잉기와 출수기에는 물이 많이 필요하지 않다.

3 쌀의 불완전미에 대한 설명으로 옳지 않은 것은?

① 동할미는 등숙기 저온과 질소 과다 시 많이 발생한다.
② 복백미는 조기재배 및 질소 추비량 과다 시 발생한다.
③ 심백미는 출수기에서 출수 후 15일 사이에 야간온도가 고온인 경우에 많이 발생한다.
④ 배백미는 고온 등숙 시 약세영화에 많이 발생한다.

ANSWER 1.④ 2.③ 3.①

1 ① 유전변이는 다음 세대로 전이된다.
② 검정교배를 통해 그 개체의 특정 대립유전자가 동형접합인지 이형접합인지 알 수 있게 된다.
③ 방사선을 이용한 돌연변이에서는 대립유전자들의 재조합 효과를 알 수 없다.

2 ① 이앙 후 7~10일간은 6~10cm로 깊게 관개해야 한다(온도 관련 및 옮겨 심을 때 모에 생기는 상처 방지 목적).
② 유효분얼기에는 1~3cm로 얕게 관개한다.
④ 수잉기, 출수기 때 물을 가장 필요로 한다.

3 수확이 늦어져서 비에 맞거나, 생벼가 급격하게 고온건조될 때에 쌀알에 금이 간 동할미가 생기기 쉽다.

4 작물의 이삭 및 화기에 대한 설명으로 옳지 않은 것은?

① 보리는 수축의 각 마디에 3개의 소수가 착생하고, 꽃에는 1개의 암술과 3개의 수술이 있다.
② 밀의 수축에는 약 20개의 마디가 있고, 각 마디에 1개의 소수가 달린다.
③ 귀리는 한 이삭에 3개의 소수가 있으며, 꽃에는 1개의 암술과 3개의 수술이 있다.
④ 벼의 수축에는 약 10개의 마디가 있고, 꽃에는 1개의 암술과 6개의 수술이 있다.

5 쌀의 이용과 가공에 대한 설명으로 옳지 않은 것은?

① 전분이 팽윤하고 점성도가 증가하여 알파전분 형태로 변하는 화학적 현상을 호화라고 한다.
② 노화된 밥이나 떡을 가열하면 물분자의 영향으로 베타전분이 다시 호화, 팽창한다.
③ 향미에서 2-acetyl-1-pyrroline(2-AP)이 가장 중요한 향 성분이다.
④ 쌀국수류 제조에는 아밀로오스 함량이 낮은 품종이 좋다.

6 감자의 재배작형에 대한 설명으로 옳지 않은 것은?

① 봄재배는 이모작 시 앞그루 작물로 주로 재배되는데 재배면적이 가장 작은 작형이다.
② 여름재배는 주로 고랭지에서 이루어지며, 재배기간이 비교적 긴 작형이다.
③ 가을재배는 봄재배에 이어 곧바로 감자를 재배해야 하므로 휴면기간이 짧은 품종을 선택해야 한다.
④ 겨울재배는 중남부지방의 경우 저온기에 감자를 파종하므로 휴면이 잘 타파된 씨감자를 사용해야 한다.

7 고구마의 괴근의 형성과 비대에 적합한 환경조건이 아닌 것은?

① 괴근비대에 적절한 토양온도는 20 ~ 30°C이고, 이 범위 내에서는 일교차가 클수록 좋다.
② 토양수분이 최대용수량의 40 ~ 45%일 때 괴근비대에 가장 적절하다.
③ 이식 직후 토양의 저온이 괴근의 형성을 유도한다.
④ 이식 시에 칼리성분은 충분하지만 질소성분은 과다하지 않아야 괴근형성에 좋다.

ANSWER 4.③ 5.④ 6.① 7.②

4 귀리는 한 이삭에 20~40개의 소수가 있으며, 꽃에는 1개의 암술과 3개의 수술이 있다.

5 쌀국수류 제조에는 아밀로오스 함량이 높은 품종이 좋다. 아밀로오스 함량이 높으면 찰기가 적어진다.

6 우리나라에서 감자 봄재배는 논에서 앞그루 작물로서 주로 재배되며, 우리나라 토지 이용 측면에서 유리한 점이 있어 총 재배면적의 60%를 차지하는 대표적 감자 작형이다.

7 토양 수분이 최대용수량의 70~75% 정도일 때 괴근비대에 가장 적절하다.

8 밀에 대한 설명으로 옳은 것만을 모두 고르면?

> ㉠ 가장 대표적인 재배종인 보통밀의 학명은 Triticum aestivum L. 이다.
> ㉡ 밀속(Triticum)에는 A · B · C · D 4종의 게놈이 있다.
> ㉢ 밀은 보리보다 심근성이어서 수분과 양분의 흡수력이 강하고 건조한 지역에서 잘 견딘다.
> ㉣ 밀 단백질 중 글루테닌과 글리아딘은 수용성이다.

① ㉠, ㉢
② ㉠, ㉣
③ ㉡, ㉢
④ ㉡, ㉣

9 콩의 생육, 개화, 결실에 미치는 온도와 일장의 영향에 대한 설명으로 옳은 것은?

① 추대두형은 한계일장이 길고 감광성이 낮은 품종군으로 늦게 개화하여 성숙한다.
② 자엽은 일장 변화에 거의 감응하지 않고, 초생엽과 정상복엽은 모두 감응도가 높다.
③ 어린 콩 식물에 고온 처리를 하면 고온버널리제이션에 의해 영양 생장이 길어지고 개화가 지연된다.
④ 개화기 이후 온도가 20°C 이하로 낮아지면 폐화가 많이 생긴다.

10 잡곡의 재배환경에 대한 설명으로 옳지 않은 것은?

① 피는 내냉성이 강하여 냉습한 기상에 잘 적응하지만, 너무 비옥한 토양에서는 도복의 우려가 있다.
② 수수는 생육 후기에 내염성이 높고, 알칼리성 토양이나 건조한 척박지에 잘 적응한다.
③ 조는 심근성으로 요수량이 많지만, 수분조절기능이 높아 한발에 강하다.
④ 옥수수는 거름에 대한 효과가 크므로 척박한 토양에서도 시비량에 따라 많은 수량을 올릴 수 있다.

ANSWER 8.① 9.④ 10.③

8 ㉡ 밀속(Triticum)에는 A · B · D · G 4종류의 게놈이 있으며, 각 게놈은 염색체가 이질적이다.
㉣ 글루테닌과 글리아딘은 불용성이다.

9 ① 추대두형은 한계일장이 짧고 감광성이 높은 품종군으로 늦게 개화하여 성숙한다.
② 자엽은 일장 변화에 거의 감응하지 않고, 초생엽은 감응도가 낮지만 정상복엽은 감응도가 높다.
③ 어린 콩 식물에 고온 처리를 하면 고온버널리제이션에 의해 영양 생장이 짧아져서 개화가 빨라진다.

10 조는 요수량이 적고 수분조절 기능이 좋아서 한발에 잘 견딘다.

11 옥수수의 출사 후 수확이 빠른 순으로 바르게 나열한 것은?

> ㉠ 단옥수수
> ㉡ 종실용 옥수수
> ㉢ 사일리지용 옥수수

① ㉠ → ㉡ → ㉢
② ㉠ → ㉢ → ㉡
③ ㉡ → ㉠ → ㉢
④ ㉡ → ㉢ → ㉠

12 작물의 수확 후 관리 및 품질에 대한 설명으로 옳지 않은 것은?

① 알벼의 형태로 저장할 때, 현미나 백미 형태로 저장할 때보다 저장고 면적이 많이 필요하다.
② 보리의 상온저장은 고온다습하에도 곡물의 품질이 떨어질 위험이 적다.
③ 밀가루로 빵을 만들 때에는 단백질과 부질함량이 높은 경질분이 알맞다.
④ 감자의 솔라닌 함량은 햇빛을 쬐어 녹화된 괴경의 표피 부위에서 현저하게 증가한다.

13 콩을 논에서 재배 시 고려할 점이 아닌 것은?

① 만생종 품종을 선택한다.
② 뿌리썩음병에 강한 품종을 선택한다.
③ 내습성이 강한 품종을 선택한다.
④ 내도복성이 강한 품종을 선택한다.

ANSWER 11.② 12.② 13.①

11 옥수수 종별에 따른 수확시기
㉠ 단옥수수 수확시기 : 수염이 나온 후 20~25일경(유숙기 초 · 중기)
㉡ 종실용 옥수수 : 수염이 나온 후 45~60일경(옥수수 알의 수분함량 30% 이하)
㉢ 사일리지용 옥수수 : 수염이 나온 후 35~42일경(건물함량 27~30%, 호숙기 후기 ~ 황숙기 초기)

12 보리는 상온에서 저장하기도 하는데 이때에는 건조하여 저장한다. 또, 서늘한 곳에 저장(저온 저장)해야 변질과 충해가 없다.

13 밭작물인 콩을 논에서 재배하는 경우에 논 환경에서 잘 적응하기 위해 내습성이 강한 품종을 선택해야 한다. 또 뿌리가 항상 물에 젖어 있으므로 뿌리썩음병에도 강해야 한다. 논 재배 시, 무기양분을 공급받는 시간이 밭 재배 시보다 길어 비료를 과다 공급받게 되므로 원래보다 줄기가 크게 성장하므로 내도복성이 강한 품종이어야 한다.

14 우리나라 논토양의 개량방법과 시비법에 대한 설명으로 옳은 것은?

① 사질답은 점토질토양으로 객토를 하고 녹비작물을 재배하여 토양을 개량한다.
② 습답은 토양개량제와 미숙유기물을 충분히 주고 질소, 인산, 칼리를 증시한다.
③ 염해답은 관개수를 자주 공급하여 제염하고, 석고시용은 제염효과를 떨어뜨린다.
④ 노후화답은 생짚과 함께 토양개량제와 황산근 비료로 심층시비 한다.

15 벼 품종 중 화진벼를 육성한 반수체 육종방법에 대한 설명으로 옳은 것은?

① 감마선 조사를 통해 인위적으로 변이를 일으킨다.
② 조합능력이 높은 양친을 골라 1대잡종품종을 생산한다.
③ 교배육종보다 순계의 선발기간이 길고 육종연한이 오래 걸린다.
④ 이형접합체(F_1)로부터 얻은 화분(n)의 염색체를 배가시킨다.

16 벼의 광합성에 대한 설명으로 옳지 않은 것은?

① 군락상태로 있을 때, 상위엽은 크기가 작고 두꺼우며 직립되어 있으면 전체적으로 수광에 유리해진다.
② 18°C 이하의 온도에서는 광합성이 현저히 떨어지고, 광도가 낮아지면 온도가 높은 조건이 유리하다.
③ 정상적인 광합성 능력을 유지하려면 잎이 질소 2.0%, 인산 0.5%, 마그네슘 0.3%, 석회 2.0% 이상 함유해야 한다.
④ 이산화탄소 농도 2,000ppm이 넘으면 광합성이 더 이상 증가하지 않는다.

ANSWER 14.① 15.④ 16.①

14 사질답은 많은 모래 함량으로 양분 보유력이 약하고 양분의 용탈이 많아 객토작업을 통해 토지를 개량해야 한다.
② 습답에 미숙유기물을 줄 경우 산소가 더욱 부족해지며, 분해과정에서 산성물질이 발생한다. 습답은 속도랑 배수, 객토, 시비법 조절 등으로 개량하여야 한다.
③ 염해답은 관개수를 자주 공급하거나, 석고·석회 등의 토양개량제를 사용하여 제염해야 한다.
④ 황산근 비료는 철분이 적은 노후화된 논에서는 황화 수소로 변하여 뿌리에 장해를 준다.

15 ① 돌연변이 육종에 대한 설명이다.
② 1대 잡종육종에 대한 설명이다.
③ 반수체 육종방법은 육종연한을 대폭 줄일 수 있다는 장점이 있다. 따라서 순계의 선발기간이 매우 짧다.

16 군락상태로 있을 때, 상위엽은 크기가 작고 두껍지 않다. 또 직립되어 중첩되지 않고 균일하게 배치되어 있을 때 아래까지 햇빛을 받을 수 있어 전체적으로 수광에 유리하다.

17 벼 뿌리의 양분 흡수에 대한 설명으로 옳지 않은 것은?

① 질소와 인의 1일 흡수량이 최대가 되는 시기는 포기당 새 뿌리수가 가장 많을 때이다.
② 철의 1일 흡수량이 최대가 되는 시기는 유수형성기이다.
③ 규소와 망간의 1일 흡수량이 최대가 되는 시기는 출수 직전이다.
④ 마그네슘은 새 뿌리보다 묵은 뿌리에서 더 많이 흡수된다.

18 콩과작물의 수확적기에 대한 설명으로 옳지 않은 것은?

① 콩은 잎이 황변, 탈락하고 꼬투리와 종실이 단단해진 시기에 수확하는 것이 좋다.
② 팥은 잎이 황변하여 탈락하지 않더라도 꼬투리가 황백색 또는 갈색으로 변하고 건조하면 수확하는 것이 좋다.
③ 녹두는 상위 꼬투리로부터 흑갈색으로 변하면서 성숙해 내려가므로 몇 차례에 걸쳐 수확하면 소출이 많다.
④ 강낭콩은 꼬투리의 70~80%가 황변하고 마르기 시작할 때 수확하는 것이 좋다.

ANSWER 17.② 18.③

17 철의 1일 흡수량이 최대가 되는 시기는 출수 전 10~20일경이다.

18 녹두는 하위 꼬투리로부터 흑갈색으로 변하면서 성숙해 올라가므로 몇 차례에 걸쳐 수확해야 소출이 많고, 품질도 좋다.

19 다음은 벼 생육과정과 수량의 생성과정에 대한 그림이다. 이에 대한 설명으로 옳지 않은 것은?

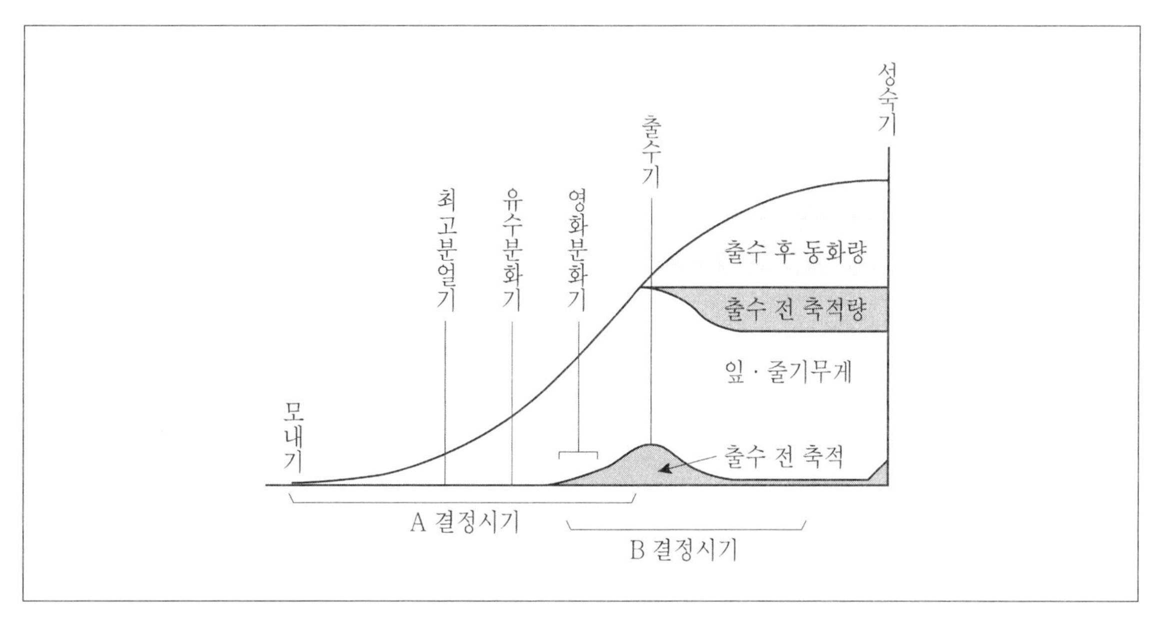

① A는 단위면적당 이삭수와 이삭당 영화수 그리고 왕겨용적의 곱으로 정해진다.
② B는 물질생산체제와 물질생산량 및 이삭전류량 등과 관련이 있다.
③ 출수 전 축적량과 출수 후 동화량을 합한 것이 벼 수량이다.
④ 벼의 식물체 내 물질전류에 있어 최적 평균기온은 30°C이다.

20 맥류 작물에서 출수와 관련 있는 성질에 대한 설명으로 옳지 않은 것은?

① 맥류의 출수에 대한 감온성의 관여도는 매우 낮거나 거의 없다.
② 밀의 포장출수기는 파성 · 단일반응 · 내한성과 정의 상관이 있다.
③ 보리의 포장출수기는 단일반응 · 협의의 조만성과 정의 상관이 있다.
④ 춘화된 식물체는 춘 · 추파성과 관계없이 고온 · 장일조건에서 출수가 빨라진다.

ANSWER 19.④ 20.②

19 • A 결정시기 : 벼의 물질수용능력 결정시기
• B 결정시기 : 벼의 물질생산능력 결정시기
④ 벼의 식물체 내 물질전류에 있어 최적 평균기온은 21~22°C이다.

20 밀의 포장출수기는 파성 · 단일반응에 대해서는 정의 상관이 있지만, 내한성과는 부의 상관관계에 있다. 내한성이 높으면 추위에 잘 견디므로 포장출수기가 늦어지기 때문이다.

2020. 9. 26. 국가직 7급 시행

1 벼 품종의 조만성에 대한 설명으로 옳지 않은 것은?

① 우리나라 북부의 추운지역은 기본영양생장성이 짧고 감광성이 약하며 감온성이 강한 품종이 유리하다.
② 우리나라 남부의 더운지역은 기본영양생장성이 짧고 감광성이 강하며 감온성이 약한 품종이 유리하다.
③ 동남아시아 저위도지역에서 알맞은 비계절성 품종은 감광성이 약하고 기본영양생장성이 길다.
④ 동남아시아 고위도 및 저위도지역에서 모두 재배할 수 있는 광지역적응성 품종은 감광성과 감온성이 강하다.

2 옥수수와 수수의 공통적 특징이 아닌 것은?

① C_4 식물에 속한다.
② 열대지방에서 유래한 작물이다.
③ 화본과의 타식성 작물이다.
④ 발아하면 1개의 종근이 먼저 나오고 이후 관근이 발생한다.

ANSWER 1.④ 2.③

1 ④ 동남아시아 고위도 및 저위도지역에서 모두 재배할 수 있는 광지역적응성 품종은 감광성과 감온성이 약한 품종이다.

2 ③ 옥수수는 타식성 작물이지만 수수는 자식성 작물에 해당한다.

3 고구마의 생리적 특성에 대한 설명으로 옳은 것은?

① 변온이 괴근의 비대를 촉진한다.
② 장일조건에서 개화가 촉진되는 장일식물이다.
③ 저장력 강화를 위해 저온 · 다습한 환경에서 큐어링을 실시한다.
④ 비료 3요소 중 요구량이 가장 많은 것은 인산이다.

4 벼의 냉해피해 및 대책에 대한 설명으로 옳지 않은 것은?

① 건묘를 육성하여 조기에 이앙하여 활착시키고 초기생육을 촉진시킨다.
② 질소과비를 피하고 인산과 칼리를 증비하며 규산질과 유기물 시용을 늘린다.
③ 감수분열기인 출수 전 10~15일에는 55% 정도 감수되어 피해가 가장 크며, 다음으로 출수개화기에 35% 정도 감수된다.
④ 지연형 냉해는 저온으로 생육이 지연되고 저온에서 등숙됨으로써 수량이 감소되는 냉해로, 특히 등숙기 기온 18°C 이하에서 피해가 크다.

5 벼의 생육과정에서 유효분얼과 무효분얼을 진단하는 방법으로 옳지 않은 것은?

① 최고분얼기로부터 1주일 후에 한 포기에서 가장 긴 초장에 대하여 2/3 이상의 크기를 가진 분얼경은 유효분얼이 된다.
② 최고분얼기로부터 1주간의 출엽속도가 0.6엽 이상의 분얼경은 유효분얼이 되지만, 0.5엽 이하의 분얼경은 무효분얼이 된다.
③ 최고분얼기 15일 이전에 발생한 분얼은 유효분얼이 된다.
④ 최고분얼기에 청엽수가 2매 이상 나온 것은 유효분얼이 되고, 그 미만인 것은 무효분얼이 된다.

ANSWER 3.① 4.③ 5.④

3 ② 고구마는 단일식물로 단일 조건에서 개화가 촉진된다.
③ 25-30° C, 85-90%의 상대습도에서 4-7일 동안 큐어링을한다.
④ 칼륨의 요구량이 가장 많다.

4 ③ 장해형 냉해를 일으키는 중요한 시기는 벼알이 배기 시작하는 시기(감수분열기 : 출수 10~15일전)와 벼꽃이 피고 꽃가루와 암술이 수정하는(출수기) 두 시기에 해당한다. 낮 9.5시간 밤 14.5시간으로 하여 10-15일간 낮에 21℃ 밤에 16℃씩 온도처리를 하면 불임비율은 50.5%이다.

5 ④ 최고분얼기에 청엽수가 4매 이상 나온 것은 유효분얼이 된다.

6 무기양분과 벼의 생장에 대한 설명으로 옳지 않은 것은?

① 벼에서 양분의 체내 이동률은 인 〉 질소 〉 황 〉 마그네슘 〉 칼슘 순이다.
② 무기양분의 흡수는 유수형성기까지 양분 흡수가 급증하나, 유수형성기 이후 출수기 사이에는 감소한다.
③ 일반적으로 질소 · 인 · 황 등의 단백질 구성성분은 생육 초기부터 출수기까지 상당 부분 흡수된다.
④ 벼의 생육시기별 체내 무기양분의 농도는 생육 초기에는 질소와 칼리의 농도가 높으나, 생육 후기에는 인과 칼슘의 농도가 높다.

7 보리의 발육에 대한 설명으로 옳은 것은?

① 유수형성기부터 지상부의 생장은 급속히 커지나 발근력이 급속히 쇠퇴하여 새뿌리 발생이 어렵다.
② 추파성의 만생종에서 분얼수가 적고, 춘파성의 조생종에서 분얼수가 많다.
③ 완전히 춘화된 식물은 고온 · 장일에 의하여 출수가 늦어지고, 저온 · 단일에 의하여 출수가 빨라진다.
④ 먼저 분얼한 대의 이삭부터 개화하고 한 이삭에서는 위에서부터 아래로 개화한다.

8 밀 단백질의 특성에 대한 설명으로 옳은 것은?

① 밀 종실 발달기간 중에 고온건조하면 단백질 함량이 낮아진다.
② 글루텐(gluten)은 글루테닌(glutenin)과 글리아딘(gliadin)으로 구성되며 글루테닌은 점착성, 글리아딘은 탄력성에 관여한다.
③ 박력분은 강력분에 비해 단백질 함량이 높다.
④ 밀 종실의 단백질 함량은 출수기 전후에 만기추비를 줄 경우 증가한다.

ANSWER 6.④ 7.① 8.④

6 ④ 생육 초기에는 초기 생육과 분얼 형성에 중요한 역할을 하는 질소(N)와 칼륨(K)의 농도가 높다.

7 ② 추파성의 만생종에서 분얼수가 많고, 춘파성의 조생종에서 분얼수가 적다.
③ 완전히 춘화된 식물은 고온 · 장일에 의하여 출수가 빨라지고, 저온 · 단일에 의하여 출수가 늦어진다.
④ 먼저 분얼한 대의 이삭부터 개화하고 한 이삭에서는 아래에서부터 위로 개화한다.

8 ① 밀 종실 발달기간 중에 고온건조하면 단백질 함량이 증가한다.
② 글루텐(gluten)은 글루테닌(glutenin)과 글리아딘(gliadin)으로 구성되며 글루테닌은 탄력성, 글리아딘은 점착성에 관여한다.
③ 박력분은 강력분에 비해 단백질 함량이 낮다.

9 감자의 괴경형성 및 비대에 대한 설명으로 옳은 것은?

① 괴경의 비대에는 장일조건과 야간의 저온이 알맞다.
② 질소가 과다하면 괴경이 지나치게 비대해진다.
③ 감자의 괴경이 형성될 때에는 체내의 지베렐린 함량이 저하된다.
④ 에틸렌을 처리하면 괴경형성이 저해된다.

10 벼의 광합성에 영향을 주는 요인에 대한 설명으로 옳은 것만을 모두 고르면?

> ㉠ 벼 재배 시 광도가 낮아지면 온도가 높은 쪽이 유리하고, 35°C 이상의 고온에서는 광도가 높은 쪽이 유리하다.
> ㉡ 광합성에 영향을 미치는 외적 요인에는 온도, 광, 이산화탄소 농도, 수분 및 습도 조건, 바람 등의 환경요인을 들 수 있다.
> ㉢ 벼는 대체로 18~34°C의 온도범위에서는 광합성량에 큰 차이가 없다.
> ㉣ 포장의 총광합성량은 엽면적이 많은 최고분얼기와 수잉기 사이에 최대가 된다.
> ㉤ 벼는 이산화탄소 농도 300ppm에서는 최대광합성의 45%밖에 수행하지 못하지만, 2,000ppm이 넘으면 광합성이 90% 이상 증가한다.

① ㉠, ㉡, ㉢
② ㉠, ㉢, ㉣
③ ㉡, ㉢, ㉣
④ ㉡, ㉣, ㉤

ANSWER 9.③ 10.③

9 ① 괴경의 비대에는 단일조건이 알맞다.
② 질소가 과다하면 괴경이 억제된다.
④ 에틸렌을 처리하면 괴경형성이 촉진한다.

10 ㉠ 35°C 이상의 고온에서는 광도가 높아도 광합성 효율을 감소시킨다.
㉤ C3식물인 벼는 광호흡을 통해서 흡수한 이산화탄소를 재방출하면서 광합성에 이용한다. 그러므로 이산화탄소의 농도가 낮고 산소의 농도가 높을 때 광호흡이 잘 나타난다.

11 옥수수의 1대교잡종품종에 대한 설명으로 옳은 것은?

① 1대교잡종품종은 집단 내 개체들이 균일한 생육과 특성을 보인다.
② 조합능력검정은 단교잡 1대교잡종들 간의 상호교잡 후 그 특성을 조사하는 것이다.
③ 단교잡종은 복교잡종보다 일반적으로 종자 생산량이 많다.
④ 교잡종의 자식계통은 식물체의 크기는 작아지나 수량은 증가한다.

12 다음에서 설명하는 벼의 영양장해는?

- 단백질 합성이 저해되고 탄소동화작용이 감퇴된다.
- 섬유소 및 리그닌의 합성이 부진하여 줄기가 약해지고 도복되기 쉽다.
- 하위 잎의 엽맥간이 선단부터 황변하기 시작하고 점차 담갈색이 된다.
- 흡수가 저해되면 체내 암모늄태 및 가용태 질소의 함량이 증가되어 질소를 과잉 흡수한 것과 같은 상태로 되어 병에 걸리기 쉽다.

① 인산결핍
② 칼륨결핍
③ 칼슘결핍
④ 마그네슘결핍

ANSWER 11.① 12.②

11 ② 조합능력검정은 서로 다른 계통 간의 교잡 후 그 결과를 평가하여 어떤 조합이 우수한지를 판단한다.
③ 단교잡종은 복교잡종보다균일하고 품질이 높은 종자를 생산하지만 종자 생산량은 복교잡종이 더 많다.
④ 교잡종은 유전적 퇴화로 크기와 수량이 감소한다.

12 ① 인산결핍 : 식물 전체의 생육이 저하되고 잎이 자주색이 된다. 뿌리 양과 이삭의 수와 크기가 감소한다. 하위 잎이 먼저 영향을 받는다.
③ 칼슘결핍 : 새잎과 어린 조직이 먼저 영향을 받는다. 잎 끝과 가장자리가 갈색으로 변하고 말라 죽는다. 생장점의 성장 저해, 잎이 찌그러지거나 변형, 뿌리의 생장억제 등이 나타난다.
④ 마그네슘결핍 : 하위 잎에서 엽록소가 파괴되어 잎맥 사이가 황변을 하고 광합성 능력 저하한다.

13 보리의 이삭과 종실에 대한 설명으로 옳지 않은 것은?

① 여섯줄보리는 수축을 중심으로 양쪽에 3줄씩 종실이 달리는 이삭형태를 갖는다.
② 두줄보리는 3개의 소수 중에 바깥쪽 2개의 소수만 임성을 갖는다.
③ 겉보리는 씨방벽으로부터 유착물질이 분비된다.
④ 호분층은 3층의 두꺼운 호분세포 조직으로 되어 있다.

14 콩의 생육 및 개화와 결실에 대한 온도와 일장의 영향으로 볼 수 없는 것은?

① 장일조건에서 꽃눈 분화가 촉진된다.
② 단일처리는 개화기간을 단축시킨다.
③ 어린 식물에 고온처리를 하면 개화가 촉진된다.
④ 개화기 이후의 고온은 결실일수를 단축시킨다.

15 벼의 발아에 영향을 주는 요인에 대한 설명으로 옳은 것은?

① 산소가 충분할 때에는 유아가 먼저 신장하고, 산소가 불충분하면 유근이 먼저 발생한다.
② 볍씨의 수분흡수 과정에서 흡수기는 온도의 영향을 크게 받는 시기이다.
③ 고위도의 한랭지품종은 저위도의 열대품종에 비하여 저온발아성이 강하다.
④ 볍씨는 발아할 때 반드시 광을 필요로 하지는 않으며, 건답직파의 파종 깊이의 한계는 2 cm 정도이다.

ANSWER 13.② 14.① 15.③

13 ② 두줄보리는 3개의 소수 중에 바깥쪽 2개는 불임이다.

14 ① 콩은 단일식물이다. 단일조건에서 꽃눈 분화가 촉진된다.

15 ① 산소가 풍부하면 유근이 먼저 출현한다.
② 흡수기에는 온도에 영향을 받지 않는다.
④ 적당한 파종 깊이는 0.5cm이다.

16 맥류의 출수에 영향을 주는 생리적 요인에 대한 설명으로 옳은 것은?

① 추파형 맥류를 늦은 봄에 파종하면 좌지현상이 일어나게 된다.
② 춘파형의 종자를 최아시켜 저온에 일정기간 처리하면 추파성이 소거되는데 이를 춘화처리라고 한다.
③ 완전히 춘화된 맥류 품종에서 출수가 단일에 의하여 촉진되는 정도가 높은 것을 감광성이 높다고 한다.
④ 보리에서 협의의 조만성은 포장출수기와 부의 상관이 있다.

17 쌀의 건조 및 저장에 대한 설명으로 옳은 것은?

① 쌀을 건조할 때 건조온도는 45°C 이하에서 수분함량 15~16% 정도가 알맞으며, 수분함량이 낮은 벼를 고온건조하면 식미가 크게 떨어진다.
② 쌀의 안전저장을 위해서는 수분함량을 15% 정도로 건조하고, 저장온도를 15°C 이하로 유지하며, 공기 조성은 산소 2~4%, 이산화탄소 6~8%로 조절하는 것이 좋다.
③ 대부분의 해충은 곡물의 수분함량이 15%(상대습도 75%)에서는 번식하지 못한다.
④ 현미 저장 시 수분함량이 20% 이상일 때에는 10°C 미만에서 저장하는 것이 적당하고, 수분함량이 16% 미만일 때에는 15°C 정도에서 저장하는 것이 바람직하다.

ANSWER 16.① 17.④

16 ② 추파형의 종자를 최아시켜 저온에 일정기간 처리하면 추파성이 소거되고 춘파성으로 변화하는 것을 이를 춘화처리라고 한다.
③ 완전히 춘화된 맥류 품종에서 출수가 장일에 의하여 촉진되는 정도가 높은 것을 감광성이 높다고 한다.
④ 협의의 조만성은 출수기와 정(positive)의 상관이 있다.

17 ① 쌀을 건조할 때 건조온도는 40~45°C 이하에서 안정 수분함량인 15%까지 서서히 건조해야 한다. 수분함량이 낮은 벼를 55°C이상으로 건조하면 완전미 함량이 낮아지고 동할미가 증가한다.
② 쌀의 안전저장을 위해서는 수분함량을 14% 이하로 건조하고, 저장온도를 10~15°C, 상대습도 70~80%로 유지한다.
③ 해충은 고온다습한 환경에서 발생이 발생할 수 있다.

18 벼의 생육시기별 본답 물 관리 방법으로 옳지 않은 것은?

① 이앙 시에는 물깊이를 2~3cm 정도로 얕게 한다.
② 활착기인 모내기 후 7~10일간은 물을 2~4cm 정도로 얕게 관개한다.
③ 분얼기에는 1~3cm 정도의 깊이로 얕게 관개하여 분얼을 증대시킨다.
④ 등숙기에는 출수 후 30일경까지는 반드시 관개해야 미질이 좋아진다.

19 두류 작물의 생리 및 생태적 특성에 대한 설명으로 옳지 않은 것은?

① 팥은 일반저장의 경우에도 3~4년간 발아력이 유지되는 장명종자이다.
② 일반적으로 녹두는 고온에 의하여 개화가 촉진되나, 단일에 의하여 화아분화는 지연된다.
③ 강낭콩의 경우 왜성종은 동일 개체 내에서 거의 동시에 개화하지만, 만성종은 6~7마디에서 먼저 개화하고 점차 윗마디로 개화해 올라간다.
④ 땅콩의 등숙일수는 대체로 소립종이 대립종보다 더 짧다.

20 벼의 결실과 환경조건에 따른 영향에 대한 설명으로 옳지 않은 것은?

① 쌀알의 외형적 발달은 길이, 너비, 두께의 순서로 형성되며, 수정 후 25일 정도면 현미의 전체 형태가 완성된다.
② 현미의 건물중은 개화 후 10~20일 사이에 현저하게 증대되어 25일경에 최대에 달하고, 35일 이후에는 약간 감소한다.
③ 결실기의 고온은 일반적으로 벼의 성숙기간을 단축시키며, 이삭으로의 탄수화물 전류량은 17~29°C 범위의 온도에서는 고온일수록 많다.
④ 이삭수는 분얼성기에 환경에 강한 영향을 받으며, 최고분얼기 후 10일 이후는 거의 영향을 받지 않는다.

ANSWER 18.② 19.② 20.②

18 ② 활착기 후에 5~7일 동안은 새 뿌리가 밸상하는 기간이다. 물을 6~10cm 정도로 깊게 관개한다.

19 ② 녹두는 고온과 단일 조건에서 개화와 화아분화가 촉진된다.

20 ② 현미의 건물중은 개화 후 10~20일 사이에 현저하게 증대되어 30일경에 최대에 달하고, 35일 이후에는 약간 증가한다.

2021. 4. 17. 국가직 9급 시행

1 옥수수의 복교잡종에 대한 설명으로 옳은 것은?

① 교잡방법은 (A×B)×C이다.
② 채종량이 적다.
③ 종자의 균일성이 높다.
④ 채종작업이 복잡하다.

2 호밀의 결곡성에 대한 설명으로 옳지 않은 것은?

① 호밀에 나타나는 불임현상을 말한다.
② 직접적인 원인은 양수분의 부족이다.
③ 결곡성은 유전된다.
④ 염색체의 이상으로 발생되기도 한다.

3 유관속초세포가 매우 발달하여 광합성 효율이 높으며 광호흡이 낮은 작물은?

① 벼　② 콩
③ 옥수수　④ 감자

ANSWER 1.④ 2.② 3.③

1 ④ 복교잡종은 단교잡종보다 일반적으로 생산력이 떨어지고 채종 작업이 복잡하다.
① 3계교잡 ②③ 단교잡

2 ② 결곡성의 직접적인 원인은 미수분이다.

3 C_4 식물은 CO_2를 농축하여 광호흡을 억제한다. 또한, CO_2의 공급은 낮은 농도에서도 유지되므로, 광 수확으로부터의 에너지 저하가 항상 존재하므로, 광 시스템의 손상이 방지된다. 따라서 광호흡이 필요하지 않다. C_4 경로는 옥수수, 사탕수수, 바랭이 등과 같은 일부 외떡잎 식물에서 볼 수 있는 광합성 경로로 강한 햇빛과 높은 온도의 환경 조건에서 최적의 광합성 효율을 가진다.

4 다음은 작물과 그에 대한 내용을 정리한 것이다. ㉠과 ㉡에 해당하는 작물은?

작물명	학명	개화 유도 일장	품종
㉠	*Solanum tuberosum*	장일	남작, 하령
㉡	*Ipomoea batatas*	단일	황미, 신미

	㉠	㉡
①	고구마	감자
②	감자	고구마
③	감자	땅콩
④	고구마	땅콩

5 보리의 까락에 대한 설명으로 옳지 않은 것은?

① 길수록 광합성량이 많아져 건물생산에 유리하다.
② 제거하면 천립중이 증가한다.
③ 삼차망으로 변형될 수도 있다.
④ 흔적만 있는 무망종도 있다.

6 작물을 용도에 따라 분류할 때 협채류(莢菜類)에 해당하는 것은?

① 벼
② 귀리
③ 완두
④ 고구마

ANSWER 4.② 5.② 6.③

4 ② 감자의 학명은 '*Solanum tuberosum*'이고, 고구마의 학명은 '*Ipomoea batatas*'이다.

5 ② 제거하면 천립중이 감소한다.

6 ③ 협채류는 미숙한 콩깍지를 통째로 이용하는 채소로 완두, 강낭콩, 동부 등이 있다.

7 밭작물의 생리 · 생태적 특성에 대한 설명으로 옳은 것은?

① 콩은 자연에서 일장감응이 거의 일어나지 않는다.
② 보리는 고온에서 등숙기간이 길어진다.
③ 호밀은 내동성(耐凍性)이 약한 작물이다.
④ 옥수수는 장일조건에서 출수가 촉진된다.

8 완두에 대한 설명으로 옳은 것은?

① 완두의 학명은 *Vigna unguiculata*이다.
② 서늘한 기후를 좋아하고 강산성토양에 약하다.
③ 기지현상이 적어 널리 재배되고 있다.
④ 주성분은 당질이고, 단백질과 지질도 풍부하다.

9 율무에 대한 설명으로 옳지 않은 것은?

① 꽃은 암 · 수로 구분되며, 대부분 타가수분을 한다.
② 자양강장제, 건위제 등의 약용으로 이용된다.
③ 출수는 줄기 윗부분의 이삭으로부터 시작한다.
④ 보통 이랑은 30cm, 포기사이는 10~30cm로 심는다.

ANSWER 7.① 8.② 9.④

7 ② 보리는 고온에서 등숙기간이 짧아진다.
③ 호밀은 내동성(耐凍性)이 강한 작물이다.
④ 옥수수는 단일조건에서 출수가 촉진된다.

8 ① 완두의 학명은 *Pisum sativum*이다.
③ 기지현상이 심하여 널리 재배되지 못하고, 각 농가에서 소규모로 재배되는 경우가 많다.
④ 주성분은 당질이며, 단백질은 풍부하지만 지질은 적다.

9 ④ 보통 이랑은 60cm, 포기 사이 10cm 정도에 1본으로 하거나, 포기 사이 20cm에 2본으로 한다.

10 벼의 발아에 대한 설명으로 옳은 것은?

① 발아하려면 건물중의 60% 이상의 수분을 흡수해야 한다.
② 산소의 농도가 낮은 조건에서는 발아하지 못한다.
③ 암흑상태에서 중배축의 신장은 온대자포니카형이 인디카형보다 대체로 짧다.
④ 발아온도는 품종에 따라 차이가 있지만, 일반적으로 최적온도는 20~25℃이다.

11 다음 조건에서 10a당 콩의 개체 수는?

- 이랑과 포기사이를 각각 50cm와 20cm 간격의 재식밀도로 한 알씩 밭에 심었다.
- 최종적으로 싹이 올라온 콩의 비율이 80%이다.

① 8,000
② 9,000
③ 80,000
④ 90,000

ANSWER 10.③ 11.①

10 ① 발아하려면 건물중의 30~35%의 수분을 흡수해야 한다.
② 산소의 농도가 낮은 조건에서도 무기호흡에 의해 80% 발아한다.
④ 발아온도는 품종에 따라 차이가 있지만, 일반적으로 최적온도는 30~32℃이다.

11 콩 한 알 면적 : $0.5 \times 0.2 = 0.1(m^2)$
$10a = 1,000m^2$
10a에 심어진 콩 : $1,000 \div 0.1 = 10,000$
$10,000 \times 0.8 = 8,000$

12 벼 재배 시 애멸구가 매개하는 병해로만 묶은 것은?

> ㉠ 줄무늬잎마름병
> ㉡ 깨씨무늬병
> ㉢ 잎집무늬마름병
> ㉣ 검은줄오갈병

① ㉠, ㉡ ② ㉠, ㉣
③ ㉡, ㉢ ④ ㉢, ㉣

13 논토양에 대한 설명으로 옳지 않은 것은?

① 논토양은 담수 후 상층부의 산화층과 하층부의 환원층으로 토층분화가 일어난다.
② 미숙논은 투수력이 낮고 치밀한 조직을 가진 토양으로 양분 함량이 낮다.
③ 염해논에 석고·석회를 시용하면 제염 효과가 떨어진다.
④ 논토양의 지력증진 방법에는 유기물 시용, 객토, 심경, 규산 시비 등이 있다.

ANSWER 12.② 13.③

12 애멸구는 현재까지 국내에서 벼에 줄무늬잎마름병(縞葉枯病), 검은줄오갈병(黑條萎縮病), 옥수수에 검은줄오갈병, 보리에 북지모자익병을 매개하는 것으로 알려졌다.
㉡㉢ : 곰팡이병

13 ③ 염분농도가 높고 유기물이 적은 논은 볏짚, 석고 또는 퇴비를 시용하거나 객토를 하면 땅심이 높아지고 제염 효과도 크다.

14 감자의 형태에 대한 설명으로 옳은 것은?

① 괴경에서 발아할 때는 땅속줄기에서 섬유상의 측근이 발생하지 않는다.
② 괴경에는 많은 눈이 있는데, 특히 정단부보다 기부에서 많다.
③ 꽃송이는 줄기의 중간에 달리고 꽃은 5개의 수술과 1개의 암술로 구성되어 있다.
④ 과실은 장과이며 종자는 토마토의 종자와 모양이 비슷하다.

15 산성토양에 대한 적응성이 강한 순서대로 바르게 나열한 것은?

① 귀리 > 밀 > 보리
② 밀 > 보리 > 귀리
③ 보리 > 귀리 > 밀
④ 밀 > 귀리 > 보리

16 다음 도정 과정에서 벼의 제현율[%]은?

- 정선기로 정선한 벼 시료 1.0kg을 현미기로 탈부한 후 1.6mm 줄체로 쳐서 분리했을 때, 현미가 800g이고, 설미가 100g이었다.
- 백미를 1.4mm 줄체로 쳐서 체를 통과한 쇄미가 70g이었다.

① 10
② 17
③ 80
④ 90

ANSWER 14.④ 15.① 16.③

14 ① 괴경에서 발아할 때는 줄기에서 섬유상의 측근만이 발생한다.
② 괴경에는 많은 눈이 있는데, 기부보다 정부에 많다.
③ 꽃송이는 줄기의 끝에 달리고 꽃은 5개의 수술과 1개의 암술로 구성되어 있다.

15 ① 산성토양에 대한 적응성이 강한 순서는 귀리 > 밀 > 보리 순이다.
※ 맥류의 생육에 가장 알맞은 토양의 pH
㉠ 보리 7.0~7.8
㉡ 밀 6.0~7.0
㉢ 호밀 5.0~6.0
㉣ 귀리 5.0~8.0

16 '제현율'이란 벼를 현미로 만들었을 때 비율을 말한다. 따라서 벼에서 현미가 되는 비율은 80%이다.

17 콩의 발육시기 약호와 발육 상태의 설명을 바르게 연결한 것은?

발육시기 약호	발육 상태
① V_3	제3복엽까지 완전히 잎이 전개되었을 때
② VE	초생엽이 완전히 전개되었을 때
③ R_8	95%의 꼬투리가 성숙기의 품종 고유색깔을 나타내었을 때
④ R_6	완전히 전개엽을 착생한 최상위 2마디 중 1마디에서 개화했을 때

ANSWER 17.③

17 콩의 생육단계표시(Fohr and Carviness, 1977)

기호	생육단계	생육상태/소요일수
		영양생장
VE	발아	떡잎이 토양표면으로 출현 / 5일
VC	초생엽출엽	초생엽이 전개된 상태
VI	제1본엽전개	제1본엽이 전개된 상태
V2	제2본엽전개	주경에 제2본엽이 전개된 상태
V3	제3본엽전개	주경에 제3본엽이 전개된 상태
⋮		
V(n)	제n본엽전개	제n본엽이 완전히 전개되었을 때
		생식생장
R1	개화시작	원줄기상에 꽃이 피었을때
R2	개화시	원줄기상 상위 두마디중 한마디에서 꽃이 완전 전개 된 때
R3	착협기	원줄기 상위4마디중 한마디에서 꼬투리가 5mm에 달한 때
R4	협비대기	원줄기 상위4마디중 한마디에서 꼬투리가 2㎝에 달한 때
R5	입비대시	원줄기 상위4마디중 한마디에서 꼬투리에서 종실이 3mm에 달한 때
R6	입비대성기	원줄기 상위4마디중 한마디에서 꼬투리가 푸른콩으로 충만된 때
R7	성숙시	원줄기에 착생한 정상꼬투리의 하나가 고유의 성숙된 꼬투리색을 나타낸 때
R8	성숙	95%의 꼬투리가 고유의 성숙된 꼬투리색을 나타낸 때

18 여교배 육종으로 개발된 품종은?

① 화성벼　　② 통일찰벼
③ 새추청벼　　④ 백진주벼

19 제초제로 사용되는 식물생장조절물질인 2, 4-D, MCPA 등의 주요 활성 호르몬은?

① Auxin　　② Gibberellin
③ Cytokinin　　④ ABA

20 벼의 화기 구성요소 중 발생학적으로 꽃잎에 해당하는 것은?

① 호영(護穎)
② 주심(珠心)
③ 내영(內穎)
④ 인피(鱗被

ANSWER 18.② 19.① 20.④

18 ② 여교배 육종은 우량 품종이 갖는 한두 가지 결점을 개량하는 데 효과적으로, 통일찰 품종은 여교배에 의해 육성된 예이다.

19 식물생장조절제의 종류

구분		종류
옥신류	천연	IAA, IAN, PAA
	합성	NAA, IBA, 2,4-D, 3,4,5-T, PCPA, MCPA, BNOA
지베렐린류	천연	GA_2, GA_3, GA_{4+7}, GA_{55}
시토키닌류	천연	제아틴(Zeatin), IPA
	합성	키네틴(Kinetin), BA
에틸렌	천연	C_2H_4
	합성	에세폰
생장억제제	천연	ABA, 페놀
	합성	CCC, B-9, phosphon-D, AMO-1618, MH-30

20 ④ 인피는 발생학적으로 꽃덮개 또는 꽃잎에 해당한다.

2021. 6. 5. 제1회 지방직 9급 시행

1 벼에서 수잉기의 과번무가 생장에 미치는 영향으로 옳지 않은 것은?

① 건물생산이 적어진다.
② 도복이 쉽게 일어난다.
③ 뿌리의 기능이 저하된다.
④ 줄기에서 C/N율이 높아진다.

2 실온에 저장한 작물 종자의 수명이 가장 긴 것은?

① 땅콩
② 메밀
③ 벼
④ 옥수수

ANSWER 1.④ 2.③

1 ④ N을 과다 사용하면 과번무하고 잎수도 증가하며, N량의 과다는 C/N율을 낮춘다.

2 ①②④ 단명종자(1~2년) ③ 상명종자(3~5년)

※ 종자의 수명

구분	단명종자(1~2년)	상명종자(3~5년)	장명종자(5년 이상)
농작물류	콩, 땅콩, 목화, 옥수수, 해바라기, 메밀, 기장	벼, 밀, 보리, 완두, 페스큐, 귀리, 유채, 켄터키블루그래스, 목화	클로버, 앨팰퍼, 사탕무, 베치
채소류	강낭콩, 상추, 파, 양파, 고추, 당근	배추, 양배추, 방울다다기양배추, 꽃양배추, 멜론, 시금치, 무, 호박, 우엉	비트, 토마토, 가지, 수박
화훼류	베고니아, 팬지, 스타티스, 일일초, 콜레옵시스	알리섬, 카네이션, 시클라멘, 색비름, 피튜니아, 공작초	접시꽃, 나팔꽃, 스토크, 백일홍, 데이지

3 자식성 작물에서 한 쌍의 대립유전자에 대한 이형접합체(F_1, Aa)를 자식하면 F_2의 동형접합체와 이형접합체의 비율은?

① 1 : 1
② 1 : 2
③ 2 : 1
④ 3 : 1

4 다음에서 설명하는 수확 후 관리기술은?

> • 수분 함량이 높은 작물(감자 등)은 수확 작업 중 발생한 상처를 치유해야 안전저장이 가능하다.
> • 수확물의 상처에 유상조직인 코르크층을 발달시켜 병균의 침입을 방지하는 조치이다.

① CA저장
② 예냉
③ 큐어링
④ 상온통풍건조

5 불완전미에 대한 설명으로 옳지 않은 것은?

① 동절미는 쌀알 중앙부가 잘록한 쌀로 등숙기 저온, 질소 과다, 인산 및 칼리 결핍이 원인이다.
② 청미는 과피에 엽록소가 남아있는 쌀로 약세영화, 다비재배, 도복이 발생했을 때 많아진다.
③ 다미는 태풍으로 생긴 상처부로 균이 침입하여 색소가 생긴 쌀로 도정하면 쉽게 제거할 수 있다.
④ 동할미는 내부에 금이 간 쌀로 급속건조, 고온건조 시 발생한다.

ANSWER 3.① 4.③ 5.③

3 Aa를 자식하면 동형접합체 AA, aa와 이형접합체 2Aa가 전개되므로 동형접합체와 이형접합체의 비율은 1 : 1이다.

4 ③ 농산물의 상처를 아물게 하는 기술(마늘, 양파, 고구마, 감자 등)
① 저장고 안의 온·습도 및 산소와 이산화탄소의 농도를 정밀하게 제어해 농산물의 호흡을 지연시켜 품질변화를 최소화하는 저장기술
② 수확한 농산물의 품온을 빠른 시간 내 냉각시켜 신선도를 유지하는 기술
④ 상온의 공기 또는 약간 가열한 공기를 곡물 층에 통풍하여 낮은 온도에서 서서히 건조하므로써 건조로 인한 품질저하를 최소화하고 건조에 소요되는 에너지를 절약하는 동시에 식미를 최고로 유지할 수 있는 건조방법

5 ③ 다미는 수미라고도 한다. 현미가 다갈색의 반점이 있다. 태풍으로 생긴 벼알의 상처부로 균이 침입하여 과피에서 번식하여 횡세포에 색소가 생긴 것으로 현미의 발달이 불량하고 도정해도 탈색이 쉽지 않다.

6 인공교배하여 F_1을 만들고 F_2부터 매 세대 개체선발과 계통재배 및 계통선발을 반복하면서 우량한 유전자형의 순계를 육성하는 육종법은?

① 계통육종
② 순계선발
③ 순환선발
④ 집단육종

7 맥류의 추파성 제거에 대한 설명으로 옳지 않은 것은?

① 추파성 품종을 가을에 파종하면 월동 중의 저온단일조건에 의하여 추파성이 제거된다.
② 추파성의 제거에 필요한 월동기간은 추파성이 높을수록 짧아진다.
③ 춘화처리는 추파형 종자를 최아시켜서 일정기간 저온에 처리하여 추파성을 제거하는 것이다.
④ 추파형 호밀의 춘화처리 적정온도는 1~7˚C의 범위이다.

8 찰옥수수에 대한 설명으로 옳지 않은 것은?

① 우리나라 재래종은 황색찰옥수수가 가장 많다.
② 전분의 대부분은 아밀로펙틴으로 구성되어 있다.
③ 요오드화칼륨을 처리하면 전분이 적색 찰반응을 나타낸다.
④ 종자가 불투명하며 대체로 우윳빛을 띤다.

ANSWER 6.① 7.② 8.①

6 ① 잡종의 초기 세대로부터 우량개체를 선발하여 그 다음 세대를 계통으로 양성하고 후대 검정하는 육종방법이다. 목표로 하는 형질에 관여하는 유전자 수가 적고 그 형질의 유전적 가치의 판정이 용이할 때에는 육종효과가 매우 효과적이고 신속하나, 다수의 유전자가 관여하는 형질에서는 우량개체를 상실할 위험이 있다.
② 재래종으로부터 기본집단을 만들고 우량유전자형의 동형접합체를 선발
③ 검정교배에 의한 우량계통선발과 상호교배를 반복하는 방법
④ 자식성 식물에 적용되는 교잡육종의 하나로 잡종의 초기세대에 있어서는 개체선발을 하지 않고 집단으로서 양성하고, 후기세대에 가서 개체선발과 계통양성을 한다. 수량 등 양적형질의 육종에 대해서 유효하다.

7 ② 추파성의 제거에 필요한 월동기간은 추파성이 높을수록 길어진다.

8 ① 우리나라 재래종은 백색찰옥수수가 가장 많다.

9 다음에서 설명하는 옥수수 보급종 생산방식은?

> • 우리나라에서 많이 이용되고 있는 교잡유형으로 작물체 및 이삭이 매우 균일하다.
> • 잡종 1세대에서 나타나는 잡종강세 현상이 다른 교잡유형에 비하여 크다.
> • 종자친 2열마다 화분친 1열씩 파종하여 생산한다.

① 다계교잡종 ② 단교잡종
③ 복교잡종 ④ 삼계교잡종

10 감자의 용도에 대한 설명으로 옳지 않은 것은?

① 감자품종 중 홍영, 자심 등은 샐러드나 생즙용으로 이용이 가능하다.
② 감자칩용 품종은 모양이 원형이어야 하고 저장온도는 7~10℃가 좋다.
③ 가공용 품종은 건물 함량이 낮고 환원당 함량이 높아야 한다.
④ 적색과 보라색 감자는 안토시아닌 색소 성분이 있어 항산화 기능성이 높다.

ANSWER 9.② 10.③

9 ② 단교잡종은 두 개의 자식계통(A×B) 간 교잡에 의해서 이뤄진다. 다른 교잡에 비해 수량이 많고 품종 개발이 쉬워 육성된 품종이 많다. 단교잡종은 식물 개체 간의 균일도가 높기 때문에 상품화와 기계화 재배에 유리하다. 그러나 F_1 종자가 생산되는 종자친이 생산력이 낮은 자식계통으로, 채종량이 적은 탓에 종자 값이 비싸며 유전자도 적은 수가 관여하고 있어 어떤 재해에 대해서 견딜 확률이 떨어질 수 있다.
① 다계교잡은 [(A×B)×(C×D)]×[(E×F)×(G×H)] 또는 그보다 많은 계통을 교잡하는 방법이다.
③ (A×B)×(C×D)와 같이 4개의 자식계통 간에 교잡된 종이다. 생육이 왕성한 단교 잡종 식물체에서 종자를 생산하고 꽃가루 발생도 많아, 종자 생산에서는 어느 교잡종보다 채종량이 많다. 그러나 단교잡종에 비해 균일성과 수량성이 떨어지고 단교잡종의 채종 기술도 크게 발달하여, 현재는 많이 이용되지 않는다.
④ (A×B)×C의 3개의 자식계통 간에 교잡된 종이다. 종자가 생산되는 종자친이 단교잡종으로 채종량이 많기 때문에 단교잡종보다 종자 생산비가 싸고, 복교잡종보다는 비싸다. 식물체 간의 균일도나 수량은 복교잡종보다 높아 많이 이용되고 있다. 개발된 우리나라 품종으로는 횡성옥, 진주옥 등이 있다.

10 ③ 가공용 품종은 건물 함량이 높고 환원당 함량이 낮아야 한다.

11 콩과작물의 근류균에 대한 설명으로 옳지 않은 것은?

① 뿌리혹 속의 박테로이드 세포 내에서 공중질소 고정이 일어난다.
② 근류균은 토양 중에 질산염이 적은 조건에서 질소고정이 왕성하다.
③ 근류균은 호기성 세균의 특성을 가지고 있다.
④ 팥은 콩보다 근류균의 착생과 공중질소의 고정이 더 잘 일어난다.

12 고구마의 괴근 비대를 촉진하는 조건으로 옳지 않은 것은?

① 칼리질 비료를 시용하면 좋다.
② 장일조건이 유리하다.
③ 토양수분은 최대용수량의 70~75°%가 좋다.
④ 토양온도는 20~30℃가 알맞지만 변온이 비대를 촉진한다.

13 귀리의 재배적 특성으로 옳지 않은 것은?

① 내동성이 약하다.
② 내건성이 약하다.
③ 냉습한 기후에 잘 적응한다.
④ 토양적응성이 낮아 산성토양에 약하다.

ANSWER 11.④ 12.② 13.④

11 ④ 팥은 뿌리의 형태는 콩의 뿌리와 비슷하지만 선단이 다른 두류보다 많이 분지하는 경향이 있고 뿌리혹의 착생과 공중질소의 고정은 콩의 경우보다 떨어진다.

12 ② 저온단일 조건이 유리하다.
※ 괴근비대에 관여하는 조건
㉠ 토양온도 : 20~30℃가 가장 알맞지만 주야간 온도교차가 많을 때 괴근의 비대를 촉진한다.
㉡ 토양수분 : 최대용수량의 70~75%가 가장 알맞으며 토양통기가 양호하여야 한다.
㉢ 토양산도 : pH 4~8의 범위에서는 크게 영향을 받지 않고 고구마 생육에 지장이 없다. 고구마는 토양이 산성이나 중성토양에서 잘 자라므로 석회시용은 할 필요가 없다.
㉣ 일조 : 토양수분이 충분하면 일조가 많을수록 좋다. 일장은 10시간 50분~11시간 50분의 단일조건이 괴근비대에 좋다.
㉤ 비료성분 : 칼리질비료의 효과가 크고 질소질비료 과용은 지상부만 번무시키고 괴근의 형성 및 비대에는 불리하다.

13 ④ 토양적응성이 높아 산성토양에 강하다. 귀리는 화본과 식물로서 저당분, 고영양가, 고에너지 식품이다. 귀리는 성미감평, 익비양심, 염한 작용이 있으므로 체허자한, 도한이나 폐결핵 환자에게 탕약으로 복용할 수 있다. 귀리는 내한성, 내건성이 뛰어나 토양에 대한 적응력이 매우 강하며 자파에 의해 번식된다.

14 벼에서 유기농산물로 인증받기 위해 많이 사용하는 병해충 방제제로 옳은 것은?

① 깻묵
② 보르도액
③ 쌀겨
④ 베노람수화제

15 벼의 품종에 대한 설명으로 옳지 않은 것은?

① 비바람에 잘 쓰러지면 내도복성이 높은 품종이다.
② 온도와 일장으로 결정되는 생육 일수가 짧은 것은 조생종이다.
③ 저온에 피해를 입지 않고 잘 견디면 내냉성이 높은 품종이다.
④ 특정 병에 대한 저항성이 있으면 내병성이 높은 품종이다.

16 잡종강세육종법에 대한 설명으로 옳지 않은 것은?

① 다양한 교배친들 간의 조합능력 검정이 필요하다.
② 두 교배친의 우성대립인자들이 발현하여 우수형질을 보인다.
③ 옥수수, 수수 등에 이어서 벼에도 적용되고 있다.
④ 자식성 작물이 타식성 작물에 비해 잡종강세 효과가 크다.

ANSWER 14.② 15.① 16.④

14 병해충 관리를 위한 유기농산물 허용물질 : 보르도액, 제충국추출물, 해수 및 천일염, 목초액, 밀납, 인지질, 카제인, 생석회 및 소석회

15 ① 비바람에 잘 쓰러지면 내도복성(쓰러짐에 견디는 특성)이 낮은 품종이다.

16 ④ 타식성 작물이 자식성 작물에 비해 잡종강세 효과가 크다.

※ 잡종강세육종법

잡종강세육종법은 잡종강세가 왕성하게 나타나는 F_1 자체를 품종으로 이용한다. 잡종자손의 형질이 부모보다 우수하게 나타나는 현상 이용을 이용한 것이다.

※ 잡종강세 이용의 구비조건

㉠ 1회의 교잡에 의해서 많은 종자를 생산할 수 있어야 한다.
㉡ 교잡 조작이 용이하여야 한다.
㉢ 단위 면적당 재배에서 요하는 종자량이 적어야 한다.
㉣ F_1을 재배하는 이익이 F_1을 생산하는 경비보다 커야 한다.

17 콩의 개화에 대한 설명으로 옳은 것은?

① 만생종은 상대적으로 감온성이 크다.
② 콩의 한계일장은 12시간이다.
③ 한계일장이 초과되면 개화가 촉진된다.
④ 한계일장 이하에서 개화가 촉진된다.

18 벼의 생육상이 전환되는 유수분화기에 대한 설명으로 옳지 않은 것은?

① 엽령지수가 80~83 정도이다.
② 이삭목 마디의 분화가 시작된다.
③ 주간의 출엽속도가 8일 정도로 늦어진다.
④ 주간 상위 마디의 절간이 신장된다.

19 두류에 대한 설명으로 옳지 않은 것은?

① 동부는 고온에서도 잘 견딘다.
② 완두는 서늘한 기후에서 잘 자란다.
③ 녹두의 주성분은 당질이고 지질함량도 20%로 높다.
④ 땅콩의 주성분은 지질로 43~45%가 함유되어 있고 단백질 함량도 높다.

ANSWER 17.④ 18.① 19.③

17 ① 조생종은 상대적으로 감온성이 크다.
② 콩의 한계 일장은 조생종은 11~13시간, 중생종은 10~12시간, 만생종은 8~10시간 이하이다.
③ 한계일장이 부족하면 개화가 촉진된다.

18 ① 유수분화기에 엽령지수는 76~78 정도이며, 영화분화시기는 87이다.

19 ③ 녹두의 주성분은 당질이고 지질함량도 0.7%로 낮다.

20 그림의 ㈎~㈑에 들어갈 벼의 재배형으로 옳은 것은?

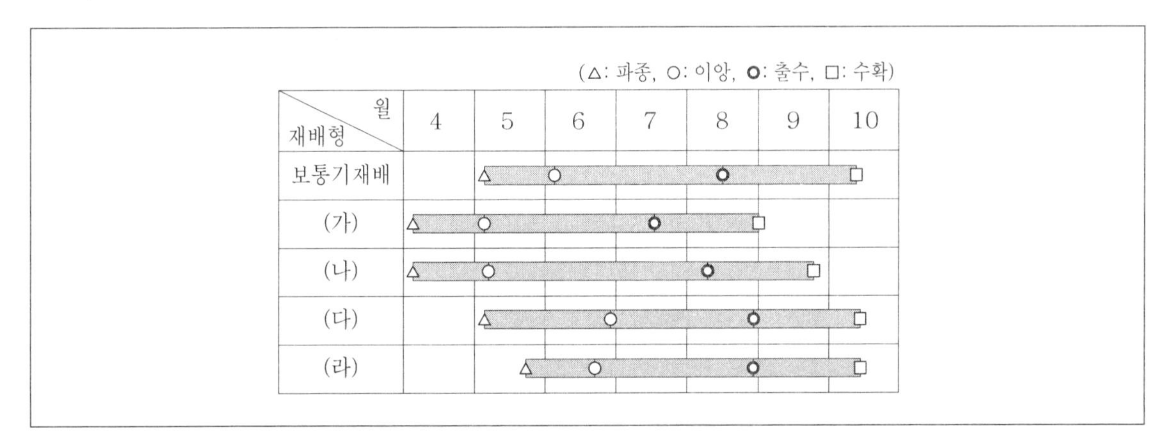

	㈎	㈏	㈐	㈑
①	조기재배	조식재배	만식재배	만기재배
②	조식재배	조기재배	만식재배	만기재배
③	조기재배	조식재배	만기재배	만식재배
④	조식재배	조기재배	만기재배	만식재배

ANSWER 20.①

20 ㈎ 조기재배 : 조파 – 조식 – 조기수확
㈏ 조식재배 : 조파 – 조식 – 적기수확
㈐ 만식재배 : 적파 – 만식 – 적기수확
㈑ 만기재배 : 만파 – 만식 – 적기수확

2021. 9. 11. 제2차 국가직 7급 시행

1 고구마의 교잡육종을 위해 인위적으로 개화를 유도하는 방법으로 옳지 않은 것은?

① 고구마 덩굴의 기부에 환상박피를 한다.
② 나팔꽃의 대목에 고구마의 순을 접목한다.
③ 고구마 포기를 월동(越冬)시킨다.
④ 고구마 순을 장일처리(12~14시간)한다.

2 고구마와 감자의 수확 후 치유 및 저장에 대한 설명으로 옳은 것은?

① 고구마 본저장을 위한 저장고의 적온은 12~15°C이다.
② 고구마의 치유에 적당한 기간은 감자보다 길다.
③ 감자의 치유에 적당한 온도는 고구마보다 높다.
④ 씨감자 저장 중 발아억제를 위해서는 방사선(γ선)처리 또는 지베렐린과 에스렐을 혼합처리한다.

ANSWER 1.④ 2.①

1 ④ 단일식물인 단일처리를 하는 것이 개화를 촉진할 수 있다.

2 ② 고구마의 치유에 적당한 기간은 감자보다 짧다.
③ 감자의 치유에 적당한 온도는 고구마보다 낮다.
④ 씨감자 저장 중 발아억제를 위해서는 방사선(γ선)처리를 한다. 지베렐린과 에스렐을 혼합처리는 발아를 촉진한다.

3 다음 개화 특성을 갖는 작물은?

> • 일반적인 환경에서 개화 성기가 오후 3시까지 이어진다.
> • 대체로 줄기나 꽃송이의 아랫부분부터 개화하고, 개화기간은 14~16일 정도이다.

① 콩 ② 팥
③ 완두 ④ 땅콩

4 잡곡에 대한 설명으로 옳은 것은?

① 피는 기온이 높은 곳에 잘 적응하고 내냉성이 강하다.
② 조는 심근성이고 요수량이 많아 한발에 약하다.
③ 기장은 천근성이고 요수량이 많아 내건성이 약하다.
④ 율무는 서늘한 기후를 좋아하여 고온에서는 생육이 불량하다.

5 수수에 대한 설명으로 옳은 것은?

① 약알카리성 토양에 약하고 강산성 토양에 강하다.
② 고온에 약하여 40~43°C에서는 수정이 불가능하다.
③ 재배지의 무상일수는 50~60일이 필요하다.
④ 콩과작물보다 물이용 효율이 높아 내건성이 강하다.

ANSWER 3.③ 4.① 5.④

3 완두는 일반적인 환경에서 개화 성기가 오후 3시까지 이어지고, 대체로 줄기나 꽃송이의 아랫부분부터 개화하고, 개화기간은 14~16일 정도이다.

4 ② 조는 천근성이고 요수량이 적고 한발에 강하다.
③ 장은 천근성이고 요수량이 적고 내건성이 강하다.
④ 율무는 따뜻한 기후를 좋아하여 고온에서 생육이 가능하다.

5 ① 강산성 토양에 약하고 알칼리성 토양에 강하다.
② 30~35°C에서 잘자라며 고온에 내성이 강하다.
③ 재배지의 무상일수는 100일 이상이 필요하다.

6 벼의 병해충과 기상재해에 대한 설명으로 옳지 않은 것은?

① 줄무늬잎마름병은 잡초나 답리작물에서 바이러스를 지닌 애멸구에 의하여 전염된다.
② 혹명나방은 우리나라에서 월동하지 못하는 비래해충으로 잎집을 흡즙하여 고사시키며 그을음병을 발생시킨다.
③ 백수현상은 출수 3~4일 이내 야간에 25°C 이상, 습도 65% 이하, 풍속 4~8m/s의 이상건조풍이 불면 발생한다.
④ 침관수해로 수온이 높으면 청고현상이 나타나고, 수온이 낮으면 적고현상이 나타나 고사한다.

7 작물과 발아조건에 대한 설명으로 옳은 것만을 모두 고르면?

㉠ 메밀의 발아온도는 최저 0~4.8°C이고, 최적 25~31°C이다. ㉡ 강낭콩은 3년째 발아율이 70~80% 정도 유지된다. ㉢ 땅콩은 1~2년의 단명종자이며 발아온도는 최저 3°C이다. ㉣ 밀은 종자 풍건중의 약 30%에 달하는 수분을 흡수해야 발아한다. ㉤ 동부의 발아적온은 30~35°C이고, 45°C에서 발아하는 것도 있다.

① ㉠, ㉡
② ㉢, ㉣
③ ㉠, ㉣, ㉤
④ ㉢, ㉣, ㉤

8 병원(病原)의 분류가 나머지 셋과 다른 것은?

① 도열병
② 깜부기병
③ 깨씨무늬병
④ 오갈병

ANSWER 6.② 7.③ 8.④

6 ② 혹명나방은 해외에서 한국으로 오는 비래해충으로 국내에서는 월동을 하지 못한다. 벼잎을 1개씩 세로로 돌돌 말아서 감싼 잎을 가해하여 피해를 준다.

7 ㉡ 온도의 영향을 받으므로 저장 조건에 따라서 발아율이 달라진다.
㉢ 땅콩은 1~2년의 단명종자이며 발아온도는 12~15°C이다.

8 ④ 바이러스에 의해 발생하는 병이다.
①②③ 곰팡이에 의해 발생하는 병이다.

9 ㈎, ㈏에서 설명하는 감자의 생리장해 현상을 바르게 연결한 것은?

> ㈎ 괴경비대기에 과다관수로 습해를 받아 발생하며, 괴경 표면의 눈이 하얗게 부풀어 오르는 증상이다.
> ㈏ 고온, 건조, 수분부족 등의 조건에서 칼슘부족으로 괴경의 육질부위에 변색이 불규칙하게 다수 산재되어 나타나는 증상으로, 감자 표면에는 나타나지 않는다.

	㈎	㈏
①	백화증	내부갈색반점
②	피목비대	내부갈색반점
③	백화증	흑색심부
④	피목비대	흑색심부

10 콩의 온도와 일장에 대한 설명으로 옳은 것은?

① 원줄기 길이는 고온일수록 길어지며 25°C 전후에서 최고에 달한다.
② 올콩은 한계일장이 짧고 감온성이 낮은 품종으로 감광성이 높다.
③ 결협률은 야간온도가 30°C 이상일 때 높다.
④ 고온에 의한 종실 발달 촉진 정도는 종실 발달 후기보다 전기가 크다.

11 8배체 트리티케일(AABBDDRR)을 얻을 수 있는 맥류의 교배조합은?

① durum 밀 × 호밀
② 밀 × 귀리
③ 보통밀 × 호밀
④ 호밀 × 보리

ANSWER 9.② 10.① 11.③

9 ㈎ 피목비대 : 감자의 표면에 작은 흰색 혹이 생기는 현상으로, 고온다습한 환경에서 발생합니다.
㈏ 내부갈색반점 : 감자 내부에 갈색 반점이 생기는 현상으로, 고온과 물 부족 스트레스로 인해 발생한다.

10 ② 올콩은 한계일장이 14시간 이상으로 길다.
③ 결협률은 야간온도가 20°C 내외일 때 높다.
④ 고온에 의한 종실 발달 촉진 정도는 종실 발달 전기보다 후기가 크다.

12 '보통밀 × 호밀' 교배조합을 통해서 8배체 트리티케일(AABBDDRR)을 얻을 수 있다. 보통밀(AABBDD) × 호밀(RR) 교배를 통해서 AABBDDRR의 염색체 구성을 갖는다.

12 벼의 수량구성요소에 대한 설명으로 옳은 것만을 모두 고르면?

> ㉠ 1수영화수 증가는 분얼최성기에 가장 강하게 영향을 받는다.
> ㉡ 등숙비율은 감수분열기부터 영향을 받기 시작하여 출수 후 10일을 경과하면 영향을 받지 않는다.
> ㉢ 입중이 가장 감소되기 쉬운 시기는 감수분열 성기와 등숙 성기이다.
> ㉣ 수량에 강한 영향력을 미치는 구성요소 순위는 이삭수, 1수영화수, 등숙비율, 천립중 순서이다.
> ㉤ 이삭수는 분얼 성기에 강한 영향을 받으며, 영화분화기가 지나면 거의 영향을 받지 않는다.

① ㉠, ㉡, ㉢
② ㉠, ㉣, ㉤
③ ㉡, ㉢, ㉣
④ ㉢, ㉣, ㉤

13 벼의 품종에 대한 설명으로 옳은 것은?

① 질소다비조건에서 다수를 올리는 품종은 초장이 길고 잎이 만곡형이다.
② 열대지역인 동남아시아 저위도 지역에서는 기본영양생장성이 작고, 감광성이 매우 둔감한 품종이 분포한다.
③ 직파적응성 품종은 내도복성이고, 고온발아력이 강하며, 초기 생장이 빨라야 한다.
④ 조생종은 감광성에 비하여 감온성이 상대적으로 크고, 만생종은 감온성보다 감광성이 상대적으로 크다.

ANSWER 12.④ 13.④

12 ㉠ 이삭수 증가는 분얼최성기에 가장 강하게 영향을 받는다.
㉡ 출수 후 20일 정도까지는 등숙이 진행된다.

13 ① 초장이 짧고 잎이 직립형이다.
② 기본영양생장성이 크고 감광성이 강한 품종이 분포한다.
③ 직파적응성 품종은 저온발아력이 강하다.

14 멥쌀과 찹쌀에 대한 설명으로 옳은 것은?

① 멥쌀의 아밀로오스 함량은 70~85%이다.
② 멥쌀보다 찹쌀의 비중이 높다.
③ 찹쌀은 유백색이고 불투명하다.
④ 요오드 반응에서 멥쌀은 붉은색으로, 찹쌀은 청남색으로 염색된다.

15 기장의 생리 및 생태적 특징에 대한 설명으로 옳은 것은?

① 기장의 발아온도는 최적 15~20°C이다.
② 감온형인 봄기장과 감광형인 그루기장으로 분화되어 있다.
③ 분얼 수는 피보다 많아 7~8본 분얼하고, 개화기는 출수 후 7~10일 전후이다.
④ 저온춘화에 의하여 출수가 촉진되고, NAA 처리에 의하여 수량이 증가된다.

16 콩 재배 시 병충해에 대한 설명으로 옳지 않은 것은?

① 뿌리에 선충이 기생하면 구형의 시스트(cyst)를 형성하고 뿌리발달을 저해하여 수량이 현저히 감소한다.
② 콩모자이크 바이러스는 진딧물에 의해 매개되며 잎이 오그라들고 쪼글거리며 종자로 전염된다.
③ 흑점병은 지상부의 각 부위에서 발생하며 꼬투리는 밀가루를 발라 놓은 것처럼 하얗게 보인다.
④ 자반병은 장마기에 주로 잎에서 발생하며 다각형의 적갈색 병반이 발생하여 수량이 현저히 감소한다.

ANSWER 14.③ 15.② 16.④

14 ① 멥쌀의 아밀로오스 함량은 15~25%이다.
② 멥쌀보다 찹쌀의 비중이 낮다.
④ 요오드 반응에서 멥쌀은 청남색으로, 찹쌀은 붉은색으로 염색된다.

15 ① 기장의 발아온도는 최적 25~30°C이다.
③ 기장의 분얼 수는 분얼 수는 피보다 적다.
④ 기장은 저온춘화에 출수가 촉진되지 않는다.

16 ④ 자반병은 잎, 줄기, 꼬투리, 종자에서 병징이 나타난다. 특히 잎과 종자에서 뚜렷한 병징이 나타난다. 불규칙한 모양의 적자색 병반이 나타난다.

17 밀의 품질에 대한 설명으로 옳은 것만을 모두 고르면?

> ㉠ 밀알이 굵고 껍질이 얇은 것이 배유율이 높고 제분율도 높다.
> ㉡ 밀가루색은 회분이 많으면 황색을 띠고, 배유에 카로티노이드가 많으면 흑색을 띤다.
> ㉢ 연질분은 단백질과 부질의 함량이 적으며, 신전성이 다소 강한 것은 국수용에 알맞다.
> ㉣ 등숙기에 서늘하고 토양수분이 적당할 경우에는 단백질 함량이 높은 밀이 생산된다.
> ㉤ 초자질밀은 분상질밀에 비하여 단백질 함량은 높고 지방과 전분함량이 낮다.

① ㉠, ㉡, ㉣ ② ㉠, ㉢, ㉤
③ ㉠, ㉣, ㉤ ④ ㉡, ㉢, ㉣

18 아시아벼(*O. sativa*)와 아프리카벼(*O. glaberrima*)에 대한 설명으로 옳지 않은 것은?

① 아시아벼는 수확 후 벼 그루터기에서 새로 움이 트지 않는다.
② 아프리카벼는 잎혀가 작고 이삭이 곧추서며 2차 지경이 없다.
③ 아시아벼와 아프리카벼는 모두 2배체로 기본 염색체 수 n=12이다.
④ 아시아벼와 아프리카벼의 교잡종자를 파종하면, 생육은 정상이나 종자는 형성되지 않는다.

19 밀의 기원에 대한 설명으로 옳은 것은?

① 빵밀은 2배체인 야생밀 두 종간의 자연교잡으로 만들어졌다.
② 밀이 재배화된 연대는 호밀이나 보리보다 매우 늦다.
③ 보통밀의 원산지는 아프가니스탄에서 코카서스에 이르는 지역이다.
④ 2립계 마카로니밀은 동질 4배체이다.

ANSWER 17.② 18.① 19.③

17 ㉡ 배유에 카로티노이드가 많으면 황색을 띤다.
㉣ 서늘한 온도, 적당한 토양수분과 함께 질소가 충분히 공급되어야 단백질 함량이 높은 밀이 생산된다.

18 ① 아시아벼는 수확 후에도 벼 그루터기에서 새로 움이 트는 능력이 있다.

19 ① 여러 단계의 교잡 과정을 통해 형성된 복잡한 여섯배체 작물이다.
② 밀은 보리와 비슷한 시기에 재배화 되었고, 호밀이 가장 늦게 재배화되었다.
④ 2립계 마카로니밀은 4배체이다.

20 보리에 대한 설명으로 옳은 것은?

① 두줄보리와 여섯줄보리는 하나의 야생원종으로부터 발생하여 유전적으로 근연(近緣)이다.
② 겉보리는 유착물질이 분비되지 않아 껍질이 쉽게 분리된다.
③ 눌린보리쌀은 가용성무질소물이 주성분이고, 사료로 이용하는 보릿겨는 전분이 주성분이다.
④ 보리는 대체로 출수와 동시에 개화가 이루어지며 한 이삭의 개화일수는 4~5일이다.

21 벼의 재배양식에 대한 설명으로 옳지 않은 것은?

① 만식재배는 적기에 파종하였으나 늦게 모내기하는 재배양식으로 못자리에서 밀식하여 모의 노화를 경감시킨다.
② 만기재배는 감자·채소 등의 후작(後作)으로 늦게 모내기하는 재배양식으로 감온성과 감광성이 모두 둔감한 품종을 선택해야 한다.
③ 조기재배는 벼 생육가능기간이 짧은 북부 및 산간고냉지에 알맞은 재배양식으로 감온성 품종이 적합하다.
④ 조식재배는 중·만생종을 조기에 이앙하여 다수확을 목적으로 하는 재배양식으로 유효분얼 확보에 유리하다.

ANSWER 20.④ 21.①

20 ① 두줄보리와 여섯줄보리는 하나의 야생원종으로부터 발생하였으나 유전자형이 다르다.
② 겉보리는 유착물질이 분비되지 않아 껍질이 쉽게 분리되지 않는다.
③ 눌린보리쌀의 주성분은 주로 전분이다.

21 ① 만식재배는 파종 시기를 늦게 하는 재배방식에 해당한다. 밀식재배가 못자리에서 모를 밀도 높게 키우면서 모의 생육을 촉진하고 노화를 경감시킨다.

22 잡곡 종실에 대한 설명으로 옳은 것은?

① 기장은 영과이고 단단하고 광택이 있는 호영으로 싸여 있으며 중간 껍질에 종종 전분입자가 함유되어 있다.

② 조는 수과이고 대체로 삼각릉형을 이루고 있으며 성숙하면 갈색, 암갈색 때로는 은회색으로 된다.

③ 피는 영과이고 미숙립은 녹색 또는 자색이나 성숙립은 회백색 또는 암갈색이다.

④ 수수는 영과이고 방추형의 소립으로 천립중이 4~5g이며 입색은 황색, 황갈색이 가장 많다.

23 바이오테크놀로지에 의한 작물육종에 대한 설명으로 옳은 것은?

① 콩에 제초제 저항성 유전인자를 형질전환으로 도입하여 Roundup Ready가 개발되었다.

② *bar* (PPT acetyltransferase) 유전자를 옥수수 작물에 도입하여 내충성 품종이 육성되었다.

③ 새추청벼는 약배양에 의해 개발되었으며, 황금쌀은 형질전환에 의해 안토시아닌이 함유된 품종으로 개발되었다.

④ 다형현상을 통해 이종의 세포질과 핵이 모두 정상인 원형질체를 융합한 세포질잡종 식물을 얻는다.

ANSWER 22.③ 23.①

22 ① 기장은 중간 껍질에 종종 전분입자가 함유되어 있지 않다.
② 조는 영과이다.
④ 수수 천립중은 22.5~27.5g에 해당한다.

23 ② Bacillus thuringiensis (Bt) 유전자이다.
③ 황금쌀은 형질전환을 통해 베타카로틴이 함유된 품종으로 개발되었다.
④ 원형질체 융합을 통해 이종의 세포질과 핵이 모두 정상인 원형질체를 융합한 세포질잡종 식물을 얻는다.

24 벼의 양분 흡수와 이용에 대한 설명으로 옳은 것은?

① 인이 부족하면 잎이 좁아지고 농녹색으로 변하나 분얼에는 영향을 주지 않는다.
② 질소는 생육초기부터 집적하여 출수기에 최대를 보이나, 칼슘은 생육초기에 최대치를 나타낸다.
③ 1일 흡수량이 철과 마그네슘은 출수 전 10~20일에 최대가 되고 규소과 망간은 출수 직전에 최대가 된다.
④ 칼륨 함량은 생육초기에는 엽신보다 줄기에서 높고 출수 후에는 줄기보다 엽신에서 높다.

25 벼 저장물질의 축적에 대한 설명으로 옳은 것만을 모두 고르면?

㉠ 단백질의 축적은 개화 6~7일경부터 볼 수 있으며 호분층의 가장 안쪽 세포에 많다. ㉡ 전분은 배유 가장 안쪽 세포에서 축적되기 시작하여 수정 후 15일쯤에는 호분층에 인접한 세포까지 축적이 완료된다. ㉢ 인산은 임실기에 급속히 이삭으로 전이되는데, 호분층 세포과립에 피트산으로 축적된다. ㉣ 배유조직의 표층세포는 수정 후 10일경에 세포분열이 끝나 호분층으로 분화되며, 지질성의 과립체가 축적된다. ㉤ 배유의 물질축적은 개화·수정 직후부터 수용성 탄수화물 형태로 유입이 시작되어 녹말로 합성된다.

① ㉠, ㉡, ㉣
② ㉠, ㉢, ㉣
③ ㉡, ㉢, ㉤
④ ㉢, ㉣, ㉤

ANSWER 24.③ 25.②

24 ① 인이 부족하면 잎이 좁아지고 농녹색으로 변하고 분얼에 영향을 준다.
② 칼슘은 생육 중기까지 왕성하게 요구한다.
④ 칼륨 함량은 생육초기에는 줄기보다 엽신에서 높고 출수 후에는 엽신보다 줄기에서 높다.

25 ㉡ 전분은 배유 가장 안쪽 세포에서 축적되기 시작하여 수정 후 30~35일쯤에는 호분층에 인접한 세포까지 축적이 완료된다.
㉤ 수용성 탄수화물 형태로 유입이 시작되어 복전분립 형태로 저장된다.

2022. 4. 2. 국가직 9급 시행

1 보리의 도복 대책으로 옳지 않은 것은?

① 키가 작고 대가 충실한 품종을 선택한다.
② 다소 깊게 파종하여 중경을 발생시킨다.
③ 이른 추비를 통해 하위절간 신장을 증대시킨다.
④ 흙넣기와 북주기를 실시한다.

2 콩에 대한 설명으로 옳은 것은?

① 낙화율은 소립품종에서 높고, 늦게 개화된 꽃이 낙화하기 쉽다.
② 감온성이 낮은 추대두형은 북부지방이나 산간지역에서 주로 재배된다.
③ 밀식적응성 품종은 어느 정도 키가 크고 주경의존도가 크다.
④ 고온에 의한 종실발달 촉진정도는 종실발달 전기의 영향이 후기의 영향보다 크다.

3 완두와 콩의 학명으로 옳게 묶인 것은?

① Pisum sativum, Glycine max
② Pisum sativum, Arachis hypogaea
③ Vigna radiata, Arachis hypogaea
④ Vigna radiata, Glycine max

ANSWER 1.③ 2.③ 3.①

1 ③ 질소 추비를 너무 이른 시기에 하면 하위절간의 신장이 증대되어서 도복을 조장하므로 절간신장개시 이후에 주는 것이 도복을 경감시킨다.

2 ③ 일반적으로 밀식적응성은 줄기길이가 비교적 길며 마디 수가 많으면서 곁가지 수가 적은 품종이 유리하다.
① 낙화율을 대립종이 높고, 후기 개화된 것이 낙화하기 쉽다.
② 감온성이 낮은 하대두형은 북부지방이나 산간지역에서 주로 재배된다.

3 완두의 학명은 Pisum sativum, 콩의 학명은 Glycine max이다.

4 감자의 솔라닌에 대한 설명으로 옳지 않은 것은?

① 감자의 아린 맛을 내는 성분으로 알칼로이드이다.
② 지상부보다 괴경 부위의 함량이 높다.
③ 괴경에는 눈이나 표피 부위에 주로 존재하므로 껍질을 벗기면 제거된다.
④ 재배품종들의 괴경에는 그 함량이 낮아 문제되지 않는다.

5 다음 그림에서 벼의 A, B에 해당하는 옥수수 꽃의 부위를 바르게 연결한 것은?

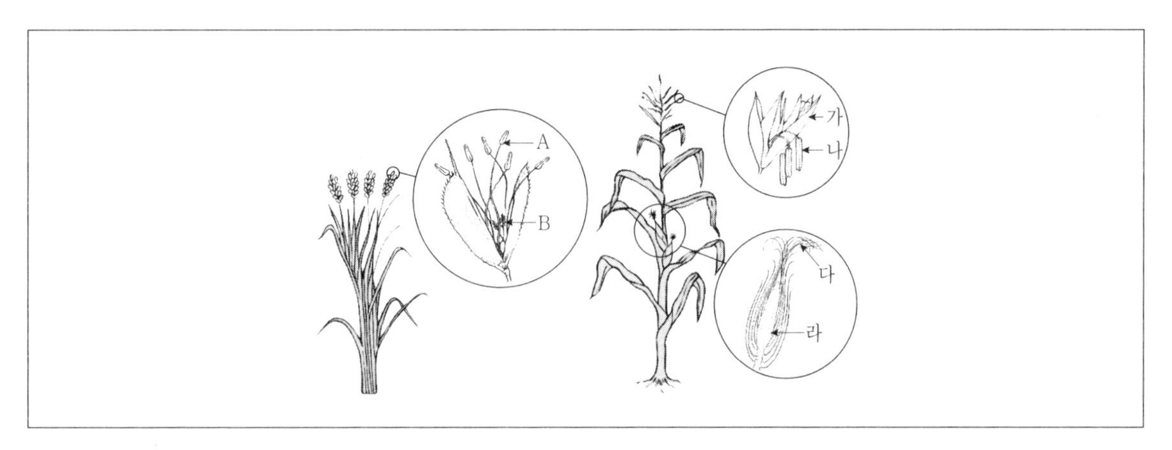

	A	B
①	가	다
②	가	라
③	나	다
④	나	라

ANSWER 4.② 5.③

4 ② 괴경보다 지상부의 함량이 훨씬 높다.

5 A 꽃밥 B 암술머리
나 꽃밥 다 암꽃

6 벼의 영양성분 결핍장해에 대한 설명으로 옳지 않은 것은?

① 질소가 결핍되면 분얼생성이 정지되고 잎이 좁고 짧아진다.
② 인이 결핍되면 분얼생성이 정지되고 잎이 암녹색으로 변한다.
③ 마그네슘이 결핍되면 잎이 아래로 처지고 엽맥 사이에서부터 황변이 나타난다.
④ 철이 결핍되면 잎들이 붉게 변하고, 이때 철을 시용하면 새로 나오는 잎은 백화현상을 보인다.

7 밀의 품질 특성으로 옳은 것은?

① 초자질 밀은 분상질 밀에 비하여 단백질 함량이 높고 종실의 비중이 큰 편이다.
② 전분의 아밀로스 함량이 낮을수록 호화전분의 점도가 낮아진다.
③ 글루테닌과 글리아딘은 수용성 단백질로서 전체 종실 단백질 중 80%를 차지한다.
④ 출수기 전후 질소를 시비하면 단백질 함량이 낮아진다.

8 기장에 대한 설명으로 옳지 않은 것은?

① 소수는 크고 작은 받침껍질에 싸여서 임실화와 불임화가 1개씩 들어 있다.
② 종근은 1본이고, 근군은 조보다 굵으며 비교적 천근성으로 내건성과 흡비력이 약하다.
③ 줄기는 조의 줄기와 비슷하고, 간장이 대부분 1 ~ 1.7m이며, 지상절의 수는 10 ~ 20마디이다.
④ 종실은 방추형 ~ 짧은 방추형이고, 색은 황백색 ~ 황색인 것이 많다.

ANSWER 6.④ 7.① 8.②

6 ④ 철이 결핍되면 최상부 잎은 완전히 황백화되어 엷은 황색으로 변색된다.

7 ② 전분의 아밀로스 함량이 낮을수록 호화전분의 점도가 높아진다.
③ 물에 용해되지 않는 성질을 갖는 불용성 단백질의 일종이다.
④ 종실 발달과정중 적절한 시기에 요소를 엽면시비하는 것과 같은 질소시비는 밀의 단백질함량을 크게 증가시킨다.

8 ② 종근은 1본이고, 근군은 조보다 굵으며 비교적 심근성으로 흡비력이 크고, 내건성이 강하다.

9 감자에 대한 설명으로 옳은 것은?

① 감자속은 기본염색체수를 12로 하는 배수성을 보이며 재배종은 모두 2배체(2n = 24)이다.
② 감자는 고온 · 장일조건에서 생육할 때 괴경형성이 억제된다.
③ 지베렐린(GA) 처리는 괴경의 비대를 촉진한다.
④ 성숙한 감자는 미숙한 감자에 비해 휴면기간이 길다.

10 잡곡에 대한 설명으로 옳지 않은 것은?

① 메밀은 13시간 이상의 장일에서는 개화가 촉진되며, 개화기에는 체내의 C/N율이 높아진다.
② 피는 자가수정을 원칙으로 하고 출수 후 30 ~ 40일에 성숙한다.
③ 율무의 꽃은 암 · 수로 구별되고, 자성화서는 보통 3개의 소수로 형성되지만 그중 2개는 퇴화되어 1개만이 발달한다.
④ 조는 줄기가 속이 차 있고, 분얼이 적으며 분얼간의 이삭은 발육이 떨어진다.

11 벼의 유수 발육과 출수에 대한 설명으로 옳지 않은 것은?

① 수수절간의 신장은 출수와 동시에 정지한다.
② 영화분화기는 출수 전 24일경에 시작하고, 엽령지수는 87 ~ 92이다.
③ 엽이간장이 0이 되는 시기는 감수분열 성기에 해당한다.
④ 유수분화기는 출수 전 30일경에 시작된다.

ANSWER 9.② 10.① 11.①

9 ① 감자는 12개의 염색체(n=12)를 기본으로 하여 배수성별로 2배체(2n=2x=24) 74%, 3배체(2n=3x=36) 4.5%, 4배체(2n=4x=48) 11.5%, 5배체 (2n=5x=60) 2.5% 및 6배체(2n=6x=72) 2.5% 등으로 다양하게 분화되어 있다.
③ 지베렐린(GA) 처리는 괴경형성을 억제한다.
④ 성숙한 감자는 미숙한 감자에 비해 휴면기간이 짧다.

10 ① 메밀은 12시간 이하의 단일에서 개화가 촉진되고, 13시간 이상의 장일에서는 개화가 지연되며, 개화기에는 체내의 C-N율이 높아진다.

11 ① 출수 후 2일 간에도 급속하게 신장한다.

12 논토양에서 무기양분 동태에 대한 설명으로 옳지 않은 것은?

① 유기태질소는 암모니아화작용에 의하여 암모니아로 변한다.
② 질산태질소는 토양교질에 흡착되지 않으므로 토양 속으로 용탈된다.
③ 유기태질소는 무기태로 전환되어 식물체로 흡수된다.
④ 암모니아태질소는 환원층에서 환원되어 질산태로 변한다.

13 다음은 벼 기상생태형에 대한 설명이다. (가)~(다)에 들어갈 말을 바르게 연결한 것은?

(가) [ ]지대에서는 기본영양생장성이 크고 감온성 · 감광성이 작아서 고온단일인 환경에서도 생육기간이 길어 수량이 많은 [ ]형이 재배된다.
(나) [ ]지대에서는 감광성이 큰 [ ]형이 재배에 적합하다.
(다) [ ]지대에서는 여름의 고온기에 일찍 감응하여 출수 · 개화하여 서리가 오기 전에 성숙할 수 있는 감온형이 큰 [ ]형이 재배된다.

	(가)	(나)	(다)
①	고위도, Blt	중위도, bLt	저위도, blt
②	저위도, blt	고위도, Blt	중위도, blT
③	저위도, Blt	중위도, bLt	고위도, blT
④	고위도, blt	중위도, Blt	저위도, blT

ANSWER 12.④ 13.③

12 ④ 암모니아태질소를 토양의 환원층에 주면 호기성균인 질산균의 작용을 받지 않으며 또 암모니아는 토양에 잘 흡착되므로 비효가 오래 지속된다. 이와 같이 암모니아태 질소를 논 토양의 심부 환원층에 주어서 비효의 증진을 꾀하는 것을 심층시비라고 한다.

13 기상생태형 지리적 분포
㉠ 저위도 : Blt(기본영양생장형)
㉡ 중위도 : bLt(만생종), blT(조생종)
㉢ 고위도지대 : blt, blT

14 옥수수 품종에 대한 설명으로 옳지 않은 것은?

① 5세대 정도 자식을 하면 식물체의 크기가 작아지고 수량이 감소한다.
② 1대잡종품종 개발을 위해 자식계통의 조합능력이 우수한 것을 선택하는 것이 유리하다.
③ 종자회사에서 개발하여 상업적으로 판매하는 품종은 대부분 합성품종이다.
④ 단교잡종은 복교잡종에 비해 잡종강세가 높으나 종자생산량이 적다.

15 재배벼의 분화와 생태형에 대한 설명으로 옳지 않은 것은?

① 아시아 재배벼는 수도와 밭벼, 그리고 메벼와 찰벼로 구분된다.
② 통일형 벼는 인디카 품종과 온대자포니카 품종을 인공교배하여 육성한 원연교잡종이다.
③ 인디카는 낟알의 형태가 대체로 길고 가늘며, 온대자포니카는 짧고 둥글다.
④ 인디카는 생태형이 단순한 반면 온대자포니카와 열대자포니카는 생태형이 지역에 따라 다양하다.

16 벼잎의 형태와 생장에 대한 설명으로 옳지 않은 것은?

① 제1엽 엽신은 극히 미소하여 육안으로는 보이지 않아 불완전엽이라 한다.
② 주간 엽수는 만생종이 조생종에 비하여 더 많으며 재배시기가 늦어지면 감소한다.
③ 벼잎은 엽신이 급신장하고 있는 시기에 1매 아래 잎의 엽초가 급신장하는 동시신장의 규칙성을 갖는다.
④ 벼잎은 생존기간이 엽위에 따라 다르며 성숙기에 한 줄기당 가장 많은 엽수를 갖는다.

ANSWER 14.③ 15.④ 16.④

14 ③ 종자회사에서 개발하여 상업적으로 판매하는 품종은 대부분 복교잡종품종이다.

15 ④ 인디카는 생태형이 다양한 반면 온대자포니카와 열대자포니카는 생태형이 단순하다.

16 ④ 잎의 생존기간은 엽위에 따라 다르다(지엽>상위엽>하위엽). 한 줄기당 엽수는 엽면적지수로 계산하는데 엽면적지수는 출수기 경에 최고가 된다. 출수기 이후부터는 하위엽이 고사하여 떨어지기 때문에 엽면적지수는 점점 낮아진다.
① 제1엽은 원통형이고 엽신의 발달이 불완전하고 침엽형태이다.
② 주간 엽수는 조생종이 14~15매, 만생종이 18~20매로 만생종이 더 많다.
③ 엽신과 엽초의 동시신장 규칙성(n-1) : 임의의 n본째 잎이 급신장하는 시기에는 그 잎보다 1매 아래잎의 엽초가 급신장 한다.

17 벼의 병해충 및 잡초에 대한 설명으로 옳지 않은 것은?

① 잎집무늬마름병은 조기이앙 · 밀식 · 다비재배 등 다수확재배로 발생이 증가한다.
② 검은줄오갈병은 애멸구에 의해 매개되며, 벼의 키가 작아지고 작은 흑갈색의 물집모양 융기가 생긴다.
③ 끝동매미충은 유충상태로 월동하며, 유충과 성충이 잎집에서 양분을 빨아먹는다.
④ 직파재배를 계속하면 일반적으로 피와 더불어 올방개와 벗풀과 같은 1년생 잡초가 우점한다.

18 벼 이앙재배의 물관리 및 시비법에 대한 설명으로 옳은 것은?

① 활착기에는 물을 얕게 관개하여 토양에 산소공급이 잘 이루어지도록 한다.
② 분얼기에는 물을 깊게 관개하여 생장점을 보호하고 분얼을 촉진한다.
③ 분얼비는 비효가 수수분화기까지 지속되지 않을 정도로 알맞게 준다.
④ 냉해나 침관수 및 도복발생 상습지는 질소질, 인산질 비료를 증시하는 것이 좋다.

ANSWER 17.④ 18..③

17 ④ 직파재배는 이앙재배와 달리 잡초 발생량이 많고 발생시기가 길어 재배관리상 문제뿐만 아니라 쌀 수량 감소는 물론 미질에도 나쁜 영향을 미친다. 올방개와 벗풀은 이앙재배시 발생하는 문제다.

18 ① 뿌리내림기는 모낸 후에 모의 새 뿌리가 발생하는 기간(5~7일)으로서, 뿌리내리는 기간 동안은 기온보다는 수온의 영향이 크므로 물을 6~10㎝로 깊이 대면 물 온도를 높이고 잎이 시들지 않도록 할 뿐만 아니라 바람에 의한 쓰러짐을 방지하는 효과가 있다.
② 뿌리내림이 끝나고 새끼치기에 들어간 벼는 물의 깊이를 1~2㎝ 정도로 얕게 대어 참새끼치는 줄기를 빨리 확보하도록 한다. 이 시기에 물을 깊게 대면 새끼치기가 억제되거나 늦어지며, 벼가 연약하게 자라서 병해충에 대한 저항력도 약해진다. 따라서 새끼치기 촉진을 위해서는 물을 얕게 대어 낮에는 수온을 높여주고 밤에는 수온을 낮게 하는 것이 바람직하다. 그러나 새끼치기 초기는 잡초약 처리시기이므로 약효 향상을 위하여 논의 마른부분이 없도록 물을 대주어야 한다.
④ 도열병, 도복, 냉해, 침관수 상습지는 질소질 비료를 20-30% 줄여준다.

19 쌀 저장 시 변화에 대한 설명으로 옳지 않은 것은?

① 호흡소모와 수분증발 등으로 중량의 감소가 나타난다.
② 현미의 지방산도가 25KOH mg/100g 이상이면 변질의 징후를 나타낸다.
③ 배유의 저장전분이 분해되어 환원당 함량이 증가한다.
④ 현미의 수분함량이 16%이고 저장고의 공기습도가 85%로 유지되면 곰팡이 발생의 염려가 없다.

20 두류의 토양 적응 특성으로 옳지 않은 것은?

① 완두는 건조와 척박한 토양에 대한 적응성이 낮고 강산성토양에 대한 적응성이 높다.
② 강낭콩은 알맞은 토양산도가 pH 6.2 ~ 6.3이고, 염분에 대한 저항성은 약하다.
③ 동부는 산성토양에도 잘 견디고 염분에 대한 저항성도 큰 편이다.
④ 팥은 토양수분이 적어도 콩보다 잘 발아할 수 있지만 과습에 대한 저항성은 콩보다 약하다.

ANSWER 19.④ 20.①

19 ④ 현미의 수분함량이 15%이면 저장고의 공기습도가 80% 이하로 유지되므로 곰팡이가 발생할 염려가 없으나, 현미의 수분함량이 16%이면 공간습도가 85% 정도가 되므로 여름 고온 시에는 곰팡이가 발생할 가능성이 높다.

20 ① 완두는 서늘한 기후를 좋아하며, 온도가 높고 건조한 기후에는 알맞지 않고, 과습도 좋지 않다. 건조, 메마른 땅에 적응성이 낮고, pH 6.5~8.0으로 강산성에 극히 약하다.

2022. 6. 18. 제1회 지방직 9급 시행

1 메밀의 이형예현상에 대한 설명으로 옳은 것은?

① 수술이 긴 꽃을 장주화라고 한다.
② 수술이 짧은 꽃을 단주화라고 한다.
③ 장주화 × 단주화 조합은 수정이 잘된다.
④ 장주화 × 장주화 조합은 수정이 잘된다.

2 작물의 돌연변이 육종에 이용되는 인위적 유발원이 아닌 것은?

① 감마선(γ-ray)
② 중성자
③ 근적외선
④ Sodium azide(NaN3)

ANSWER 1.③ 2.③

1 ① 수술이 긴 꽃을 단주화라고 한다.
② 수술이 짧은 꽃을 장주화라고 한다.
④ 동형화 사이는 부적법 수분이다.

2 돌연변이 유발원
㉠ 방사선
- X선 감마선 중성자 베타선
- LD50

㉡ 방사성물질조사
- 32P 35S

㉢ 화학물질
- EMS(ethyl methane sulfonate)
- $NaN3_3$(sodium azide)
- NMU(nitrosomethylurea)
- DES(diethyl sulfate)

3 벼 품종의 주요 특성에 대한 설명으로 옳은 것은?

① 내비성 품종은 질소 다비조건에서 도복과 병충해에 약하다.
② 수량이 높은 품종은 대체로 품질이 낮은 경향이 있다.
③ 수수형 품종은 수중형 품종에 비해 이삭은 크지만 이삭 수는 적다.
④ 조생종은 감온성에 비해 일반적으로 감광성이 크다.

4 도정한 쌀을 일컫는 말은?

① 수도
② 조곡
③ 정조
④ 정곡

5 광합성을 할 때 탄소를 고정하는 기작이 다른 것은?

① 벼
② 담배
③ 보리
④ 옥수수

ANSWER 3.② 4.④ 5.④

3 ③ 수중형 품종은 이삭이 크지만 이삭수가 적다.
④ 조생종 벼는 감광성이 약하고 감온성이 크다.

4 ④ 정곡이란 조곡 껍질을 벗기는 즉, 도정을 거친 쌀을 일컫는다.

5 ④ 옥수수는 C4 식물이며, 벼, 담배, 보리는 C3 식물이다.
※ C3 식물
㉠ 부족한 이산화탄소를 공급받기 위해 광호흡을 이용한다.(에너지 낭비가 있음)
㉡ 산소를 고정한 후에 캘빈회로가 아닌 다른 경로를 통해 이산화탄소를 만들어 낸다.
㉢ 암반응에서 이산화탄소의 최초 고정산물이 C3화합물인 PGA 산물이다.
㉣ 대표적인 식물로 벼, 콩, 밀 보리와 온대식물이 있고 식물종의 95%가 C3 식물이다.
㉤ 무덥고 건조한 지역에서는 취약점을 보인다.

6 다음 그림은 보리 잎의 구성이다. (가)~(라)의 명칭을 바르게 연결한 것은?

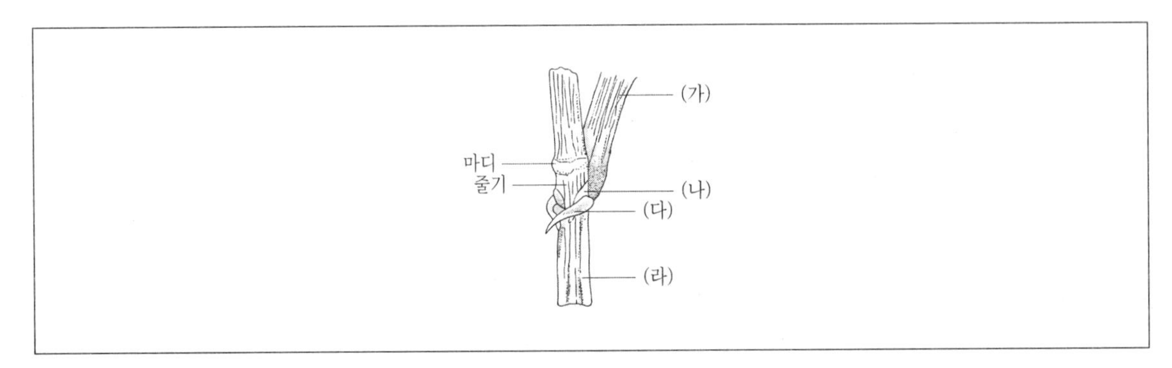

	(가)	(나)	(다)	(라)
①	잎몸	잎혀	잎귀	잎집
②	잎몸	잎귀	잎혀	잎집
③	잎집	잎혀	잎귀	잎몸
④	잎집	잎귀	잎혀	잎몸

7 콩과작물 중 다른 속(屬)에 속하는 작물은?

① 팥
② 녹두
③ 동부
④ 강낭콩

ANSWER 6.① 7.④

6 보리 잎의 구성

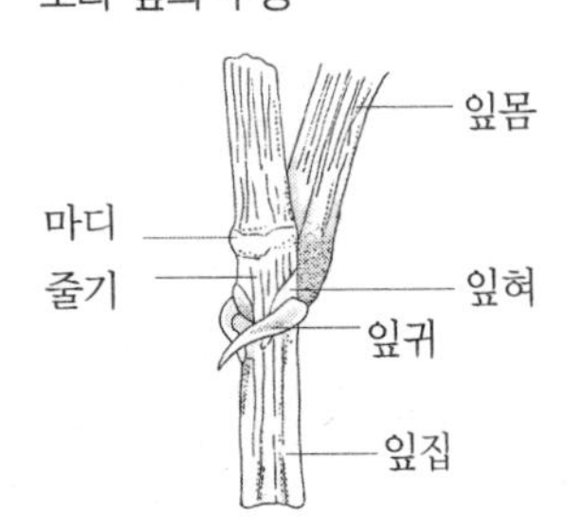

7 ④ 강낭콩속 ①②③ 동부속

8 작물육종 단계를 순서대로 바르게 나열한 것은?

> (가) 변이창성
> (나) 생산성 및 지역적응성 검정
> (다) 종자증식
> (라) 우량계통 육성
> (마) 신품종 결정 및 등록

① (가)→(나)→(다)→(라)→(마)
② (가)→(다)→(라)→(나)→(마)
③ (가)→(라)→(나)→(마)→(다)
④ (가)→(마)→(나)→(라)→(다)

9 벼의 조식재배에 대한 설명으로 옳지 않은 것은?

① 수확기의 조기화가 목적이 아니고, 다수확이 주된 목적이다.
② 분얼이 왕성한 시기에 저온기를 경과하여 영양생장기간의 연장으로 단위면적당 이삭 수 확보가 유리하다.
③ 생육 기간이 길어지기 때문에 시비량은 보통기 재배보다 감소할 수 있다.
④ 일사량이 많은 최적 시기로 출수기를 변경시켜 줌으로 생리적으로 체내 탄수화물이 많게 되어 등숙 비율이 높아진다.

ANSWER 8.③ 9.③

8 작물육종 단계
(가) 변이창성
(라) 우량계통 육성
(나) 생산성 및 지역적응성 검정
(마) 신품종 결정 및 등록
(다) 종자증식

9 ③ 벼의 생육기간이 짧은 한랭지에서는 그 지대의 만생종을 조기 육묘하여 일찍 모내기를 하는 재배법을 취하는데, 이것을 조식재배라고 한다. 조식재배를 하면 출수기를 다소 앞당기게 되므로 한랭지에서는 생육 후기의 냉해의 위험성을 받지 않게 되고, 영양생장기간을 길게 하므로 이삭수를 많이 확보할 수 있다.

10 보리의 종실에 대한 설명으로 옳지 않은 것은?

① 쌀보리는 유착 물질이 분비되어 성숙 후에 외부의 물리적 충격을 받아도 쉽게 분리되지 않는다.
② 바깥껍질과 안껍질에 싸여있는 영과(caryopsis)를 형성한다.
③ 등 쪽 기부에 배(胚)가 있으며, 배 쪽에는 기부에서 정부로 길게 골이 있는데 이것을 종구라 한다.
④ 내부 구조는 종피 안쪽에 호분층과 배, 배유로 이루어져 있다.

11 다음에서 설명하는 옥수수 품종의 육종 방법은?

- 잡종강세의 발현정도가 높다.
- 개체 간 균일도가 우수하다.
- 수량성이 많다.

① 단교잡종
② 합성품종
③ 복교잡종
④ 방임수분품종

12 감자에 대한 설명으로 옳지 않은 것은?

① 재배는 서늘한 기후에 알맞고 생육적온은 12~21℃이다.
② 주성분은 전분이며 보통 17~18% 함유되어 있지만 변이가 심하다.
③ 가지과에 속하는 일년생식물이다.
④ 줄기의 지하절에는 포복경이 발생하고, 그 끝이 비대하여 괴근을 형성한다.

ANSWER 10.① 11.① 12.④

10 ① 겉보리는 씨방벽으로부터 유착물질이 분비되어 바깥껍질과 안껍질이 과피에 단단하게 붙어있고, 쌀보리는 유착물질이 분비되지 않아 성숙 후에 외부의 물리적 충격에 의해 껍질이 쉽게 떨어진다.

11 ① 단교잡종은 2개의 자식계통(inbred) 간에 교잡된 것으로 잡종 1세대(F1)에서 나타나는 잡종강세 현상(생산력)이 다른 교잡 유형에 비해 크게 나타나, 생산성이 교잡 유형 중에서 가장 높다.

12 ④ 줄기의 지하절에는 복지이 발생하고, 그 끝이 비대하여 괴경을 형성한다.

13 다음에서 설명하는 작물은?

> • 자가 수정률이 높은 작물이다.
> • 종실유를 만들 수 있는 유료작물이다.
> • 국내 소비량이 증가하고 있지만 생산량은 줄고 수입량이 늘어나고 있는 작물이다.
> • 비닐 멀칭을 하여 재배하는 것이 일반적이다.

① 수수 ② 참깨
③ 보리 ④ 옥수수

14 땅콩에 대한 설명으로 옳은 것은?

① 버지니아형이 스패니시형보다 적산온도와 평균기온이 높은 곳에서 재배하기에 알맞다.
② 수정과 동시에 자방병이 급속히 신장하여 씨방이 땅속으로 들어간다.
③ 땅콩은 개화기간이 짧아 유효개화한계기 이전에 수확해야 한다.
④ 햇빛은 결실과 자방병의 신장을 촉진하고, 습한 토양에서 빈 꼬투리가 많이 생성된다.

15 작물의 생리 작용과 빛의 파장에 대한 설명으로 옳지 않은 것은?

① 사과, 딸기 등의 과일 착색에는 자외선이나 자색광 파장이 효과적이다.
② 온실이나 하우스에서 자란 식물은 적외선 부근의 빛 부족으로 웃자라기 쉽다.
③ 굴광현상은 440~480nm의 청색광이 가장 유효하다.
④ Phytochrome은 적색광을 흡수하면 광발아성 종자의 발아를 촉진한다.

ANSWER 13.② 14.① 15.②

13 ② 참깨는 개화 전에 수분이 되어 대부분 자가 수정을 한다. 한국을 비롯한 동아시아와 북아메리카, 아프리카 등에 널리 분포하는 유료작물이다. 흑색비닐을 이용한 멀칭 재배가 개발되어 파종기를 앞당길 수 있고 중경제초의 노력을 절감할 수 있다. 한국의 경우 재배면적이 점점 감소하고 있으며, 최근에는 많은 양의 참깨를 외국에서 수입하고 있다.

14 ② 수정 낙화한 다음에 씨방의 기부 조직인 자방병이 신장하여 씨방이 지하에 들어가 꼬투리를 형성한다.
③ 개화는 7월초부터 개화하기 시작하여 가을까지 계속 되는데 8월 중순까지 개화한 것이라야 성숙할 수 있다. 이 시기를 유효 개화 한계기라 한다.
④ 땅콩결실 최적수분은 액 40%(용적비)이다.

15 ② 온실이나 하우스에서 자란 식물은 고온으로 웃자라기 쉽다.

16 벼 직파재배에 대한 설명으로 옳지 않은 것은?

① 건답직파는 담수직파보다 잡초 발생이 많다.
② 담수직파는 건답직파에 비해 질소질 비료의 용탈이나 유실이 많다.
③ 줄기가 가늘고 뿌리가 토양 표층에 많이 분포하여 도복이 증가한다.
④ 담수직파재배 시 파종 후에 지나치게 깊게 관개하면 입모율이 저하되기 쉽다.

17 벼 특수재배양식에 대한 설명으로 옳은 것은?

① 조기재배는 감광성 품종을 보온육묘하는 중남부 및 산간고랭지 재배형이다.
② 조식재배는 조생 품종을 이용하는 평야지 2모작지대 재배형이다.
③ 만기재배는 콩, 옥수수 등의 뒷그루로 늦게 이앙하는 중남부 평야지 재배형이다.
④ 만식재배는 적기에 파종했으나, 물 부족이나 앞그루 수확이 늦어져 늦게 이앙하는 재배형이다.

ANSWER 16.② 17.④

16 ② 담수직파는 건답직파재배와는 달리 이앙재배와 같이 담수상태에서 써레질을 한 다음 이앙대신 볍씨를 파종하므로 비료의 용탈이나 유실이 비교적 적으며 본논재배 기간이 다소 긴 편이다.

17 ① 조기재배 : 벼를 일찍 파종하여 보내기를 하게 되면 조생종은 출수와 성숙기가 많이 앞당겨진다. 만생종은 다소 앞당겨진다. 이는 빨리 심은 기간만큼 앞당겨진다. 벼의 수확을 되도록 일찍하여 생산물이 출하를 일찍 하려면 조생종 벼를 조기에 육묘하여 일찍 모내기를 하여 수확도 일찍하게 되는 재배를 조기재배라고 한다. 조기재배는 수량은 만생종에 비하여 적으나 조생종으로 다른 벼에 비하여 일찍 심어 일찍 수확하여 높은 가격을 받게 하는 재배법이다.

② 조식재배는 일반적으로 영양생장일수가 길어지면 따라서 수량이 많아지는 것으로, 이 조식재배를 이용하여 벼의 생육기간이 짧은 한냉지, 또는 고냉지에서는 그 지대의 환경에 맞는 벼 품종을 조기 육모하여 일찍 모내기를 하는 재배법을 조식재배라고 한다. 벼의 재배에는 벼가 재배가 가능한 적산온도가 있는데 한냉지와 같은 적산온도가 부족한 것을 일찍 조식 재배하여 적산온도를 맞게 재배하는 것을 말한다.

③ 만파만식재배는 만식재배와 구별하여 만기재배라고도 한다. 이 경우에는 건모의 육성이 어렵고, 적파만식의 경우와는 달리 생육기간이 더욱 짧아지기 때문에 수량의 감소가 더 커질 수 있다.

18 벼 뿌리의 생장에 영향을 미치는 환경 조건에 대한 설명으로 옳지 않은 것은?

① 질소 시비량이 많아지면 1차근장이 길어진다.
② 재식밀도가 높아지면 깊게 뻗는 1차근의 비율이 감소한다.
③ 상시담수에 비해 간단관수를 한 토양에서는 1차근수가 많다.
④ 벼 뿌리는 밭 상태에서보다는 논 조건에서 보다 곧게 자란다.

19 고구마 재배에서 비료 관리에 대한 설명으로 옳은 것은?

① 질소 비료가 과다하면 지상부만 번성하고 지하부의 수량이 다소 감소한다.
② 칼리 비료가 부족하면 잎이 작아지고 농녹색으로 되며 광택이 나빠진다.
③ 인산 비료는 고구마의 수량에 영향을 주지만 품질과는 무관하다.
④ 미숙 퇴비나 낙엽, 생풀 등을 이식 전에 주면 활착이 좋다.

20 맥류의 식물적 특성에 대한 설명으로 옳지 않은 것은?

① 2줄보리 – 3개의 작은 이삭 중 바깥쪽 2개는 퇴화하고 이삭줄기 양쪽으로 2줄의 종실이 있는 형태이다.
② 호밀 – 자가불임성이 높은 작물이며 내동성이 극히 강하다.
③ 귀리 – 종실에 비타민A 함량이 높으며 수이삭이 암이삭보다 먼저 성숙하는 자웅동주이화식물이다.
④ 밀 – 6배체가 일반적인 게놈형태이며 단백질의 함량에 따라 가공적성이 달라진다.

ANSWER 18.① 19.① 20.③

18 ① 질소 시비량이 많으면 지상부/뿌리부(T/R율)가 커진다.

19 ② 칼리가 부족하면 잎은 다소 갈색이 되고 잎면이 거칠어지며 누렇게 말라 죽기 시작한다.
③ 품질이 중요한 식용고구마를 재배할 경우에는 수량이 다소 낮더라도 칼리의 과다한 시용을 피하고 인산을 많이 주어 전분가를 높여서 품질을 향상시켜야 한다.
④ 완전히 썩히지 않은 퇴비나 생풀, 낙엽 등을 쓰는 경우 고구마 싹을 심기 직전에 사용하면 건조 때문에 활착이 나빠지고 유기물의 분해에 필요한 질소를 토양으로부터 흡수하여 질소부족이 생기는 수도 있다.

20 ③ 귀리는 비타민B 함량이 높으며, 자가수분을 한다.
※ 자웅동주이화식물 : 옥수수, 오이, 호박, 수박, 참외

2022. 10. 15. 제2차 국가직 7급 시행

1 벼의 분얼에 대한 설명으로 옳은 것은?

① 주간의 6엽이 나올 때 주간 2절에서 분얼과 뿌리가 동시에 나온다.
② 분얼기가 비교적 저온이고 주 · 야간의 온도차가 큰 조기재배는 보통기재배보다 분얼수가 적다.
③ 분얼은 주간의 경우 초엽절이나 1엽절에서는 발생하지 않고, 2엽절 이후 불신장경 마디부위에서 출현한다.
④ 직파하면 통상 1엽절에서부터 10엽절까지 분얼이 발생하여 이앙재배에 비하여 분얼은 감소한다.

2 호밀에 대한 설명으로 옳은 것만을 모두 고르면?

> ㉠ 다습한 환경을 좋아하고 강우와 바람에 도복이 잘된다.
> ㉡ 내동성과 내건성이 극히 약하다.
> ㉢ 재배종의 자가임성 정도는 야생종보다 낮다.
> ㉣ 글루텐이 형성되지 않아 빵이 덜 부풀고 검은색을 띠어 흑빵이라고 한다.
> ㉤ 결곡성이라는 불임현상이 나타난다.
> ㉥ 맥각병이 발생한다.

① ㉠, ㉡, ㉢
② ㉠, ㉡, ㉣
③ ㉢, ㉤, ㉥
④ ㉣, ㉤, ㉥

ANSWER 1.③ 2.④

1 ① 주간의 6엽이 나올 때 주간 2절에서 분얼이 발생하며 뿌리는 별도로 형성된다.
② 분얼기가 비교적 저온이고 주 · 야간의 온도차가 큰 조기재배는 보통기재배보다 분얼수가 많다.
④ 직파하면 통상 1엽절에서부터 10엽절까지 분얼이 발생하여 이앙재배에 비하여 분얼은 증가한다.

2 ㉠ 호밀은 다습한 환경을 선호하지 않는다.
㉡ 내동성과 내건성이 강하다.
㉢ 재배종의 자가임성 정도는 야생종보다 높다.

3 보리 재배에서 답압과 토입에 대한 설명으로 옳지 않은 것은?

① 절간신장 전에 답압하면 조직의 손상을 유발하여 내건성을 약화시키고 한발의 피해를 입힌다.
② 월동 전 생장이 과도할 때 답압하면 월동에 유리하다.
③ 해빙기에 토입하면 제초효과가 있고 초기 생육이 좋아진다.
④ 월동 전 복토가 충분하지 않을 때 토입하면 월동에 유리하다.

4 벼 유수의 발육단계가 어린것부터 순서대로 바르게 나열한 것은?

(가) 지엽으로부터 하위 4매의 잎이 추출(抽出)하기 시작한 단계 (나) 엽령지수가 97인 단계 (다) 출수 전 24일에 해당하는 단계 (라) 유수의 길이가 전장에 달한 단계

① (가)→(다)→(나)→(라)　　② (가)→(다)→(라)→(나)
③ (다)→(가)→(라)→(나)　　④ (다)→(가)→(나)→(라)

5 벼의 종실 특성에 대한 설명으로 옳지 않은 것은?

① 종실은 조곡을 말하며 식물학적으로는 소수에 해당한다.
② 종실은 왕겨가 현미를 싸고 있는 형태이고, 왕겨는 내영과 외영으로 구분되며 외영의 끝에는 까락이 있다.
③ 종실은 맨 바깥층부터 과피 – 종피 – 배유순으로 있고, 호분층은 종피와 외배유 사이에 있다.
④ 멥쌀(백미)은 전분세포가 충만하여 투명하고, 찹쌀은 전분세포 내에 미세공극이 있어 유백색으로 보인다.

ANSWER 3.① 4.① 5.③

3 ① 보리 재배할 때 절간신장 전에 답압하면 조직의 손상을 유발하여 내건성을 약화시키고 가뭄 피해를 입힌다.

4 (가) 지엽으로부터 하위 4매의 잎이 추출(抽出)하기 시작한 단계→(다) 출수 전 24일에 해당하는 단계→(나) 엽령지수가 97인 단계→(라) 유수의 길이가 전장에 달한 단계

※ 벼의 생리생태 … 벼는 '파종 후 발아→생장→출수→성숙'의 단계를 거친다. 영양생장기인 잎과 줄기 및 뿌리의 영양기관이 형성되고 커진다. 생식생장기에는 벼 알이 생겨나고 익는다.

5 ③ 종실은 맨 바깥층부터 과피–종피–호분층–배유 순으로 있고, 호분층은 종피와 배유 사이에 있다.

6 메밀의 기능성 성분에 대한 설명으로 옳지 않은 것은?

① 단백질의 주성분은 글로불린이며, 이는 영양학적 가치가 높다.
② 아연, 망간, 마그네슘, 인, 구리 등 무기질이 풍부하다.
③ 아밀라아제, 말타아제 같은 효소가 적어 저장성이 좋다.
④ 루틴 함량은 잎 > 잎자루 > 줄기 > 뿌리순이다.

7 논에서 잡초성 벼(앵미) 발생에 유리한 조건에 대한 설명으로 옳지 않은 것은?

① 무경운재배보다는 경운·로터리재배에서 증가한다.
② 담수재배보다 건답재배에서 증가한다.
③ 파종기가 빠를수록 증가한다.
④ 이모작재배보다 벼 단작재배에서 증가한다.

8 벼의 광합성, 광호흡 및 증산에 대한 설명으로 옳지 않은 것은?

① 요수량은 논벼가 밭벼보다 적고, 시기별로는 모내기 직후보다 유수분화기에 증산작용이 활발하여 물을 많이 요구한다.
② 광호흡은 루비스코가 산소와 결합하여 발생하는 현상으로 세포 내의 엽록체, 페록시좀, 미토콘드리아의 협동작용으로 이루어지며 대사 결과 페록시좀에서 이산화탄소를 배출한다.
③ 엽면적이 증가하면 광합성량이 증가하지만 호흡소모도 같이 증가하므로 엽면적을 더 확보한다고해서 항상 순생산량이 증가하지는 않는다.
④ 광합성의 적온범위라도 고온에 의해 호흡량이 증가하므로 건물생산량은 적온범위 내에서 비교적 저온일 경우 더 높다.

ANSWER 6.③ 7.① 8.②

6 ③ 메밀 껍질과 배아에는 아밀라아제, 말타아제가 풍부하다.

7 ① 논에서 잡초성 벼(앵미) 발생에 유리한 조건에는 경운·로터리재배보다는 무경운재배이다.

8 ② 광호흡은 루비스코가 산소와 결합하여 발생하는 현상으로 대사 결과 미토콘드리아에서 이산화탄소를 배출한다.

9 맥류종자의 발아와 휴면에 대한 설명으로 옳은 것은?

① 밀의 수발아성은 백립종이 적립종보다 크며, 이삭의 형태로 볼때 털이 많을수록 수발아의 발생 가능성이 높다.
② 발아는 광에 의해 영향을 많이 받으며, 명조건에서 초엽과 1절간의 신장이 현저히 나타난다.
③ 온도 저하에 의해 발아 기간이 짧아진다.
④ 휴면의 경우 건조종자는 저온에서, 흡수종자는 고온에서 일찍 끝난다.

10 맥류의 개화에 대한 설명으로 옳지 않은 것은?

① 보리는 출수와 동시에 개화가 이루어지지만, 밀은 출수 후 3~6일에 개화하는 경우가 많다.
② 밀은 1개의 소수 내에서는 맨 아래에 있는 1소화로부터 개화하면서 중앙소화로 올라간다.
③ 호밀은 풍매화로 타가수정을 하며, 품종 유지를 위하여 채종할 때는 300~500m 거리로 격리재배를 해야 한다.
④ 귀리는 이삭 하단의 꽃부터 개화하기 시작하여 1이삭은 8일, 1포기는 21~31일 내외로 개화한다.

11 벼의 무기영양과 시비에 대한 설명으로 옳지 않은 것은?

① 냉해나 침관수 및 도복발생 상습지는 질소질비료를 20~30% 증비하고 인산질 및 칼리질비료를 20 ~ 30% 감비한다.
② 인이 결핍되면 키가 작고 가늘어지며, 분얼이 감소되고 출수와 성숙이 늦어진다.
③ 인산질비료는 전량을 밑거름으로, 칼리질비료는 밑거름과 이삭거름을 7 : 3의 비율로 준다.
④ 생육 초기에는 식물체 중 질소와 칼리의 농도가 높고, 생육 후기에는 규산의 농도가 높다.

ANSWER 9.① 10.④ 11.①

9 ② 발아는 광에 의해 영향을 적게 받는다.
③ 온도 저하에 의해 발아 기간이 길어진다.
④ 건조종자와 흡수종자는 모두 저온에서 효과적이다.

10 ④ 귀리의 개화 기간은 3~5일이다. 1포기의 전체 개화기간은 일반적으로 10~14일 가량이다.

11 ① 냉해나 침관수 및 도복발생 상습지는 질소질비료를 20~30% 감비하고 인산질 및 칼리질비료를 20~30% 증비한다.

12 벼의 재배 환경에 대한 설명으로 옳은 것은?

① 분얼성기까지의 생육에는 기온이 수온보다 더 크게 영향을 미친다.
② 고품질쌀 생산지역의 기후는 결실기에 평균기온이 높고 상대습도와 증기압도 높은 특징이 있다.
③ 논에서의 질산태질소는 토양 속으로 용탈되어 환원상태인 심토에서 질소가스로 휘산된다.
④ 온도가 생육적온보다 높을 때, 광합성은 광도가 높아질수록 증가한다.

13 콩의 만화(蔓化)에 대한 (가)~(다) 설명을 바르게 짝 지은 것은?

> (가) 환경에 의해 만화되는 것
> (나) 만화되지는 않지만, 가지가 길게 자라서 만화 경향이 있는 것
> (다) 환경조건과는 관계없이 유전적 특성에 의해 만화되는 것

	(가)	(나)	(다)
①	가변만화형	특수만화형	유전만화형
②	환경만화형	지경만화형	유전만화형
③	환경만화형	지경만화형	진정만화형
④	가변만화형	특수만화형	진정만화형

ANSWER 12.③ 13.④

12 ① 기온보다 수온이 영향을 더 많이 미친다.
② 품질 쌀을 생산하기 위해서는 결실기 동안 낮은 온도와 상대습도가 필요하다.
④ 광도가 높아지더라도 고온 스트레스로 광합성 효율이 감소한다.

13 (가) 가변만화형 : 환경에 의해 만화되는 것이다.
(나) 특수만화형 : 만화되지는 않지만, 가지가 길게 자라서 만화 경향이 있는 것이다.
(다) 진정만화형 : 환경조건과는 관계없이 유전적 특성에 의해 만화되는 것이다.

14 DNA 분자표지를 밭작물에 활용하고자 하는 목적이 아닌 것은?

① 품종 감별
② 특정 형질의 선발
③ 국내산과 수입산 곡물 구분
④ 보관 종자의 활력 검정

15 벼를 재배하는 담수토양에 대한 설명으로 옳은 것은?

① 가스교환은 주로 확산으로 이루어지는데 산소의 이동속도가 공기 중보다 빨라 산소과잉 상태에 놓이게 된다.
② 호기성 미생물의 호흡으로 토양 중의 산소가 소진되고 혐기성 미생물이 번성하므로 환원조건이 정착된다.
③ 암모늄태질소를 토양의 환원층에 넣어주면 질산태로 산화되어 탈질되기 쉽다.
④ 환원조건에서는 황화수소, 철 및 망간이온이 증가하여 식물에 해로운데, 유기물을 시용할 때 이러한 경향이 경감된다.

16 옥수수의 잡종강세를 이용한 교잡종 개발에 대한 설명으로 옳지 않은 것은?

① 교잡종의 자식된 후대는 자식 열세가 나타나고, 이를 반복하여 자식하면 순도가 높은 계통을 만들 수 있다.
② 교잡종의 잡종강세는 고정되지 않으므로 매년 교잡된 종자를 이용해야 한다.
③ 특정 자식계통에 대해서만 높은 잡종강세를 보이는 자식계통을 특수조합능력이 높다고 한다.
④ 자웅동주이화식물이며 풍매수분을 하여 교잡이 용이하지 않다.

ANSWER 14.④ 15.② 16.④

14 ④ 종자의 활력 검정은 생리적 및 생화학적 방법을 사용하여 종자의 발아율, 저장성, 생존율 등을 평가하는 과정에 해당한다. DNA 분자표지는 유전적 특성 확인에 사용된다.

15 ① 물이 공기보다 산소 확산 속도가 느리기 때문에 산소의 이동 속도는 공기 중보다 훨씬 느리다.
③ 환원조건의 토양에서는 산화가 일어나지 않기 때문에 암모늄태질소가 질산태로 산화되기 어렵다.
④ 유기물을 시용하면 오히려 미생물 활동이 증가하여 환원 조건이 심화된다.

16 ④ 옥수수는 자웅동주이화식물이며 풍매수분을 하여 교잡이 용이하다.

17 수수의 재배환경 적응성에 대한 설명으로 옳은 것은?

① 건조지, 척박지, 사질토에는 적응성이 높으나 저습지에는 적응성이 매우 낮다.
② 내건성이 특히 강하지만 고온 및 다조한 지역에서 약하다.
③ 밀·쌀보다 내염성이 높은 작물이지만, 강우량이 적은 지역에서는 염 농도가 높으면 생산이 제한된다.
④ 저온에 대한 적응성이 높아 밤 기온이 5°C까지 떨어져도 꽃가루의 활력이 유지되어 수정이 정상적으로 이루어진다.

18 잡곡과 그 원형(야생형)을 바르게 짝지은 것은?

① 기장 – 숙근교맥(Fagopyrum cymosum Meissner)
② 피 – 가마그래스(Tripsacum dactyloides L.)
③ 조 – 강아지풀(Setaria viridis Beauvois)
④ 메밀 – 존슨그래스(Sorghum halepensis L.)

19 벼의 엽면적지수 및 광합성에 대한 설명으로 옳지 않은 것은?

① 엽면적지수란 단위토지면적에 자라는 개체군의 전체 잎면적을 단위토지면적으로 나눈 값이다.
② 엽면적지수는 개체군의 잎면적 크기와 번무(繁茂) 정도를 나타낸다.
③ 일반적으로 최고분얼기까지는 일사량에 관계없이 엽면적지수 9까지 클수록 유리하다.
④ 단위엽면적당 광합성 능력이 같아도 수광태세에 따라 광합성량이 다르다.

ANSWER 17.③ 18.③ 19.③

17 ① 수수는 내습성과 내건성이 강하여 강수량 적은 곳에서도 재배할 수 있다. 알칼리성 토양에 적응성이 높다. 저습지에서도 적응이 매우 낮지는 않다.
② 수수는 고온 및 다조한 지역에 강하다.
④ 수수는 저온에 대한 적응성이 낮다.

18 ① 메밀 – 숙근교맥(Fagopyrum cymosum Meissner)
② 옥수수 – 가마그래스(Tripsacum dactyloides L.)
④ 수수 – 존슨그래스(Sorghum halepensis L.)

19 ③ 엽면적지수가 높으면 과도한 잎의 그늘이 발생하여 아래쪽 잎의 광합썽 효율이 불리하다.

20 땅콩의 생리 및 생태에 대한 설명으로 옳지 않은 것은?

① 오전 9시경부터 개화를 시작하며 타가수정을 원칙으로 한다.
② 수정되어도 씨방이 땅속으로 들어가기 전에 말라 죽는 것이 많고, 완전히 결실하는 것은 전체 꽃수의 10% 내외다.
③ 단명종자이고, 꼬투리째 파종하는 것보다 종실만 파종하는 것이 발아에 소요되는 일수가 짧아진다.
④ 석회 시용은 결협 및 결실 효과를 높이고, 토양의 건조는 비어있는 꼬투리의 생성을 많게 한다.

21 녹두의 특성에 대한 설명으로 옳은 것은?

① 종자의 수명이 팥보다 짧으며 단명종자에 속한다.
② 밀이나 보리의 후작으로 알맞으며 수수, 옥수수와 혼작에도 적합하다.
③ 고온에 의하여 개화가 촉진되기 때문에 조생종 품종은 고랭지에서 재배할 수 없다.
④ 건조에는 강한 편이지만 다습한 환경에 약하기 때문에 성숙기에는 비가 적게 내리는 지역이 좋다.

ANSWER 20.① 21.④

20 ① 땅콩은 자가수정을 한다.

21 ① 녹두는 장명종자에 속한다.
② 밀이나 보리는 여름작물이고 녹두는 더운 기후를 좋아하는 여름작물로, 후작과 혼작의 조합이 좋지 않다.
③ 조생종 품종은 고랭지에서 재배할 수 있다.

22 다음 원인으로 발생하는 벼의 병해는?

- 종자에 상처가 있거나 최아되지 않은 종자를 사용할 때
- 미숙한 퇴비를 시용할 때
- 담수직파재배에서 담수깊이가 깊을 때
- 발아 및 유묘기에 지속적으로 흐리고 기온이 낮을 때

① 키다리병
② 모썩음병
③ 갈색잎마름병
④ 잎집썩음병

23 고구마의 삽식법에 대한 설명으로 옳지 않은 것은?

① 묘는 활착이 잘되는 한 뉘어서 얕게 심어야 분지 발생이 좋아져서 유리하다.
② 묘가 크고 토양이 건조하지 않을 때는 수평식이 알맞다.
③ 사질토에서 토양의 건조가 우려될 때는 밑둥만을 깊게 심는 개량수평식이 알맞다.
④ 건조하기 쉬운 사질토에 짧은 묘를 심을 때는 선저식이 알맞다.

ANSWER 22.② 23.④

22 ① 키다리병 : 키다리병균(Fusarium fujikuroi)에 의해 발생한다. 오염된 종자와 토양을 통해 전파된다. 고온다습한 환경에 발생이 빈번하다.
③ 갈색잎마름병 : 병원균은 Xanthomonas oryzae pv. oryzae이다. 빗물이나 관개수를 통해 전파되며, 상처를 통해 식물체에 침입한다. 고온다습한 환경에 발생이 빈번하다.
④ 잎집썩음병 : 병원균은 Rhizoctonia solani이다. 토양에 존재하며, 잎집에 상처가 생기면 그 부위를 통해 감염된다. 고온다습한 환경에 발생이 빈번하다.

23 ④ 건조하기 쉬운 사질토에 짧은 묘를 심을 때는 선부식이 알맞다.

24 감자의 휴면에 대한 설명으로 옳은 것은?

① 휴면은 전기, 중기, 후기의 3단계로 나누며, 휴면의 깊이는 전기가 가장 깊다.
② 수확 직후 당분농도가 낮을 때 저온처리를 하면 전분의 당화가 촉진되어 휴면 기간이 단축된다.
③ 휴면 경과는 개체에 따라 다르며 검정기의 발아개체비율이 50%가 되면 휴면 종료기로 본다.
④ 휴면 단축 효과는 일반적으로 고온(35°C)보다 저온(5°C)이 크다.

25 종실의 영양성분에 대한 설명으로 옳지 않은 것은?

① 옥수수는 당질 – 단백질 – 지질순으로 많다.
② 땅콩은 단백질 – 지질 – 당질순으로 많다.
③ 팥과 녹두의 지질 및 조지방 함량은 1% 이하이다.
④ 메밀의 주성분은 가용무질소물이고 조단백질 함량은 10% 이상이다.

ANSWER 24.② 25.②

24 ① 휴면의 깊이는 후기(종료기)가 가장 깊다.
③ 검정기의 발아개체비율이 80%가 되면 휴면 종료기로 본다.
④ 휴면 단축 효과는 일반적으로 저온(5℃)보다 고온(35℃)이 크다.

25 ② 종실의 영양성분에서 땅콩은 지질–단백질–당질 순으로 많다.

2023. 4. 8. 국가직 9급 시행

1 타가수정 작물로만 묶은 것은?

① 조, 밀
② 콩, 귀리
③ 보리, 담배
④ 호밀, 옥수수

2 작물의 적산온도가 높은 것부터 순서대로 바르게 나열한 것은?

① 가을보리 > 벼 > 메밀
② 메밀 > 벼 > 가을보리
③ 벼 > 메밀 > 가을보리
④ 벼 > 가을보리 > 메밀

ANSWER 1.④ 2.④

1 ㉠ 타가수정 작물 : 호밀, 메밀, 옥수수, 알팔파, 사탕수수
㉡ 자가수정 작물 : 오이, 토마토, 가지, 벼, 밀, 보리, 콩

2 작물의 적산온도

작물 이름	적산온도		작물 이름	적산온도	
	최저	최고		최저	최고
메밀	1,000	1,200	가을밀	1,960	2,250
감자	1,300	3,000	옥수수	2,370	3,000
봄보리	1,600	1,900	콩	2,500	3,000
가을보리	1,700	2,075	해바라기	2,600	2,850
봄밀	1,870	2,275	벼	3,500	4,500

3 벼의 형태와 구조에 대한 설명으로 옳은 것은?

① 뿌리와 줄기에 통기강이 형성되어 벼 뿌리의 세포호흡에 이용된다.
② 멥쌀은 종실의 전분구조 내에 미세공극이 있어 불투명하게 보인다.
③ 잎의 수공세포는 수분이 부족하면 잎을 말아 증산을 억제한다.
④ 영화는 내영과 외영으로 둘러싸여 있고 불완전화에 해당한다.

4 보리의 분얼에 대한 설명으로 옳지 않은 것은?

① 각 분얼경에서 같은 시기에 나타나는 잎들을 동신엽이라고 한다.
② 분얼최성기의 후반기에 분얼한 것은 대체로 유효분얼이 된다.
③ 파종심도가 깊을수록 저위분얼의 발생이 억제되어 분얼 수가 적어진다.
④ 분얼은 줄기 관부의 엽액으로부터 새로운 줄기가 나오는 것이다.

5 벼의 생식생장기에 대한 설명으로 옳지 않은 것은?

① 암술 및 수술의 분화시기는 출수 전 20일경이고 감수분열기는 출수 전 10 ~ 12일경이다.
② 이삭의 같은 지경 내에서 영화는 선단이 먼저 개화하고 그 다음부터는 아래에서부터 위로 개화한다.
③ 주간의 출엽속도가 4 ~ 5일에 1매로 늦어지면 생식생장으로 전환되는 전조이다.
④ 이삭수와 영화수의 분화는 주로 질소에 의해 정해지며, 그 후의 발육은 대체로 탄수화물에 의해 이루어진다.

ANSWER 3.① 4.② 5.③

3 ② 멥쌀은 종실의 전분구조 내에 미세공극이 있어 불투명하게 보이지 않는다.
③ 잎새에 있는 기동세포는 수분이 부족할 때 잎을 안으로 말아 수분 증산을 억제한다.
④ 영화는 내영과 외영으로 둘러싸여 있고 완전화에 해당한다.

4 ② 분얼최성기의 후반기에 분얼한 것은 무효분얼이 된다.

5 ③ 주간의 출엽속도가 6 ~ 8일에 1매로 늦어지면 생식생장으로 전환되는 전조이다.

6 옥수수의 재해에 대한 내용으로 옳은 것만을 모두 고르면?

> ㉠ 조기 파종과 시비량을 적정수준으로 유지하여 강풍에 의한 도복 피해를 줄인다.
> ㉡ 만상해로 지상부가 고사해도 재파보다 생육이 좋고 수량이 많을 수 있다.
> ㉢ 발아 불량 또는 발아 후 생육장해로 생긴 결주는 보파가 효과적이다.
> ㉣ 장해형 냉해가 뚜렷하며, 영양생장기의 일시적인 냉해에도 피해가 크다.

① ㉠, ㉡　　② ㉠, ㉣
③ ㉡, ㉢　　④ ㉢, ㉣

7 맥류의 출수에 대한 설명으로 옳은 것은?

① 춘파형 맥류를 늦봄에 파종하면 좌지현상이 나타난다.
② 일반적으로 춘화처리가 된 보리에서는 온도가 높으면 출수가 늦어진다.
③ 국내 밀 품종의 포장출수기는 파성, 단일반응, 내한성(耐寒性)과 정의 상관을 갖는다.
④ 추파성이 강한 겉보리는 중부 이북지방에서 월동이 가능하다.

8 팥에 대한 설명으로 옳지 않은 것은?

① 종자가 균일하게 성숙하지 않는다.
② 대부분 자가수정을 하고 자연교잡은 드물다.
③ 콩보다 저온에 강해 고위도나 고랭지에서 잘 재배된다.
④ 일반 저장에서 3 ~ 4년 정도 발아력을 유지한다.

ANSWER 6.① 7.④ 8.③

6 ㉢ 발아 불량 또는 발아 후 생육장해로 생긴 결주는 보파를 할 수 있지만, 큰 효과는 기대하기 힘들다.
㉣ 옥수수는 장해형 냉해가 별로 없으며, 영양생장기의 일시적인 냉해에도 별로 피해가 없다.

7 ① 추파형 맥류를 늦봄에 파종하면 좌지현상이 나타난다.
② 일반적으로 춘화처리가 된 보리에서는 온도가 높으면 출수가 빨라진다.
③ 국내 밀 품종의 포장출수기는 파성, 단일반응과 정의 상관을 갖지만, 내한성(耐寒性)과는 부의 상관을 갖는다.

8 ③ 콩보다 저온에 약해 고위도나 고랭지에서 재배하기 어렵다.

9 감자 역병에 대한 설명으로 옳은 것은?

① 병원균은 *Streptomyces scabies*이다.
② 고온 건조한 환경에서 빠르게 확산된다.
③ 주로 씨감자를 통해 감염되고 포장에서 이병식물로부터 전염되기도 한다.
④ 세균성으로 잎과 줄기에 흑갈색의 병징이 생긴다.

10 벼의 이앙재배와 비교하여 직파재배의 특징으로 옳지 않은 것은?

① 도복되기 쉽고 잡초발생이 많다.
② 분얼절위가 높아 이삭수 확보가 어렵다.
③ 파종이 동일한 경우 벼 출수기가 빨라진다.
④ 출아와 입모가 불량하고 균일하지 못하여 유효경 비율이 낮다.

11 메밀의 생리생태적 특성에 대한 설명으로 옳은 것은?

① 생육적온은 35℃로 비교적 고온이다.
② 꽃은 위에서부터 순차적으로 아랫부분으로 개화한다.
③ 자가수정을 하며, 동형화 사이의 수분으로도 수정이 가능하다.
④ 발아에서 개화최성기까지 약 70mm 정도의 강우량이 필요하다.

ANSWER 9.③ 10.② 11.④

9 ① 병원균은 phytophthora infestans이다.
② 저온다습한 환경에서 빠르게 확산된다.
④ 곰팡이성으로 잎과 줄기에 흑갈색의 병징이 생긴다.

10 ② 분얼절위가 낮아 이삭수 확보가 용이하다.

11 ① 생육적온은 20 ~ 31℃로 비교적 저온이다.
② 꽃은 아래에서부터 순차적으로 윗부분으로 개화한다.
③ 타가수정을 하며, 동형화 사이의 수분으로도 수정이 가능하다.

12 벼의 발아과정에 대한 설명으로 옳지 않은 것은?

① 혐기 조건에서도 아밀라아제 활성이 높고 발아가 가능하다.
② 흡수기 동안 볍씨의 수분 함량은 25 ~ 30% 정도가 된다.
③ 생장기는 수분 흡수가 다시 왕성해지는 시기이다.
④ 발아는 흡수기 – 활성기 – 발아 후 생장기의 과정으로 이어진다.

13 쌀의 저장에 대한 설명으로 옳지 않은 것은?

① 급속한 건조는 동할미를 발생시킨다.
② 저장고의 온도는 실온인 20℃ 정도로 유지하는 것이 품질에 좋다.
③ 유리지방산의 산도는 저장상태의 좋고 나쁨을 나타내는 지표이다.
④ 적기수확한 벼를 수분 함량 15%까지 건조한 후 저장한다.

14 작물의 염색체에 대한 설명으로 옳지 않은 것은?

① 재배벼는 2배체로 염색체 수는 24개이다.
② 보통계 빵밀의 유전적 특징은 이질 6배체이다.
③ 보통귀리는 3배체로 염색체 수는 21개이다.
④ 대두콩은 2배체로 염색체 수가 40개이다.

ANSWER 12.① 13.② 14.③

12 ① 혐기 조건에서는 아밀라아제 활성이 낮다.

13 ② 저장고의 온도는 15℃ 이하로 유지하는 것이 품질에 좋다.

14 ③ 염색체수 : 2n=42(6x)

15 작물의 시비에 대한 설명으로 옳지 않은 것은?

① 벼의 분얼비는 모내기 후 30일 전후 시용하는 것이 좋다.
② 감자는 비료의 전량을 기비로 시용하는 것이 재배 관리상 유리하다.
③ 고구마는 칼리질 비료와 퇴비의 효과가 크다.
④ 옥수수는 전개엽수가 7엽기 전후에 총 질소 비료 요구량의 절반을 추비로 시용한다.

16 (가)~(다)의 고구마 괴근에 대한 설명을 바르게 연결한 것은?

(가) 씨고구마에서 발생한 뿌리가 비대한 것이다.
(나) 줄기의 마디에서 발생한 뿌리가 비대한 것이다.
(다) 파종한 씨고구마 자체가 비대한 것이다.

	(가)	(나)	(다)
①	친근저	친저	만근저
②	만근저	친근저	친저
③	친저	만근저	친근저
④	친근저	만근저	친저

ANSWER 15.① 16.④

15 ① 벼의 분얼비는 모내기 후 14일 전후 시용하는 것이 좋다.

16 ㉠ 친근저 : 친저의 뿌리로부터 돋아난 싹이 지하마디에서 새로 고구마가 달린 것
㉡ 만근저 : 씨고구마에서 돋아난 싹이 지하마디에서 새로 고구마가 달린 것
㉢ 친저 : 파종한 씨고구마 자체가 비대한 것

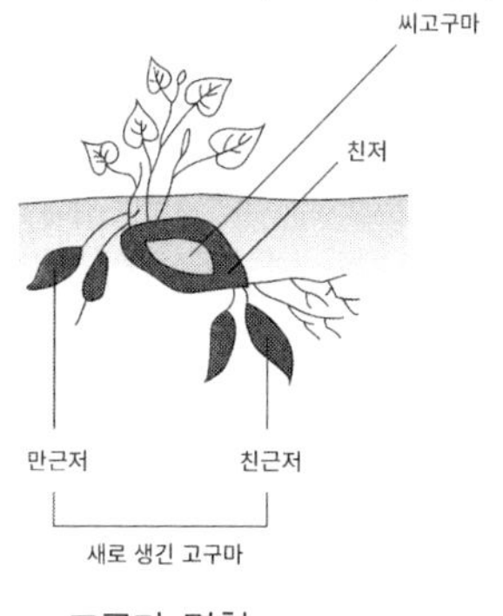

고구마 명칭

17 콩의 기상생태형에 대한 설명으로 옳지 않은 것은?

① 고위도일수록 일장에 둔감하고 생육기간이 짧은 하대두형이 재배된다.
② 한계일장이 긴 품종일수록 일장반응이 늦게 일어나 개화가 늦어진다.
③ 추대두형은 남부의 평야지대에서 맥후작의 형식으로 재배된다.
④ 같은 시기에 파종할 경우 개화기 및 성숙기는 대체로 여름콩이 가장 빠르다.

18 비료 배합에 대한 설명으로 옳지 않은 것은?

① 질산태질소를 유기질 비료와 배합하면 시용 후에 질산이 환원되어 소실된다.
② 암모니아태질소를 함유하고 있는 비료에 석회와 같은 알칼리성 비료를 배합하면 암모니아가 기체로 변한다.
③ 과인산석회에 칼슘이 함유된 알칼리성 비료를 배합하면 인산의 용해도가 증가한다.
④ 석회염을 함유한 비료에 염화물을 배합하면 흡습성이 높아져서 굳어지기 쉽다.

19 김매기에 대한 설명으로 옳지 않은 것은?

① 땅콩은 개화 초기에는 김매기를 하고 북을 준다.
② 조는 솎은 후에는 1～2회 정도 김매기를 얕게 하여 뿌리가 끊기지 않도록 한다.
③ 고구마는 생육 초기에 김매기 효과가 대체로 적다.
④ 콩은 김매기와 북주기를 겸하여 실시하는 것이 보통이다.

ANSWER 17.② 18.③ 19.③

17 ② 한계일장이 짧은 품종일수록 일장반응이 늦게 일어나 개화가 늦어진다.

18 ③ 과인산석회에 칼슘이 함유된 알칼리성 비료를 배합하면 인산이 물에 용해되지 않는다.

19 ③ 고구마는 생육 초기에 잡초가 많이 발생해서 김매기 효과가 크다.

20 맥류에 대한 설명으로 옳은 것만을 모두 고르면?

> ㉠ 귀리의 백수성은 한 이삭의 상부보다 하부로 갈수록 많이 발생한다.
> ㉡ 보리 종실의 수확 적기는 이삭이 황화되는 고숙기이다.
> ㉢ 밀, 보리 모두 출수 후 20일이 지나면 배가 정상적인 발아력을 갖는다.
> ㉣ 밀은 대체로 출수와 동시에 개화가 이루어지는데 기온이 낮으면 폐화수정이 된다.
> ㉤ 호밀의 개화는 한 이삭에서 중앙부의 소수가 최초로 개화하고 점차 상하부의 소수로 진행한다.

① ㉡, ㉤
② ㉠, ㉢, ㉤
③ ㉠, ㉡, ㉢, ㉣
④ ㉠, ㉢, ㉣, ㉤

ANSWER 20.②

20 ㉡ 보리 종실의 수확 적기는 완숙기이다.
㉣ 밀은 대체로 출수와 동시에 개화가 이루어지는데 기온이 높으면 폐화수정이 된다.

2023. 6. 10. 제1회 지방직 9급 시행

1 맥류에 해당하지 않는 작물로만 묶은 것은?

① 귀리, 율무
② 기장, 호밀
③ 메밀, 호밀
④ 율무, 메밀

2 자식성 작물에 대한 설명으로 옳은 것은?

① 다른 개체에서 형성된 암배우자와 수배우자가 수정한다.
② 자연교잡률이 4% 이하로 낮으며 완두와 담배가 여기에 속한다.
③ 인위적으로 자식을 시키거나 근친교배를 하면 자식약세 현상이 발생한다.
④ 자식에 의하여 집단 내의 동형접합체가 감소하고 이형접합체가 증가한다.

3 맥주보리의 고품질 조건으로 볼 수 없는 것은?

① 효소력이 강해야 한다.
② 지방 함량이 적어야 한다.
③ 단백질 함량이 많아야 한다.
④ 발아가 빠르고 균일해야 한다.

ANSWER 1.④ 2.② 3.③

1 ㉠ 맥류 : 보리 · 밀 · 호밀 · 귀리
㉡ 잡곡 : 조 · 옥수수 · 기장 · 피 · 메밀 · 율무

2 ② 자연교잡률이 4%이하로 낮으며, 벼, 모리, 콩, 담배 등이 이에 속한다.

3 ③ 품질이 우수한 맥주보리를 생산하려면 단백질 함량이 높아지지 않도록 질소비료를 적게 시비하고, 도복이 되지 않아야 하며, 성숙기에 일장이 길고 비를 맞추지 않아야 한다.

4 다음 중 논벼 재배에서 용수량이 가장 적은 생육 시기는?

① 이앙기
② 수잉기
③ 무효분얼기
④ 출수개화기

5 작물 생육과 온도에 대한 설명으로 옳은 것만을 모두 고르면?

> ㉠ 맥류 생육의 최적온도는 보리 20℃, 밀 25℃ 정도이다.
> ㉡ 세포 내 결합수 함량이 적고 자유수 함량이 많아야 내동성이 증대된다.
> ㉢ 벼 감수분열기의 장해형 냉해는 타페트세포의 이상비대로 화분의 활력을 저해한다.
> ㉣ 북방형 목초의 하고현상 방지를 위해서는 스프링플러시를 촉진해야 한다.

① ㉠, ㉡
② ㉠, ㉢
③ ㉡, ㉣
④ ㉢, ㉣

ANSWER 4.③ 5.②

4 생육시기별 관개용수량(이앙재배 기준)

생육시기	용수량(mm)
착근기(출수전 65~55일)	142
유효분기(출수전 55~45일)	101
무효분기(출수전 45~35일)	17
분얼감퇴기(출수전 35~25일)	92
유수발육전기(출수전 25~15일)	134
유수발육전기(출수전 25~15일)	193
유수발육전기(출수전 25~15일)	125
유수발육전기(출수전 25~15일)	34

5 ㉡ 세포 내 결합수 함량이 적고 자유수 함량이 많으면 내동성이 저하된다.
㉣ 북방형 목초의 하고현상 방지를 위해서는 스프링플러시를 억제해야 한다.

6 쌀의 영양성분에 대한 설명으로 옳지 않은 것은?

① 칼륨에 대한 마그네슘의 함량비가 낮은 쌀이 밥맛이 좋다.
② 단백질의 70 ~ 80%는 글루텔린으로 소화가 잘 된다.
③ 비타민 B 복합체가 풍부하며 엽산, 니아신 등이 들어 있다.
④ 콜레스테롤을 낮추는 리신(lysine)의 함량이 밀가루나 옥수수보다 높다.

7 생육이 왕성한 콩에 순지르기(적심)를 하는 효과로 옳지 않은 것은?

① 도복을 방지한다.
② 결협수를 증가시킨다.
③ 분지의 발육을 억제한다.
④ 근계의 발달을 촉진한다.

8 우리나라의 벼 해충에 대한 설명으로 옳은 것은?

① 벼멸구는 월동이 가능하며, 줄무늬잎마름병을 매개한다.
② 끝동매미충은 월동이 가능하며, 오갈병을 옮기는 해충이다.
③ 혹명나방은 월동이 가능하며, 1년에 1회 발생하여 큰 피해를 준다.
④ 벼물바구미는 월동이 불가능하며, 주로 8월에 발생하여 피해를 준다.

ANSWER 6.① 7.③ 8.②

6 ① 칼륨에 대한 마그네슘의 함량비가 높은 쌀이 밥맛이 좋다.

7 ③ 분지의 발육을 촉진한다.

8 ① 애멸구는 월동이 가능하며, 줄무늬잎마름병을 매개한다.
③ 혹명나방은 월동이 가능하며, 1년에 3회 발생하여 큰 피해를 준다.
④ 벼물바구미는 월동이 가능하며, 주로 8월에 발생하여 피해를 준다.

9 두류작물에 대한 설명으로 옳은 것은?

① 팥은 콩보다 도복에 더 강한 편이다.
② 완두는 땅콩보다 발아 최저 온도가 높은 작물이다.
③ 녹두는 그늘을 좋아하고 연작의 피해도 크지 않다.
④ 콩의 개체당 마디수는 재식밀도가 낮을 때가 높을 때보다 많다.

10 다음 사례의 경지이용률[%]은?

> A 씨는 2022년도에 토지 1,000m^2에서 단옥수수 400m^2를 5개월간 재배하고 수확한 후 다시 같은 토지 400m^2에 김장배추를 3개월간 재배하여 수확하였다. 그리고 나머지 토지 600m^2에 콩을 재배하여 수확하였다.

① 100 ② 120
③ 140 ④ 160

11 수수에 대한 설명으로 옳지 않은 것은?

① 풋베기한 수수는 청산이 함유되어 있어 사일리지로 이용하기 어렵다.
② 알곡 생산을 목적으로 하는 수수는 종자가 굵고 탈곡 시 겉껍질이 잘 분리된다.
③ 당용 수수는 대에 당분이 함유되어 있으므로 즙액을 짜서 제당원료로 이용한다.
④ 소경수수(장목수수)는 지경이 특히 길어 빗자루의 재료로 사용한다.

ANSWER 9.④ 10.③ 11.①

9 ① 팥은 콩보다 도복에 약한 편이다.
② 완두는 땅콩보다 발아 최저 온도가 낮은 작물이다.
③ 녹두는 그늘을 좋아하지 않기 때문에 수수 또는 옥수수와의 혼작에는 알맞지 않다. 그리고 연작은 피해가 크므로 되도록 윤작을 해야 한다.

10 $\frac{400+400+600}{1000} \times 100 = 140$

11 ① 풋베기한 수수에는 청산이 많이 함유되어 주의해야 한다. 그러나 건초나 사일리지로하면 무독하다.

12 ㈎, ㈏에서 설명하는 밀의 수형(穗型)을 바르게 연결한 것은?

> ㈎ 이삭이 길고 소수가 약간 성기게 고루 착생하여 이삭 상하부의 굵기가 거의 같으며, 수량이 많고 밀알도 고르며 굵직한 편이다.
> ㈏ 이삭이 길지 않고 가운데에 약간 큰 소수가 조밀하게 붙으며, 이삭의 가운데가 굵고 상하부가 가늘며 밀알이 고르지 못하다.

㈎	㈏
① 봉형	곤봉형
② 봉형	방추형
③ 추형	곤봉형
④ 추형	방추형

13 논의 종류와 특성에 대한 설명으로 옳지 않은 것은?

① 습답은 배수가 불량한 논으로 유기물을 다량 시용하거나 심경한다.
② 보통답(건답)은 관개하면 논이 되고 배수하면 밭으로 이용할 수 있어 답전윤환재배가 가능하다.
③ 사질답은 모래 함량이 지나치게 많은 논으로 비료를 분시하거나 완효성 비료를 주는 것이 좋다.
④ 추락답은 영양생장기까지는 잘 자라나 생식생장기에 아랫잎이 일찍 고사하고 수확량이 떨어진다.

ANSWER 12.② 13.①

12 밀의 수형

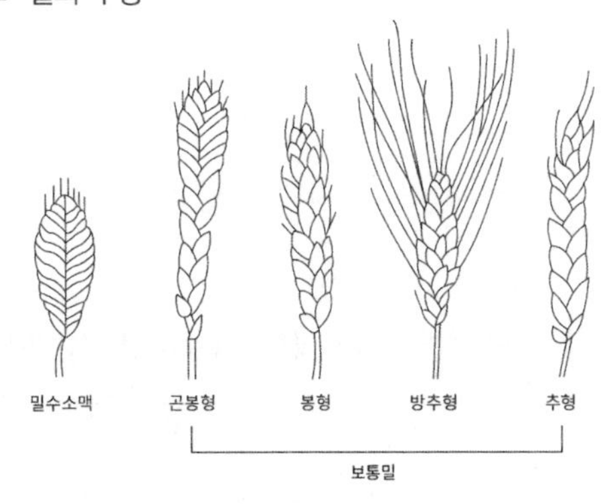

13 ① 습답은 배수가 불량한 논으로 침투되는 수분의 양이 적어서 유기물 분해도 적다.

14 봄감자의 생육단계별 특성에 대한 설명으로 옳지 않은 것은?

① 맹아기에 멀칭재배를 하면 수분과 온도 유지에 효과적이다.
② 신장기에는 고온장일 조건이 땅속줄기 길이 생장에 유리하다.
③ 괴경비대기는 개화기부터 잎과 줄기가 누렇게 변하는 시기까지이다.
④ 성숙기는 괴경비대기 이후 시기로 토양수분이 많아야 품질이 좋아진다.

15 작물의 꽃과 종자에 대한 설명으로 옳지 않은 것은?

① 벼의 꽃에는 암술 1개와 수술 6개가 있으며, 1개의 꽃에 1개의 종자가 달린다.
② 보리의 꽃에는 암술 1개와 수술 3개가 있으며, 1개의 꽃에 1개의 종자가 달린다.
③ 옥수수는 암꽃과 수꽃이 분리되어 있으며, 1개의 꽃에 여러 개의 종자가 달린다.
④ 고구마의 꽃에는 암술 1개와 수술 5개가 있으며, 1개의 꽃에 1 ~ 4개의 종자가 달린다.

16 고구마의 재배적 특성에 대한 설명으로 옳지 않은 것은?

① 토양적응성이 높으나 연작장해가 심한 편이다.
② 칼리는 요구량이 가장 많고 시용효과도 현저하다.
③ 고온 · 다조를 좋아하는 작물로 영양번식을 주로 한다.
④ 괴근비대 시에 토양수분은 최대용수량의 70 ~ 75%가 알맞다.

ANSWER 14.④ 15.③ 16.①

14 ④ 성숙기 이후에는 건조해야 성숙이 촉진되어 품질이 향상되며 저장성도 증진된다.

15 ③ 옥수수는 암꽃과 수꽃이 분리되어 있으며, 1개의 꽃에 1개의 종자가 달린다.

16 ① 토양적응성이 높고 연작장해가 거의 없는 편이다.

17 다음에 해당하는 벼의 제현율과 현백률은?

> • 정조 125kg에서 왕겨를 제거하니 현미가 100kg 생산되었다.
> • 이후에 도정을 계속하여 쌀겨 등을 제거하고 나니 백미가 90kg 생산되었다.

	제현율[%]	현백률[%]
①	75	80
②	75	90
③	80	75
④	80	90

18 옥수수 분류에 대한 설명으로 옳지 않은 것은?

① 경립종은 전분 대부분이 경질이고 성숙 후 종자의 정부가 둥근 모양이다.
② 마치종은 사료용으로 많이 재배되는 옥수수로 다른 종류에 비하여 종자가 크다.
③ 폭렬종은 종자 전분의 대부분이 연질이어서 열을 가하면 수분과 공기가 팽창하여 튀겨진다.
④ 감미종은 섬유질이 적고 껍질이 얇아 식용으로 적당하며, 간식용이나 통조림으로 이용한다.

ANSWER 17.④ 18.③

17 ㉠ 제현율 : 정조→현미

$$\frac{100}{125} \times 100 = 80$$

㉡ 현백율 : 현미→백미

$$\frac{90}{100} \times 100 = 90$$

18 ③ 폭렬종은 씨알이 잘고 각질이 많으며 튀겨 먹기에 알맞다.

19 작물의 병해에 대한 설명으로 옳지 않은 것은?

① 옥수수의 깨씨무늬병은 7～8월의 고온다습한 평야지에서 많이 발생한다.
② 콩의 세균성점무늬병은 비가 많이 오거나 토양이 습할 때 많이 발생한다.
③ 맥류의 녹병은 봄철 기온이 10℃ 이하이고 습도가 40% 정도일 때 많이 발생한다.
④ 감자의 더뎅이병은 세균성 병으로 척박한 토양이나 알칼리성 토양에서 많이 발생한다.

20 벼의 재배에서 규소(Si)에 대한 설명으로 옳은 것은?

① 질소비료보다 흡수량이 많은 필수원소이다.
② 줄기의 통기조직을 발달시키고 내도복성을 높인다.
③ 벼잎을 늘어지게 하여 수광태세를 좋게 한다.
④ 벼잎의 표면 증산을 증가시키고 병해충저항성을 높인다.

ANSWER 19.③ 20.②

19 ③ 맥류의 녹병은 봄철의 기온이 15℃ 이상이고 습도가 80% 이상으로 높을 경우에 많이 발생한다.

20 ① 벼는 규산을 질소의 8배 이상 흡수하며 자란다.
③ 벼잎을 빳빳하게 하여 수광태세를 좋게 한다.
④ 벼잎의 표면 증산을 감소시키고 병해충저항성을 높인다.

2023. 9. 23. 제2차 국가직 7급 시행

1 줄기의 관다발은 원통형이고 잎맥은 그물맥 구조인 작물은?

① 옥수수
② 밀
③ 보리
④ 메밀

2 밀의 생육과 환경요인에 대한 설명으로 옳지 않은 것은?

① 등숙 기간에 고온건조하면 단백질 함량이 증가한다.
② 출수기 전후에 만기 추비하면 단백질 함량이 증가한다.
③ 등숙 기간에 일조가 부족하면 표피세포의 규질화가 촉진된다.
④ 연평균 기온이 20°C 이상인 지대에서는 가을밀이 거의 재배되지 않는다.

3 간척지 벼 재배에 대한 설명으로 옳지 않은 것은?

① 벼 재배 시 한계염농도인 0.3% 이하로 제염해야 한다.
② 관개 및 경운 횟수와 상관없이 얕게 경운하는 것이 제염에 효과적이다.
③ 염해는 생식생장기보다는 모내기 직후의 활착기와 분얼기에 심하다.
④ 정지 후 토양 입자가 가라앉아 급격히 굳어지기 때문에 로터리와 동시에 모내기를 하는 것이 좋다.

ANSWER 1.④ 2.③ 3.②

1 ① 옥수수 : 분산형 구조이며 잎맥은 평행맥이다.
② 밀 : 원형 구조이며 잎맥은 평행맥이다.
③ 보리 : 원형이고 잎맥은 평행맥이다.

2 ③ 등숙 기간에 일조가 부족하면 표피세포의 규질화가 저해된다. 밀의 등숙 기간 동안 충분한 일조가 있어야 광합성이 활발하여 규질화가 진행된다.

3 ② 간척지에서 제염을 효과적으로 하기 위해서는 토양 깊이까지 염분을 씻어내야 하기 때문에 깊게 경운하는 것이 제염에 효과적이다.

4 벼의 생육과 기상재해에 대한 설명으로 옳지 않은 것은?

① 장해형 냉해는 기온이 정상으로 회복되어도 피해가 회복되지 않는다.
② 출수개화기의 강풍은 개화 · 수정을 방해하고, 심할 경우 백수현상을 일으킨다.
③ 침관수해는 유수형성기 > 감수분열기 > 출수기 순으로 감수피해가 크다.
④ 한해(旱害) 상습지에서는 내만식성 품종을 선택하고 계획적인 만파만식 재배를 위한 육묘가 필요하다.

5 보리의 생육과정에 대한 설명으로 옳은 것은?

① 이유기는 배유의 양분이 거의 소실되고, 흡수되는 양분에 주로 의존하는 전환기로 내한성(耐寒性)이 가장 강한 시기이다.
② 유수형성기에는 발근력이 증진되어 새 뿌리 발생이 유리하며, 깊은 김매기 작업이 적합하다.
③ 수잉기는 유수형성기부터 출수 직전까지를 의미하며, 이삭과 영화가 커지고 감수분열을 거쳐 암수 생식세포가 완성된다.
④ 등숙 과정의 고숙기는 엽록소가 완전히 소실되고, 배의 두께가 최대로 된다.

6 단옥수수의 재배에 대한 설명으로 옳은 것은?

① 단옥수수의 발아율은 일반옥수수에 비하여 현저히 높다.
② 단옥수수의 N · P · K 시비량은 알곡용 교잡종 옥수수보다 많다.
③ 단옥수수의 수확은 출사 후 35일경에 하고, 초당옥수수보다 2~3일 늦게 수확해도 된다.
④ 단옥수수의 곁가지를 따 줄 경우에는 첫가지가 나올 때 일찍 따 주는 것이 좋다.

ANSWER 4.③ 5.③ 6.④

4 ② 벼의 침관수해는 감수분열기 > 출수기 > 유수형성기 순으로 감수피해가 크다.

5 ① 내한성이 가장 강한 시기는 아니다.
② 유수형성기에는 발근력이 감소하며 새 뿌리 발생에 불리하다. 깊은 김매기는 이 시기에 적합하지 않다
④ 배의 두께가 최대로 되는 시기는 성숙기이다.

6 ① 단옥수수의 발아율은 일반옥수수에 비하여 낮다.
② 단옥수수의 N · P · K 시비량은 알곡용 교잡종 옥수수보다 적다.
③ 단옥수수의 수확은 출사 후 18~24일경에 한다.

7 잡곡의 개화 · 수정에 대한 설명으로 옳은 것만을 모두 고르면?

> ㉠ 율무는 암꽃과 수꽃이 따로 피어 타가수정하며, 출수 기간이 매우 길다.
> ㉡ 기장은 기온이 높을 때 개화하지 않고, 꽃 1개의 개화시간이 길며 자가 수정 한다.
> ㉢ 수수는 바람이나 공기 유동에 의한 자연교잡률이 높은 타가수정 작물이다.
> ㉣ 메밀의 수정되지 않은 꽃은 다음날 다시 개화하며, 충매에 의하여 타가 수정 한다.

① ㉠, ㉡
② ㉠, ㉣
③ ㉡, ㉢
④ ㉢, ㉣

8 맥류의 발아와 형태에 대한 설명으로 옳지 않은 것은?

① 밀은 보리보다 심근성으로 수분과 양분의 흡수력이 강하고, 종자근은 보통 3본이지만 6본까지 나오는 경우도 있다.
② 쌀보리는 종자 무게의 약 50%의 수분을 흡수해야 발아하고, 밀은 약 40%의 수분을 흡수해야 발아가 가장 좋다.
③ 밀의 소수에는 1쌍의 넓고 큰 받침껍질에 싸인 2개의 영화가 들어있는데, 결실되는 것은 보통 1개이다.
④ 쌀보리의 출아력은 토양수분 8~15% 범위가 15% 이상인 경우보다 높고, 큰 종자가 출아력이 강하다.

ANSWER 7.② 8.③

7 ㉡ 기장의 꽃 1개의 개화시간은 짧고 타가 수정 한다.
㉢ 수수는 자가 수정 한다.

8 ③ 2개의 영화가 모두 결실될 수 있다.

9 벼 종자의 발달과 저장 물질의 축적에 대한 설명으로 옳지 않은 것은?

① 배유의 세포분열이 정지되고 배유세포의 총수가 결정되는 시기는 수정 후 9~10일경이다.
② 중복수정이 끝난 수정란은 다음날 2개로 분열하고, 4일째에는 시원생장점이 분화한다.
③ 아밀로플라스트 1개에 들어 있는 전분소립은 온대자포니카형 품종이 50~80개, 인디카형 품종이 약 100개 정도이다.
④ 개화 4~5일 후부터 조직의 중앙부 세포에서 지름 30~40μm의 큰 전분립을 볼 수 있다.

10 맥류의 병해에 대한 설명으로 옳은 것은?

① 녹병은 토양전염을 하며, 봄철 기온이 15°C 이하일 때 많이 발생한다.
② 보리누른모자이크병은 애멸구에 의해 전염되며, 10°C 이하일 때 많이 발생한다.
③ 보리줄무늬병은 파종기가 빠르거나 질소를 과용하거나 토양이 습할 때 많이 발생한다.
④ 속깜부기병에 감염되면 이삭의 거의 모든 종실이 검은 가루로 변하고, 탈곡할 때 병변이 터진다.

11 벼의 광합성 생리에 대한 설명으로 옳지 않은 것은?

① 광합성량은 같은 품종이라도 재식밀도에 따라 달라진다.
② 공급기관의 광합성능력이 아무리 우수해도 수용기관이 적으면 광합성을 많이 하지 않는다.
③ 군락상태로 있을 때에는 상위엽의 크기가 작고, 두껍지 않으며, 직립되어 있으면 수광에 유리하다.
④ 흡수한 물의 약 10%만 광합성과 호흡 등에 이용하며, 증산량이 증가하더라도 벼의 수량은 증가하지 않는다.

ANSWER 9.④ 10.④ 11.④

9 ④ 개화 후 약 7~10일 후부터 조직의 중앙부 세포에서 전분립이 형성되기 시작하며, 전분립의 크기는 시간이 지남에 따라 점차 커진다.

10 ① 녹병은 공기 중의 포자로 전염된다.
② 보리누른모자이크병은 토양에서 기생하는 바이러스에 의해 전염되며, 10°C 이상일 때 많이 발생한다.
③ 보리줄무늬병은 파종기가 늦거나 질소를 과용하거나 토양이 습할 때 많이 발생한다.

11 ④ 벼의 광합성 생리에서 흡수한 물의 약 1~5%만 광합성과 호흡 등에 이용된다.

12 벼의 해충과 특징을 바르게 연결한 것은?

> (가) 볏짚이나 벼 그루터기의 볏대 속에서 유충으로 월동한 후 연 2회 발생한다.
> (나) 우리나라에서 월동하기 힘들고 매년 6~7월 저기압 통과 시 중국으로부터 날아오는 비래해충이다.
> (다) 분비물이 그을음병을 일으켜 광합성이 저해되고 오갈병을 매개한다.
> (라) 논에서 벼 잎을 가해하다가 7월 하순부터 논두렁이나 제방 등으로 이동하며, 월동지에서 월동한다.

	(가)	(나)	(다)	(라)
①	이화명나방	벼멸구	끝동매미충	벼물바구미
②	벼멸구	이화명나방	끝동매미충	벼물바구미
③	끝동매미충	이화명나방	벼멸구	벼물바구미
④	이화명나방	벼물바구미	끝동매미충	벼멸구

13 작물의 2차대사물질에 대한 설명으로 옳지 않은 것은?

① 콩 종자의 lipoxygenase는 날콩의 비린 맛에 관여하고, 열을 가하면 대부분 파괴된다.
② 감자의 solanin은 아린 맛의 원인이고, 햇빛을 쬐어 녹화된 괴경의 표피 부위에서 현저하게 감소한다.
③ 항산화물질인 rutin은 메밀 식물체의 각 부위에 존재하며, 쓴메밀의 rutin 함량은 보통메밀에 비해 높다.
④ 청예용 수수를 풋베기하면 청산이 많이 함유되는 경우가 있는데, 건초나 사일리지로 하면 독이 없어진다.

ANSWER 12.① 13.②

12 (가) **이화명나방** : 볏짚이나 벼 그루터기의 볏대 속에서 유충으로 월동한 후 연 2회 발생한다.
(나) **벼멸구** : 우리나라에서 월동하기 힘들고 매년 6~7월 저기압 통과 시 중국으로부터 날아오는 비래해충이다.
(다) **끝동매미충** : 분비물이 그을음병을 일으켜 광합성이 저해되고 오갈병을 매개한다.
(라) **벼물바구미** : 논에서 벼 잎을 가해하다가 7월 하순부터 논두렁이나 제방 등으로 이동하며, 월동지에서 월동한다.

13 ② 햇빛을 쬐어 녹화된 괴경의 표피 부위에서 solanin이 현저하게 증가한다.

14 고구마의 형태적 특성에 대한 설명으로 옳은 것은?

① 꽃 모양은 메꽃이나 나팔꽃과 비슷하며 수술은 5개이고 암술은 1개이다.
② 괴근은 주근, 세근, 경근 중에서 경근이 비대한 것이다.
③ 괴근의 눈은 배부에 많으며, 두부보다는 복부에 많다.
④ 잎은 단자엽식물로서 줄기의 각 마디에서 착생하여 나온다.

15 보리의 장해에 대한 설명으로 옳은 것만을 모두 고르면?

> ㉠ 한발해(旱魃害)는 등숙기에 등숙을 저해하여 수량과 품질을 떨어뜨리며, 근본적인 한발 대책은 관수하는 것으로 관수의 효과는 출수기에 가장 크다.
> ㉡ 한해(寒害)의 대책으로 내한성 품종을 재배하는 것이 가장 효율적이고, 파종기가 늦어지면 파종량을 줄이고 최아하여 파종한다.
> ㉢ 습해는 토양이 과습하여 통기가 나쁘고 뿌리에 산소의 공급이 원활하지 못하여 발생하며, Eh가 높아짐에 따라 뿌리조직의 괴사 및 목화가 촉진된다.
> ㉣ 도복해는 이삭이 무겁고 뿌리가 약하면 잘 일어나고 출수 후에 발생하면 피해가 크며, 협폭파재배나 세조파재배하면 도복이 경감된다.

① ㉠, ㉡
② ㉠, ㉣
③ ㉡, ㉢
④ ㉢, ㉣

ANSWER 14.① 15.②

14 ② 고구마의 괴근은 주근이 비대해진 것이다.
③ 고구마의 괴근 눈은 두부에 많으며, 복부보다는 두부에 많이 분포한다.
④ 고구마는 쌍자엽식물이다.

15 ㉡ 파종기가 늦어지면 파종량을 늘리고 최아하여 파종한다.
㉢ Eh가 낮아짐에 따라 뿌리조직의 괴사 및 목화가 촉진된다.

16 벼의 수량구성요소에 대한 설명으로 옳지 않은 것은?

① 이삭수는 분얼 성기에 영향이 크며, 영화분화기 이후에는 거의 영향이 없다.
② 1수영화수는 감수분열기 이후 환경이 좋으면 증가한다.
③ 천립중에 영향이 높은 시기는 감수분열기와 등숙성기이며, 출수기는 상대적으로 영향이 미미하다.
④ 등숙비율은 감수분열기, 출수기, 등숙성기에 영향을 많이 받으며 100%를 넘을 수 없다.

17 벼의 분얼에 대한 설명으로 옳은 것은?

① 분얼기에 주·야간의 일교차가 크면 스트레스를 받아 분얼이 감소한다.
② 분얼기에 일조가 부족하면 분얼의 발생이 지연되나 분얼수에는 영향을 미치지 않는다.
③ 단위면적당 이앙주수(재식간격)가 동일하면 포기당 모수가 적을수록 모당 분얼수가 많아진다.
④ 분얼수는 식물체 내 질소 함량이 2.5%까지는 높아질수록 비례하여 증가한다.

18 감자의 병해에 대한 설명으로 옳지 않은 것은?

① 역병은 개화기 전후에 날씨가 서늘하여 평균기온이 18~20°C이며 강우가 지속될 때 크게 발생한다.
② 검은점박이병은 산성토양에서 많이 발생하며, 괴경에 눈을 중심으로 갈색 병반이 발생한다.
③ 겹둥근무늬병은 평야지 재배에서 생육 후기에 비료분이 결핍되고, 온도가 낮고 건조한 날씨가 지속되면 많이 발생한다.
④ 더뎅이병은 메마른 토양이나 알칼리성 토양에서 많이 발생하고, 답전작이나 답리작에서는 발생의 우려가 없다.

ANSWER 16.② 17.③ 18.③

16 ② 1수영화수는 감수분열기 이전에 결정되며 이후의 환경은 주로 영화의 발달과 성숙에 영향을 미친다.

17 ① 분얼기에 주·야간의 일교차가 크면 스트레스를 받아 분얼이 증가한다.
② 분얼기에 일조가 부족하면 분얼의 발생이 지연되며 분얼수에도 부정적인 영향을 미친다.
④ 분얼수는 식물체 내 질소 함량이 2.5%까지는 높아질수록 비례하여 증가하지만, 그 이상에서는 효과가 감소할 수 있다.

18 ③ 겹둥근무늬병은 온도가 높고 습한 날씨가 지속되면 많이 발생한다.

19 벼의 양분흡수와 유기물질의 축적에 대한 설명으로 옳지 않은 것은?

① 칼륨의 전체 흡수량 중 75%는 유효분얼기까지 흡수하고, 수잉기부터는 거의 흡수가 이루어지지 않는다.
② 무기양분 흡수는 유수형성기까지는 급증하나 출수기 이후에는 급감한다.
③ 단백질합성은 영양생장기에 활발하고, 생식생장기에는 세포벽물질이 많이 만들어진다.
④ 칼슘은 유수형성기와 등숙기에 광합성 산물의 작물체 내 전류를 원활하게 한다.

20 벼의 결실에 대한 설명으로 옳지 않은 것은?

① 현미의 외형적 크기는 길이, 너비, 두께의 순서로 발달한다.
② 한 이삭 내 종실의 등숙은 하위 지경의 영과가 가장 빠르다.
③ 1지경 내의 선단에서 2번째 영과는 불완전립이 되기 쉽다.
④ 결실기에 태풍을 만나면 이삭이 건조해지고, 불완전미의 발생이 많다.

21 작물의 유전체 구성으로 옳지 않은 것은?

① 밀속에서 A 게놈은 1립계에서 유래되었고, B 게놈은 A. *speltoides*에서 유래되었다.
② 감자의 염색체수(x)는 12로 하는 배수성이며 재배종은 S. *tuberosum*으로 4x이다.
③ 귀리는 2배종, 4배종 및 6배종이 있으며 주 재배종인 보통귀리는 6배종이다.
④ 보통밀은 A. *squarrosa*(AABB)와 T. *dicoccoides*(DD)의 자연교잡에 의해서 유래된 6배성이다.

ANSWER 19.① 20.② 21.④

19 ① 수잉기와 등숙기 동안에도 칼륨의 흡수는 계속 이루어진다.

20 ② 한 이삭 내 종실의 등숙은 상위 지경의 영과가 가장 빠르다.

21 ④ 작물의 유전체 구성으로 보통밀은 Triticum turgidum (AABB)와 Aegilops tauschii (DD)의 자연교잡에 의해서 유래된 6배성이다.

22 벼의 재배관리에 대한 설명으로 옳은 것은?

① 질소비료의 시비량은 이앙재배보다 건답직파재배에서 적다.
② 항공파종은 담수직파재배보다는 건답직파재배하는 것이 유리하다.
③ 쇄토 노력은 건답직파재배 시에는 적게 들지만 담수직파재배 시에는 많이 든다.
④ 발근과 착근은 건답직파재배에서는 양호하지만 담수직파재배에서는 불량하여 뜬묘가 발생한다.

23 메밀에 대한 설명으로 옳은 것은?

① 종실은 수과이고, 대부분 사릉형이고 드물게 삼각릉형 또는 이릉형을 이루고 있다.
② 한랭지에서는 단작을 하지만 평야지에서는 여러 작물의 후작으로 재배한다.
③ 흡비력이 약하므로 비옥한 토양에서도 비료를 충분히 시용해야 한다.
④ 다양한 병충해의 발생이 많아 보리, 콩, 옥수수에 준한 수준으로는 방제하기 힘들다.

ANSWER 22.④ 23.②

22 ① 건답직파재배는 질소의 휘산 손실이 더 크기 때문에 이앙재배보다 질소비료의 시비량이 더 많다.
② 항공파종은 주로 담수 상태에서 이루어지며, 담수직파재배 시 종자가 고르게 분포되기 때문에 건답직파재배보다 유리하다.
③ 담수직파재배는 물이 표면을 덮고 있기 때문에 쇄토 노력이 적게 드는 반면, 건답직파재배는 표토를 덮어주는 작업이 필요하여 쇄토 노력이 더 많이 든다.

23 ① 대부분 삼각형에 해당한다.
③ 메밀은 흡비력이 강하다.
④ 메밀은 병충해에 비교적 강하다.

24 두류의 개화 및 결실에 대한 설명으로 옳은 것은?

① 강낭콩에서 만성종은 동일 개체 내에서 거의 동시에 개화하지만, 왜성종은 6마디에서 개화 후 위로 올라간다.
② 동부는 개화일수가 다른 두류에 비하여 짧은 편이지만, 개화일수에 비하여 결실일수가 매우 긴 편이다.
③ 팥을 만파하면 성숙기가 지연되어 개화까지의 일수 및 결실일수가 크게 늘어난다.
④ 콩의 화기탈락과 종실 발육정지는 배의 발육정지가 주요한 원인이 되어 꼬투리와 종실의 발육이 정지된다.

25 콩에 대한 설명으로 옳은 것만을 모두 고르면?

> ㉠ 무한신육형은 개화가 시작된 이후에도 지속적으로 영양생장이 일어나고 원줄기 및 가지의 신장과 잎의 전개가 계속되어 개화기간이 길다.
> ㉡ 꽃눈의 분화 및 발달, 개화, 결협 및 종실의 비대 등이 모두 단일조건에서 촉진되는 단일식물이다.
> ㉢ 배유가 잘 발달하여 배에 발아와 생장을 위한 양분을 공급한다.
> ㉣ 도장의 염려가 있을 때 순을 지르면 도복을 방지하는 효과는 있지만 수량이 떨어진다.

① ㉠, ㉡
② ㉠, ㉣
③ ㉡, ㉢
④ ㉢, ㉣

ANSWER 24.④ 25.①

24 ① 강낭콩에서 왜성종은 동일 개체 내에서 거의 동시에 개화하지만, 만성종은 6마디에서 개화 후 위로 올라간다. 강낭콩의 왜성종은 짧은 키로 인해 동일 개체 내에서 거의 동시에 개화합니다. 반면 만성종은 키가 크기 때문에 하단부터 개화가 시작되어 위로 올라간다.
② 동부는 개화일수가 다른 두류에 비하여 긴 편이지만, 결실일수는 비교적 짧은 편이다.
③ 팥을 만파하면 성숙기가 지연되어 개화까지의 일수는 늘어나지만, 결실일수는 크게 변하지 않는다.

25 ㉢ 자엽이 잘 발달하여 배에 발아와 생장을 위한 양분을 공급한다. 콩의 배유는 미발달 상태로 존재한다.
㉣ 도장의 염려가 있을 때 순을 지르면 수량 증가에 도움이 된다.

2024. 3. 23. 국가직 9급 시행

1 서류의 특성에 대한 설명으로 옳지 않은 것은?

① 감자는 장일처리한 엽편이 단일처리한 엽편보다, 젊은 괴경의 맹아가 늙은 괴경의 맹아보다 GA 함량이 높다.
② 감자는 괴경이 비대함에 따라 아스코르브산 함량은 증가하고, 일정 수준 이상이 되면 아밀라아제 활성이 감퇴되어 당 함량은 감소한다.
③ 고구마는 괴근의 눈이 두부에 많고 복부보다는 배부에 많으며, 괴근에서 발아할 때 2매의 자엽이 나오는 쌍자엽식물이다.
④ 고구마의 개화는 C/N율의 증가와 개화촉진물질의 생성에 의하여 결정된다.

2 벼 생육과 수분에 대한 설명으로 옳은 것은?

① 요수량은 건물 100g을 생산하는 데 필요한 물의 양이다.
② 요수량은 논벼가 300~400g, 밭벼가 200~300g으로 다른 작물보다 높다.
③ 모내기 직후에는 증산작용이 줄고 활착이 잘 되도록 논물을 깊게 댄다.
④ 벼는 유수분화기부터 출수기까지는 수분 요구량이 적어서 증산량도 적어진다.

ANSWER 1.③ 2.③

1 ③ 고구마는 괴근의 눈이 두부와 배부에 많다. 괴근에서 발아할 때는 본엽만 나온다.

2 ① 요수량은 건물 1g을 생산하는 데 필요한 물의 양이다.
② 요수량은 논벼가 200~300g, 밭벼가 300~400g으로 다른 작물보다 높다.
④ 벼는 유수분화기부터 출수기까지는 수분 요구량이 많아서 증산량도 많아진다.

3 보리의 재배적 특성에 대한 설명으로 옳지 않은 것은?

① 보리는 내한성이 강할수록 대체로 춘파성 정도가 낮아서 성숙이 늦어지는 경향이 있다.
② 조숙성 품종은 일반 품종보다 짧은 한계일장과 낮은 온도에서 유수의 발육이 촉진되는 특성을 보인다.
③ 키가 작은 직립형 품종은 광합성 능력이 크고 내도복성이 강하다.
④ 기계화 재배에서 질소 비료 다용은 도복을 방지하여 다수확에 유리하다.

4 다음은 콩의 수확량 평가를 위한 조사 데이터이다. 이때 1ha당 예상되는 수확량[kg]은?

> • $1m^2$당 콩의 개체수 : 3개
> • 개체당 꼬투리수 : 100개
> • 꼬투리당 평균 콩의 입수 : 3개
> • 100립중 : 20g

① 180 ② 270
③ 1,800 ④ 2,700

5 작물과 그 작물이 함유하고 있는 기능성 물질의 연결이 옳지 않은 것은?

① 보리 – 베타글루칸(β-glucan)
② 쌀 – 아베닌(avenin)
③ 메밀 – 루틴(rutin)
④ 옥수수 – 메이신(maysin)

ANSWER 3.④ 4.③ 5.②

3 ④ 질소비료를 많이 주면 도복을 조장하므로 질소비료를 과다하게 주지 않아야 한다.

4 $1m^2$당 콩의 개체수×개체당 꼬투리수×꼬투리당 평균 콩의 입수×1립중
=3×100×3×0.2
=180
1 ha당 예상되는 수확량=180×10000=1800000g=1800(kg)

5 ② 아베닌(avenin)은 귀리의 주요 단백질이다.

6 다음 중 10a당 재식된 개체수가 가장 많은 것은?

① 보리 추파재배를 위해 세조파한 경우
② 옥수수 단작재배를 위해 점파한 경우
③ 밀 수확 후 이모작 재배를 위해 콩을 점파한 경우
④ 월동작물 수확 후 이모작으로 고구마를 심은 경우

7 중부 평야 지대에서 작물의 타당한 파종 시기로 옳은 것은?

① 보리 : 8월 중순~하순
② 옥수수 : 4월 중순~하순
③ 콩 : 3월 상순~중순
④ 감자 : 7월 초순~중순

8 밭작물 재배 시 질소를 성분량 기준으로 10a당 23kg 시비하는 경우, 1ha에 시비할 요소비료의 양[kg]은?

① 40
② 50
③ 400
④ 500

ANSWER 6.① 7.② 8.④

6 ① 395,000
② 6,600
③ 16,700
④ 6,700

7 ① 보리 : 10월 초순~중순
③ 콩 : 5월 상순~중순
④ 감자 : 4월 중순~하순

8 10a : 23=1ha : 230
요소(질소 46%)비료로 계산하면
230×(100÷46)=500(kg)

9 작물 재배에서 파종량에 대한 설명으로 옳지 않은 것은?

① 옥수수는 종실용보다 사일리지용 재배에서 파종량이 늘어난다.
② 콩은 단작보다 맥후작으로 파종기가 지연되면 파종량이 늘어난다.
③ 맥류는 조파보다 산파 시 파종량이 늘어난다.
④ 감자는 평야지보다 산간지에서 파종량이 늘어난다.

10 쌀의 형태와 품질에 대한 설명으로 옳지 않은 것은?

① 멥쌀은 찹쌀보다 아밀로펙틴 함량이 낮다.
② 멥쌀은 찹쌀보다 투명도는 높으나 입형은 큰 차이가 없다.
③ 맛있는 쌀은 일반적으로 모양이 단원형이고 심 · 복백이 없다.
④ 쌀은 도정도가 높을수록 영양이 우수하다.

11 벼의 품종 특성에 대한 설명으로 옳은 것은?

① 직파적응성은 얕은 물속에서도 발아 및 출아가 양호하고, 내도복성이며, 고온발아력이 강하고, 초기 생장력이 느리며 활착력이 좋아야 한다.
② 고위도 지역 및 고랭지는 물론 온대지방에서 조기 육묘하려면 가급적 저온발아성이 높은 품종을 선택하여야 유리하다.
③ 좁은 의미 내비성은 질소 다비 조건에서 병충해에 걸리지 않고, 도복되지 않는 특성을 나타낸다.
④ 품질은 다수의 유전자가 관여하며, 환경의 영향도 적어 육종효율이 높다.

ANSWER 9.④ 10.④ 11.②

9 ④ 감자는 산간지보다 평야지에서 생육이 떨어지므로 파종량을 늘려야 한다.

10 ④ 쌀은 도정률이 높을수록 쌀겨층에 함유되어 있는 단백질, 지방, 무기질, 비타민(특히 B1)이 제거되어 영양가가 떨어진다.

11 ① 직파적응성은 깊은 물속에서도 발아 및 출아가 양호하고, 내도복성이며, 저온발아력이 강하고, 초기생장력이 빠르면 활착력이 좋아야 한다.
③ 넓은 의미 내비성은 질소 다비 조건에서 병충해에 걸리지 않고, 도복되지 않는 특성을 나타낸다.
④ 품질은 다수의 유전자가 관여하며, 환경의 영향도 커서 육종효율이 높지 않다.

12 벼 생육에서 규산에 대한 설명으로 옳지 않은 것은?

① 벼는 규산을 많이 흡수하는 대표적인 규산식물이다.
② 흡수된 규산은 큐티쿨라층 안쪽에 축적된다.
③ 규산은 질소비료 시용량이 많을 때보다 적을 때 시용의 효과가 크다.
④ 규산은 볏짚퇴비, 태운 왕겨, 규산질비료 등의 시용으로 보충할 수 있다.

13 밀 품질에 대한 설명으로 옳은 것은?

① 등숙기에 냉량하고 토양수분이 적당할 경우 고단백질의 밀이, 고온·건조한 지대에서는 저단백질의 밀이 생산된다.
② 밀알이 작고 껍질이 두꺼운 것이 배유율이 높고 양조용으로도 유리하다.
③ 질소 시용량이 많을 경우에는 단백질 함량이 증가되고, 출수기 전후의 만기추비는 단백질 함량을 크게 증가시킨다.
④ 초자질부는 세포간극에 단백질 축적이 많고 빈 공간이 많아 광선의 투과가 낮다.

14 벼 종자의 발달에 대한 설명으로 옳지 않은 것은?

① 현미는 길이, 너비, 두께 순서로 발달한다.
② 현미의 길이는 수정 후 5~6일경에 완성되고, 너비는 15~16일경에 완성된다.
③ 현미 전체의 형태는 25일 정도면 완성되나 내부 조직의 발달은 계속된다.
④ 수정 후 45일 정도까지도 과피에 있는 엽록소가 증가하여 광합성도 증가한다.

ANSWER 12.③ 13.③ 14.④

12 ③ 규산은 질소비료 시용량이 많을 때 시용의 효과가 크다.

13 ① 등숙기에 냉량하고 토양수분이 적당할 경우 저단백질의 밀이, 고온·건조한 지대에서는 고단백질의 밀이 생산된다.
② 밀알이 크고 껍질이 얇은 것이 배유율이 높고 양조용으로도 유리하다.
④ 초자질부는 세포가 치밀하고 광선이 잘 투입되어 반투명하게 보인다.

14 ④ 수정 후 35~45일 정도면 완숙기로, 수확을 한다.

15 다음 중 잡곡의 특징에 대한 설명으로 옳은 것만을 모두 고르면?

> ㉠ 조는 파종기의 조만에도 불구하고 봄조는 그루조보다 먼저 출수하여 성숙한다.
> ㉡ 옥수수 종실은 수과로 과피와 종피 사이에 과육이 발달되어 있다.
> ㉢ 수수에서 무병소수는 1쌍의 큰 받침껍질에 싸여서 바깥껍질만으로 구성된 퇴화화와 임실하는 완전화를 갖는다.
> ㉣ 율무와 염주의 전분은 모두 찰성이다.

① ㉠, ㉢　　② ㉡, ㉣
③ ㉠, ㉢, ㉣　　④ ㉡, ㉢, ㉣

16 잡곡에 대한 설명으로 옳은 것은?

① 단수수는 만파할수록 자당 함량이 증가한다.
② 조의 자연교잡률은 메밀보다 높다.
③ 메밀은 일장이 12시간 이하의 단일에서 개화가 촉진된다.
④ 율무는 서늘하고 건조한 기상 조건에서 잘 자란다.

ANSWER 15.① 16.③

15 ㉡ 옥수수 종실은 영과로서 과피와 종피가 밀착해 있고 과육이 발달되어 있지 않다.
㉣ 염주의 전분은 메성이다.

16 ① 단수수는 조파할수록 자당 함량이 증가한다.
② 메밀의 자연교잡률이 조보다 높다.
④ 율무는 비옥하고 습윤하며 중성 또는 약간 산성이거나 보수성이 강한 찰진 토양이 좋다.
※ 자연교잡률
㉠ 보리 : 0.0015%
㉡ 밀, 조 : 0.2~0.6%
㉢ 귀리, 콩 : 0.05~1.4%
㉣ 벼, 가지 : 0.2~1.0%

17 콩과작물에 대한 설명으로 옳은 것은?

① 팥은 삶으면 전분이 잘 풀리므로 소화율이 높다.
② 녹두는 파종에 알맞은 기간이 긴 여름작물이다.
③ 강낭콩의 만성종은 동일 개체 내에서 거의 동시에 개화한다.
④ 동부는 콩보다 고온발아율이 낮은 편이다.

18 감자와 고구마의 생리 · 생태적 특성에 대한 설명으로 옳은 것만을 모두 고르면?

> ㉠ 감자는 키가 큰 품종이나 만생종은 복지가 길고, 조숙종은 복지가 빨리 발생하는 경향이 있다.
> ㉡ 고구마 뿌리는 1기 형성층의 활동이 왕성해도 유조직이 빠르게 목화되면 세근이 된다.
> ㉢ 감자는 수확 후 휴면 중 전분이나 당분의 함량 변화가 거의 없고, 휴면이 끝나면 당분은 줄고 전분 함량은 증가한다.
> ㉣ 고구마는 질소질 비료를 많이 시용할 경우에는 전분 함량이 감소하고, 인산, 칼리 및 퇴비를 시용할 경우에는 전분 함량이 증가한다.

① ㉠, ㉡
② ㉠, ㉣
③ ㉠, ㉢, ㉣
④ ㉡, ㉢, ㉣

ANSWER 17.② 18.②

17 ① 팥의 녹말은 섬유세포에 둘러싸여 소화효소의 침투가 어려워 삶아도 풀처럼 끈적이지 않고 소화가 잘 되지 않는다.
③ 강낭콩의 왜성종은 동일 개체 내에서 거의 동시에 개화하지만, 만성종은 6~7마디에서 먼저 개화하고 점차 윗마디로 개화해 올라간다.
④ 동부는 콩보다 고온발아율이 높은 편이다.

18 ㉡ 고구마 뿌리는 1기 형성층의 활동이 왕성해도 유조직이 빠르게 목화되면 굳은 뿌리가 된다.
㉢ 휴면 중에는 전분, 당분 변화가 적고, 휴면이 끝나게 되면 전분이 당화한다. 휴면이 끝나면 환원당, 비환원당 함량이 모두 증가하게 된다.

19 작물의 종실 성숙과 수확에 대한 설명으로 옳지 않은 것은?

① 콩은 수확 후 수분함량이 14% 이하가 되도록 건조시킨 후 저장한다.
② 녹두는 성숙하면 탈립이 심하므로 꼬투리가 열개하여 튀기 전에 수확해야 한다.
③ 땅콩은 꽃이 일시에 피지 않아 꼬투리의 성숙이 균일하지 못하므로 적기에 수확하지 않으면 수량 및 품질이 떨어진다.
④ 완두는 연협종을 꼬투리째 식용할 경우에는 착협 후 14~16일부터 수확하고, 저장 후 이용할 경우 완전히 성숙하여 꼬투리가 변색되기 전에 수확한다.

20 다음은 벼의 도정에 대한 설명이다. (가), (나)에 들어갈 말로 옳은 것은?

> 도정에 가장 큰 영향을 미치는 요인은 [(가)]으로, [(나)] 정도일 때 현백률과 백미의 완전립률이 높다.

	(가)	(나)
①	정조의 수분함량	약 16%
②	정조의 수분함량	약 20%
③	미강의 수분함량	약 15%
④	미강의 수분함량	약 25%

ANSWER 19.④ 20.①

19 ④ 완두는 연협종을 꼬투리째 식용할 경우에는 착협 후 14~16일부터 수확하고, 저장 후 이용할 경우 완전히 성숙하여 꼬투리가 변색되고 건조해진 후에 수확한다.

20 ① 도정에 가장 큰 영향을 미치는 요인은 정조의 수분함량으로, 16% 정도일 때 현백률과 백미의 완전립률이 높다. 수분함량이 낮으면 종실이 단단해지기 때문에 전기 소요량도 많다.

2024. 6. 22. 제1회 지방직 9급 시행

1 벼 품종의 조만성 차이에 가장 많이 영향을 주는 것은?

① 출수기간
② 등숙기간
③ 생식생장기간
④ 영양생장기간

2 맥류에서 추파성이 높은 품종의 재배적 특성에 대한 설명으로 옳은 것은?

① 출수가 빠르다.
② 파종 적기가 빨라진다.
③ 일반적으로 내동성이 약하다.
④ 봄에 파종해도 정상적으로 개화 · 결실한다.

3 옥수수의 특성에 대한 설명으로 옳은 것은?

① 타가수정을 한다.
② 전형적인 C_3 식물이다.
③ 암이삭은 수이삭 위에 위치한다.
④ 옥수수수염은 물을 흡수하는 역할을 한다.

ANSWER 1.④ 2.② 3.①

1 ④ 벼 품종의 조만성 차이에 가장 많은 영향을 주는 것은 영양생장기간이다.
※ 조만성 … 조만성은 식물의 생장 및 발달이 빠르거나 느린 현상을 말한다. 조만성은 광주기, 온도, 습도, 영양분의 공급과 같은 재배 환경뿐만 아니라, 식물에 내재적인 유전요인에 의해 결정된다.

2 ②④ 추파형 맥류는 가을에 파종하여 겨울의 저온단일에 의해 추파성을 소거해야 출수개화를 할 수 있다. 따라서 파종 적기가 빨라진다.
① 적기보다 일찍 파종하면 출수기는 빨라지지만 출수일수가 연장된다.
③ 추파성은 맥류의 영양생장을 지속시키고 생식생장으로의 이행을 억제하며, 내동성을 증대시키는 성질을 말한다.

3 ② 전형적인 C_4 식물이다.
③ 암이삭은 수이삭 아래에 위치한다.
④ 옥수수수염은 암꽃술로 수분과 수정 과정에 역할을 한다.

4 벼 이앙재배 시 중간낙수에 대한 설명으로 옳지 않은 것은?

① 뿌리의 신장을 촉진한다.
② 분얼을 촉진하는 효과가 있다.
③ 논바닥에 작은 균열이 생길 정도로 한다.
④ 생육이 부진한 논에서는 생략하거나 약하게 한다.

5 우리나라 밭작물 재배 시 수량이 낮은 원인으로 옳지 않은 것은?

① 기상 재해가 심하다.
② 밭의 지력이 높다.
③ 생산기반이 불량한 곳이 많다.
④ 재배기술의 수준이 상대적으로 낮다.

6 작물의 요수량에 대한 설명으로 옳은 것은?

① 옥수수는 호박보다 요수량이 많다.
② 건물 1g을 생산하는 데 소요되는 수분의 절대 소비량이다.
③ 작물에 따라 요수량은 매우 다르며, 이것에 의하여 작물의 수분 요구도를 짐작할 수 있다.
④ C_3 작물은 C_4 작물보다 높은 광도와 온도 조건에서 광합성이 높고 생장속도가 빠르기 때문에 수분이용효율이 높다.

ANSWER 4.② 5.② 6.③

4 ② 중간낙수는 무효분얼을 억제시키는 효과가 있다.
※ 중간낙수의 효과
㉠ 무효분얼의 억제
㉡ 뿌리의 활력 촉진
㉢ 양분의 흡수 촉진

5 ② 우리나라의 밭은 지력이 낮다.

6 ① 옥수수는 호박보다 요수량이 적다.
② 요수량은 절대 소비량은 아니다. 작물의 건물 1g을 생산하는 데 소비된 수분량을 요수량이라고 하며, 건물 1g을 생산하는 데 소비된 증산량을 증산계수라고 한다.
④ 반대로 설명되었다.

7 (가)~(다)에 들어갈 비율[%]을 바르게 연결한 것은?

> 벼 이삭이 끝잎의 잎집에서 밖으로 나오는 것을 출수라고 한다. 한 포장에서 전체 이삭의 [(가)] 팬 때를 출수시, [(나)] 팬 때를 출수기, 그리고 [(다)] 팬 때를 수전기라고 한다.

	(가)	(나)	(다)
①	10	30	60
②	10	40	80
③	30	50	70
④	30	60	100

8 토양 환경에 대한 설명으로 옳지 않은 것은?

① 작물이 주로 이용하는 토양수분은 흡습수이다.
② 과도한 경운은 부식이 분해되어 입단이 파괴된다.
③ 토양 중의 공기는 대기에 비해 이산화탄소 함량이 높다.
④ 담수논과 같이 산소가 부족해지기 쉬운 토양에서는 탈질작용이 잘 발생한다.

9 두류에 대한 설명으로 옳지 않은 것은?

① 완두는 두류 중에서 서늘한 기후를 좋아하고 추위에도 강하다.
② 녹두는 종피와 자엽이 모두 녹색이며 일반적으로 저온에 의하여 개화가 촉진된다.
③ 동부의 종실은 중대립의 팥 정도 크기이고 배꼽 주위에 흑색 또는 갈색의 둥근 무늬가 있다.
④ 강낭콩의 종실은 대체로 콩보다 굵으며, 백색, 자색, 얼룩색 등 다양한 종피색을 갖고 있다.

ANSWER 7.② 8.① 9.②

7 벼 이삭이 끝잎의 잎집에서 밖으로 나오는 것을 출수라고 한다. 한 포장에서 전체 이삭의 10% 팬 때를 출수시, 40% 팬 때를 출수기, 그리고 80% 팬 때를 수전기라고 한다.

8 ① 작물이 주로 이용하는 토양수분은 모관수이다. 모관수는 토양 입자 간의 모관 인력에 의하여 그 작은 공극을 상승하는 수분이다.

9 ② 녹두의 종피색은 일반적으로 녹색이지만 황색, 갈색, 암갈색, 흑갈색인 것도 있으며, 자엽은 황색인 것이 많다. 일반적으로 단일에 의해 개화가 촉진된다.

10 벼의 중복수정에 대한 설명으로 옳은 것만을 모두 고르면?

> ㉠ 정세포(n)는 반족세포(n)와 융합하여 2배체(2n)의 접합자를 이루며, 접합자는 배로 발달한다.
> ㉡ 정세포(n)는 난세포(n)와 융합하여 2배체(2n)의 접합자를 이루며, 접합자는 배로 발달한다.
> ㉢ 정세포(n)는 2개의 극핵(2n)과 융합하여 3배체(3n)의 배유핵을 형성하며, 배유핵은 배유로 발달한다.
> ㉣ 정세포(n)는 2개의 조세포(2n)와 융합하여 3배체(3n)의 배유핵을 형성하며, 배유핵은 배유로 발달한다.

① ㉠, ㉢　　② ㉠, ㉣
③ ㉡, ㉢　　④ ㉡, ㉣

11 우리나라에서 육성 · 보급된 통일벼에 대한 내용으로 옳은 것만을 모두 고르면?

> ㉠ Yukara//Taichung Native 1(TN1)/IR8
> ㉡ IR8//Yukara/Taichung Native 1(TN1)
> ㉢ 근연교배
> ㉣ 원연교배

① ㉠, ㉢
② ㉠, ㉣
③ ㉡, ㉢
④ ㉡, ㉣

ANSWER 10.③ 11.④

10 ㉡ 정세포(n)는 난세포(n)와 융합하여 2배체(2n)의 접합자를 이루며, 접합자는 배로 발달한다.
㉢ 정세포(n)는 2개의 극핵(2n)과 융합하여 3배체(3n)의 배유핵을 형성하며, 배유핵은 배유로 발달한다.

11 ㉡ 유카라(Yukara)와 대중 재래 1호(Taichung Native 1(TN1))를 교배한 F1에 IR8(대만 품종인 디저우젠과 인도 품종인 페타를 교배시켜 얻은 반왜성 품종)을 3원교배하여 계통육종으로 육성하였다.
㉣ 통일벼는 원연품종 간 교배와 세대단축에 의하여 육성한 우리나라 최초의 품종이다.

12 벼 기계이앙재배 시 중모와 비교하여 어린모의 특성에 대한 설명으로 옳은 것만을 모두 고르면?

㉠ 분얼이 감소한다.
㉡ 출수가 빨라진다.
㉢ 이앙 적기의 폭이 좁아진다.
㉣ 이앙 후 식상이 적고 착근이 늦어진다.
㉤ 내냉성이 크고 환경적응성이 강하다.

① ㉠, ㉢
② ㉠, ㉣
③ ㉡, ㉤
④ ㉢, ㉤

13 본답의 관개와 용수량에 대한 설명으로 옳지 않은 것은?

① 생육시기별 용수량은 유효분얼기에 가장 높다.
② 관개수량은 용수량에서 유효강우량을 뺀 값이다.
③ 용수량은 벼를 재배하는 데 필요한 물의 총량을 말한다.
④ 관개는 토양을 부드럽게 하여 경운과 써레질을 용이하게 한다.

ANSWER 12.④ 13.①

12 ㉠ 첫 분얼 발생 마디가 중모의 3째 마디보다 낮은 2째 마디에서 시작되어 분얼 발생에 유리한 특성이 있다.
㉡ 어린모는 출수기가 중모 기계이앙보다 3~5일 늦어지므로 중모보다 약 1주일 정도 빨리 심어야만 중모와 비슷한 시기에 이삭이 나온다.
㉢㉣ 어린모는 종자의 배유양분이 35~40% 남아 있을 때 이앙하게 되므로 활착 한계온도가 낮고 식물체의 대부분이 물속에 잠겨 보온이 되므로 저온장해와 몸살이 적으며 초기 활착이 빨라 일찍 심은 곳에서도 큰 문제가 없다.
㉤ 어린모는 이앙 후에 환경적응성이 뛰어나고 침수 시 재생능력이 강하다.

13 ① 생육에 따른 시기별 용수량을 보면 가장 물을 많이 필요로 하는 시기는 수잉기이고, 다음은 활착기와 유수발육전기이며, 그다음은 출수개화기이다.

14 조의 생육 환경 및 재배 특성에 대한 설명으로 옳지 않은 것은?

① 심근성이지만 요수량이 크므로 한발에 약하다.
② 연작도 견디지만 윤작을 하는 것이 좋다.
③ 배수가 잘되고 비옥한 사양토에서 잘 자란다.
④ 흡비력이 강하며 척박지에서도 적응한다.

15 괴경과 괴근에 대한 설명으로 옳지 않은 것은?

① 감자의 괴경은 저온 · 단일 조건에서 형성된다.
② 질소가 과다하면 감자의 괴경 형성과 비대가 지연된다.
③ 고구마 괴근 비대에는 칼리질 비료의 효과가 높다.
④ 유조직의 목화가 빨리 이루어지면 고구마의 유근은 괴근이 된다.

16 두류 재배에서 근류균에 대한 설명으로 옳지 않은 것은?

① 계통에 관계없이 크기, 착생 및 질소고정 능력이 같다.
② 대부분은 호기성이고 식물체 내의 당분을 섭취하며 자란다.
③ 토양 중에 질산염이 적고 석회, 칼리, 인산 및 부식이 풍부한 곳에서 질소고정이 왕성하다.
④ 콩의 개화기경부터 질소고정이 왕성해져 많은 질소 성분을 식물체에 공급한다.

ANSWER 14.① 15.④ 16.①

14 ① 조는 천근성으로 요수량이 적고 한발에 강하다.

15 ④ 유조직의 목화가 빨리 이루어지면 고구마의 유근은 세근이 된다.

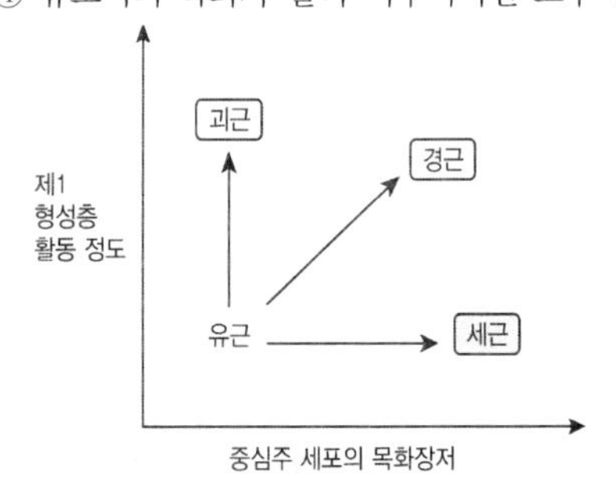

16 ① 크기, 착생 및 질소고정 능력은 계통에 따라 다르다.

17 토양반응과 작물생육에 대한 설명으로 옳지 않은 것은?

① 강알칼리성이면 철의 용해도가 감소한다.
② 강산성이면 인산과 칼슘의 가급도가 감소한다.
③ 자운영과 콩은 산성토양에서의 적응성이 극히 강하다.
④ 작물양분의 유효도는 중성 내지 약산성 토양에서 높다.

18 볍씨의 발아에 대한 설명으로 옳지 않은 것은?

① 반드시 광이 필요하지는 않아 암흑상태에서도 발아한다.
② 물을 흡수하여 발아할 태세를 갖추면 호흡이 급격히 낮아진다.
③ 휴면타파가 충분하지 않거나 활력이 저하된 종자는 발아온도의 폭이 좁다.
④ 산소가 없는 조건에서도 무기호흡에 의하여 80% 정도의 발아율을 보인다.

19 밀의 단백질에 대한 설명으로 옳지 않은 것은?

① 단백질 함량은 초자율이 낮을수록, 중질일수록 많아진다.
② 부질(gluten)의 양과 질은 밀가루의 가공적성을 지배한다.
③ 대체로 제빵용 밀가루는 단백질 함량이 높고 과자용은 낮은 것이 좋다.
④ 종실 발달 과정 중 질소시비량이 많은 경우 단백질 함량이 증가한다.

ANSWER 17.③ 18.② 19.①

17 ③ 자운영과 콩은 산성토양에서의 적응성이 극히 약하다. 이밖에 보리, 시금치, 상추, 팥, 양파 등도 산성토양에서의 적응성이 약하다.

18 ② 물을 흡수하여 발아할 태세를 갖추면 호흡이 높아진다.

19 ① 밀의 단백질은 초자율이 높고 경질인 것, 한냉지에서 생산된 것, 일찍 밴 것, 질소비료를 제때에 알맞게 준 것 등이 그렇지 않은 것에 비해 함량이 높은 경향이 있다.

20 고구마 직파재배에 대한 설명으로 옳은 것만을 모두 고르면?

> ㉠ 기계화에 의한 생력재배가 어렵다.
> ㉡ 괴근의 품질이 좋아 식용 재배로 적당하다.
> ㉢ 육묘이식재배보다 생육기간이 짧을 경우에는 불리하다.
> ㉣ 초기 생육과 재생력이 좋아 청예사료의 생산량이 많아진다.

① ㉠, ㉡
② ㉠, ㉢
③ ㉡, ㉣
④ ㉢, ㉣

ANSWER 20.④

20 ㉠ 고구마 직파재배는 기계화에 의한 생력재배가 쉽다.
㉡ 직파재배는 사료용 재배로 적당하다.